应用型本科风景园林专业规划教材

室内绿化装饰与设计

（第三版）

主　编　王春彦
副主编　金雅琴　常俊丽　朱　颖
主　审　韩玉林

U0295193

上海交通大學出版社

内 容 提 要

本书主要介绍室内绿化装饰的概念及作用、室内绿化装饰材料及选择、室内绿化装饰的原则、室内绿化装饰的类型、室内绿化装饰设计、室内绿化装饰的空间表现技法、室内绿化装饰材料的繁殖与养护、屋顶绿化装饰、庭院绿化及常用室内绿化装饰植物等内容,并配有实训指导。

本书可作为高等院校园艺、园林、环境艺术、建筑等专业教材,也可供一般家庭参考。

图书在版编目(CIP)数据

室内绿化装饰与设计/王春彦主编. —3 版. —上海:上海交通大学出版社,2018(2019 重印)

应用型本科风景园林专业规划教材

ISBN978-7-313-05889-8

Ⅰ.室... Ⅱ.王... Ⅲ.室内装饰—绿化—高等学校:技术学校—教材 Ⅳ.TU238

中国版本图书馆 CIP 数据核字(2009)第 122497 号

室内绿化装饰与设计
(第三版)

王春彦 主编

上海交通大学出版社出版发行

(上海市番禺路 951 号 邮政编码 200030)

电话:64071208

江苏凤凰数码印务有限公司 印刷 全国新华书店经销

开本:787mm×1092mm 1/16 印张:13.75 插页:4 字数:338 千字

2009 年 8 月第 1 版 2018 年 6 月第 3 版 2019 年 8 月第 7 次印刷

ISBN978-7-313-05889-8/TU 定价:43.00 元

茶社一角

中庭

室内组景

机场大厅

室内垂吊

屋顶薄层绿化

壁挂式插花

垂吊花廊

宾馆服务台布置

庭院花门

花艺墙

风情装饰

窗边装饰一角

屋顶花园

宾馆大厅一角

壁挂装饰

接待室布置

绿化窗帘

案头绿化框

室内绿化组合车

屋顶绿化

绿化用于功能分隔

楼梯绿化布置

门厅绿化布置

庭院绿化

茶座借景

马克笔表现（卧室）

钢笔淡彩（客厅）

水粉表现 （客厅）

钢笔淡彩（酒店餐厅）

室内手绘（彩铅+马克笔）

前　　言

《室内绿化装饰与设计》(修订版)作为"应用型本科(农林类)'十二五'规划教材"系列之一,是在原版教材的基础上修订而成的,各章节内容在经过三年的教学实践之后进行了适当修改。

该书根据应用型本科园艺、园林、环境艺术、建筑等专业人才培养目标和要求,从室内绿化装饰的角度构建内容和体系。在编写过程中,力求做到内容充实,结合实际,注重科学性、知识性、实用性相统一。本书内容主要包括室内绿化装饰材料及选择、室内绿化装饰的原则、室内绿化装饰的类型、室内绿化装饰与设计、室内绿化装饰的空间表现技法、室内绿化装饰材料的繁殖与养护、屋顶绿化、庭院绿化及适合室内绿化装饰使用的常见观赏植物介绍等,书后还附有实习指导,便于使用者参考。本书可作为高等学校园艺、园林、环境艺术、建筑等专业教材,也可供室内设计等相关专业及行业人员参考。

室内绿化装饰与设计是园艺、园林和环境艺术专业的一门必选课,是园艺、园林专业知识结构的延伸,以花卉学、观赏树木学、盆景制作与插花艺术等课程基础。通过室内绿化装饰与设计课程的学习,使学生能掌握并熟练应用常见的室内绿化装饰材料的观赏特性及选择要点、室内绿化装饰的原则、室内绿化装饰的类型、不同功能空间的室内绿化装饰与设计、不同功能空间的室内绿化装饰的空间表现技法、室内绿化装饰材料的繁殖与养护、屋顶绿化装饰与设计、庭院绿化装饰与设计等方面的基础理论和实践技能,为今后从业于室内租摆、室内绿化景观设计、室内环境艺术设计等打下基础,是培养合格的园艺、园林和环境艺术设计专业高级专门人才必不可少的课程之一。

室内绿化装饰与设计课程注重实践能力的培养,根据教学内容的特点可以采用启发式、讲授式、讨论式、自学式、案例式等教学方法。学生可随着老师的启发、讲授及相关案例演示,拓宽自己对室内绿化装饰的设计思路。同时,要有目的地多到现场学习,到各种现场发现案例的特点与特色,找出其设计理念及管理中的不足。最后,将现有室内绿化装饰的案例加以完善,并将其表现在图纸上。如此反复练习,才能提高自己的室内绿化装饰与设计技能。

本书编写者的具体分工如下:

王春彦(绪论、第1章、实习指导),刘薇萍(第2章),金雅琴(第3章、第4章),朱颖(第5章)、孙淑萍(第6章),李玉萍(第7章),常俊丽(第8章),杨会英(第9章)。全书由王春彦统稿并整理,由江西财经大学资源与环境学院韩玉林教授审阅。在本书内容构建过程中,金陵科技学院园林系朱敏老师给予了方向性和实质性的指导;在本书编写过程中,得到了金陵科技学院园林系李宏老师和南京市农业科学研究所曹荣祥副研究员的指导。书中部分插图引用了《插花艺术》、《屋顶绿化》等书籍的附图,书中未标出处。本书还引用了不少同行专家的成果及文字、图片资料,在此一并表示感谢。本书中的个别图片引自网上,但由于网上没有标明出处,因而在参考文献中不能一一列出,在此表示歉意。

由于编者水平有限,如有错误和不妥之处,恳请专家、教授、老师和学生等广大读者提出宝贵意见,以便我们及时更正、补充。

编者

2012 年 6 月于金陵

目　　录

0　绪　论 ……………………………………………………………… 1

　0.1　室内绿化装饰的概念及范围 ………………………………… 1

　0.2　室内绿化装饰的作用和功能 ………………………………… 3

　0.3　室内绿化装饰的发展概况 …………………………………… 7

1　室内绿化装饰材料及选择 ……………………………………… 11

　1.1　室内绿化装饰材料的类型 ………………………………… 11

　1.2　室内绿化装饰材料的选择 ………………………………… 12

2　室内绿化装饰的原则 …………………………………………… 25

　2.1　生态性原则 …………………………………………………… 25

　2.2　艺术性原则 …………………………………………………… 25

　2.3　文化性原则 …………………………………………………… 28

3　室内绿化装饰的类型 …………………………………………… 30

　3.1　陈设 …………………………………………………………… 30

　3.2　垂吊 …………………………………………………………… 54

　3.3　壁饰 …………………………………………………………… 56

　3.4　植屏 …………………………………………………………… 57

　3.5　水培花卉 ……………………………………………………… 58

　3.6　水族箱装饰 …………………………………………………… 61

4　室内绿化装饰设计 ……………………………………………… 64

　4.1　家庭居室室内绿化装饰 ……………………………………… 64

　4.2　饭店室内绿化装饰 …………………………………………… 72

　4.3　办公场所的室内绿化装饰 …………………………………… 78

　4.4　服务性场所的室内绿化装饰 ………………………………… 80

　4.5　室内外临时性会场、会展与婚庆的绿化装饰 ……………… 82

　4.6　中庭的绿化装饰 ……………………………………………… 85

5 室内绿化装饰的空间表现技法 ·· 89

　5.1 空间表现的主要内容 ·· 89

　5.2 空间表现形式 ·· 91

　5.3 空间表现手法 ·· 93

　5.4 室内各部分的立体表现 ··· 103

6 室内绿化装饰材料的繁殖与养护 ·· 113

　6.1 室内绿化装饰材料常用的繁殖方法 ··································· 113

　6.2 室内绿化装饰材料的养护与管理 ····································· 118

7 屋顶绿化 ·· 127

　7.1 屋顶绿化概述 ··· 127

　7.2 屋顶绿化的植物选择 ·· 133

　7.3 屋顶绿化装饰的规划设计 ·· 138

　7.4 屋顶花园建造的关键技术 ·· 140

8 庭院绿化 ·· 144

　8.1 庭院及庭院绿化的概念 ··· 144

　8.2 庭院绿化的主要功能 ·· 145

　8.3 庭院绿化的基本原则 ·· 146

　8.4 庭院绿化的基本形式 ·· 148

　8.5 庭院绿化空间的艺术构图 ·· 150

　8.6 庭院绿化的类型 ·· 151

　8.7 庭院地面铺装 ··· 153

　8.8 庭院绿化的分隔设施 ·· 156

9 常用的室内绿化装饰植物 ·· 159

　9.1 观形植物 ·· 159

　9.2 观花植物 ·· 195

　9.3 其他观赏植物 ··· 208

实训指导 ··· 210

参考文献 ··· 213

0 绪 论

在当代城市环境污染日益恶化的情况下,通过室内绿化把生活、学习、工作、休息的空间变为"绿色空间"是环境改善最有效的手段之一。苏东坡就曾说过"宁可食无肉,不可居无竹",由此可见绿色植物在人们日常生活中的作用。

0.1 室内绿化装饰的概念及范围

0.1.1 室内绿化装饰的含义

室内绿化装饰也称室内园艺,是指以自然界的绿色植物为主要材料,以一定的科学和艺术规律为指导,来装饰室内空间的一种方式,目的是给人们创造一个清新、宁静、温馨并富有大自然气息的学习、工作和生活空间环境。

室内装饰是建筑装饰的一部分,完全从属于建筑艺术的统一要求。近年来,室内绿化已发展成为室内景观设计,并正在成为建筑学的一个分支学科。

室内绿化装饰仅仅是室内装饰的一个组成部分,它是利用绿色植物材料在建筑设计和园林设计所提供的各种可供装饰的地点和可供利用的装饰手段的情况下,与室内实际协调配合,创造出一个优美、舒适、雅致、实用,并具有某种艺术气氛和满足人们审美要求的生活环境,也就是创造一个具有美学感染力并洋溢着自然风情的室内环境,从而缩短了人与自然的距离,满足了人们亲近自然的需求。

0.1.2 室内绿化装饰的范围

从狭义上讲,室内绿化装饰往往是在建筑、景观、室内装潢之后,根据所要装饰的对象的具体情况来构思、设计,并进行绿色植物的布置和施工。同时,室内绿化装饰还具有相当程度的可改变性和可移动性,可根据不同情况和要求来改变装饰的方式方法,或者为某种特别的需要提供新的装饰方式和创造某种气氛的装饰效果,如会议、宴会的现场花艺布置,中国传统的中秋节、春节等节日的室内绿化与美化。

从广义上讲,室内绿化装饰可理解为围合的六面体的植物配置,是室内、室外之间的互相补充、交错,特别是在采用了高强度的金属框架和大面积透光性很强的玻璃的基础上,"室内"阳光充足。这种"室内"虽然来源于旧的概念,但却有了新发展,有了新内容。这样,室内绿化装饰就广义的内容包括以下五个方面:室内庭园(indoor garden)、室内花园 (indoor flower garden)、屋顶绿化 (roof garden)、室内固定的绿化装饰和室内不固定的绿化装饰。

0.1.2.1 室内庭园

室内庭园就是在室内空间内建造类似室外的园林景观。室内庭园的自然采光可从顶部、侧面或顶、侧双面采光。室内庭园的规模大小不一,形式多样,甚至可见缝插针式地安排于各厅室之中或厅室之侧。在传统住宅中,这样的庭园除观赏外,有时还能容纳一两人游憩其中,

图 0.1 室内庭园

的例子如广州东方宾馆新楼底层庭园和北京香山饭店的"四季厅"。

0.1.2.2 室内花园

室内花园指某种室内仅供静观的小面积园林性绿化装饰。这是一种更富装饰意味的室内绿化装饰形式,常采用人工照明的方式增加植物的观赏性。

绿化装饰的形式以构造巧妙取胜,并尽量突出装饰主题,组景精致玲珑,常以石景、沙漠风情及水景与姿态优美的植物相配合,辅以题刻、对联。这种布置很似古典园林的做法,它的艺术观赏价值较高,追求一种缩放自然的效果,如广州白天鹅宾馆的"故乡水"、广州愉园酒家的竹果园等。

0.1.2.3 屋顶绿化

屋顶绿化是指在各类建筑物的屋顶、露台、

图 0.3 北京《光明日报》社的屋顶绿化

成为别有一番滋味的小天地。

室内庭园的内容可简可繁,规模可大可小,应结合具体情况,因地制宜进行设计。这种庭园往往带有玻璃顶棚和冷暖空调,与一般室外庭园比较,其装饰性更强。这种情况下绿化只是一种对环境的补充和调剂。由于这种室内庭园空间宽敞,采光方便,因而可从多角度进行装饰,如:①垂直方向悬吊(吊金钱、常春藤、蔓长春等用于跃层绿化装饰);②栓及栏杆的装饰;③结合小品建筑、水池、假山等陈设大量盆栽;④台架及器具之上配置插花等,总之,使空间在允许的条件下尽量自然化。室内庭园配置成功

图 0.2 广州白天鹅宾馆的室内花园

天台、墙面等开辟绿化场地,种植花草树木,并使之具有园林艺术的感染力。屋顶绿化对增加城市绿地面积,改善日趋恶化的人类生存环境空间,改善由于城市高楼大厦林立、道路众多的硬质铺装而日趋严重的热岛效应,开拓人类绿化空间,建造绿色城市以及美化城市环境,改善生态效应等有着极其重要的作用。

屋顶绿化并不是现代建筑发展的产物。最早的屋顶花园是公元前 6 世纪,巴比伦国王营造的"空中花园",被世人列为"古代世界七大奇迹"之一。西方发达国家在 20 世纪 60 年代以后,相继建造各类规模的屋顶花园,如美国华盛顿水门饭店屋顶花园、美国标准石油公司屋顶

花园、英国爱尔兰人寿中心屋顶花园、加拿大温哥华凯泽资源大楼屋顶花园等。目前屋顶花园在国外不是"空中楼阁"。美国芝加哥为减轻城市热岛效应,正推动一项屋顶花园工程来为城市降温。国内也有一些成功的例子,如北京虹桥市场的屋顶花园、北京《光明日报》社的屋顶绿化、广州东方宾馆屋顶花园。为了改善城市环境,增加城镇人口的人均绿地面积,屋顶绿化必然会随着城市的发展而有序地进行。

0.1.2.4 室内固定的绿化装饰

室内固定的绿化装饰指建筑完工之后,预留需要进行绿化装饰的部分,如阳台、花池、室内棚架、装饰性隔断及栅栏等。通常这种绿化装饰在植物定植后便不再随意改变,只维持日常养护而已。

0.1.2.5 室内不固定的绿化装饰

室内不固定的绿化装饰指需经常更换绿化材料和方法的绿化装饰,如室内花坛、盆花、盆景陈设、挂壁、插花等。这类装饰需要定期更换材料来改变室内绿化装饰形式,并对绿化植物进行定期养护。

图 0.4　北京饭店室内中庭的绿化装饰

0.2 室内绿化装饰的作用和功能

室内植物作为装饰性的陈设,比其他任何陈设更具生机和魅力,它几乎可弥补室内装修所带来的缺陷,使整个内部空间趋于协调。因此,我们称绿化植物为万能的装饰物,但种类、株型、颜色等元素要搭配好。

0.2.1 具有美学功能

室内绿化装饰的美化作用主要通过两个方面来体现:一是植物本身所具有的形态、色彩美,它包括植物的株型、花型、叶型、色彩、芳香、季相、风韵等;二是通过植物与室内环境恰当地组合和有机地配置,从色彩、形态、质感等方面产生鲜明的对比,而形成优美、协调的环境。植物的自然形态有助于打破室内装饰直线条的呆板与生硬,通过植物的柔化作用补充色彩,美化空间,使室内空间充满生机。

图 0.5　嵌壁内的绿化装饰

树木花草本身就是自然的线条,或柔和或劲拙。如"梅以曲为美,直则无姿;以欹为美,正则无景;以疏为美,密则无态"。杨柳则洒脱有致,微风依依。直立型的朱蕉、龙血树、垂叶榕、南洋杉等摆放在沙发两侧或大空间的拐角,就像站岗的士兵;丛生的仙客来、竹芋、蝴蝶兰像天真的孩童;微风中的蔓生黄金葛、薜荔、常春藤、吊兰、蔓长春等既有杨柳的风姿,也有个体形态美。

植物的各部分具有各种不同的美丽色彩,如花、叶、果 、枝、皮的颜色。利用植物的自然色彩装点室内空间,偶辅以光彩效果,那种自然的雅韵,不是墙壁和家具的色彩所能取代的。

植物也有发芽、抽梢、展叶、开花、结果等生物节律,这些不同的阶段所构成的不仅是一种生命的韵律,也是一幅动态的色彩变化图。春季,百花盛开,众芳争艳,选择色彩鲜艳或生长量特别大的植物材料,给人以轻松、活泼、生机盎然的感受;夏季,清逸淡雅,明净轻快,选用冷色的花卉,给人清凉的感觉,如晚香玉、旱金莲、葱莲、葱兰、扶桑、石蒜、荷花、姜花、栀子、米兰等;秋季,是金色的季节,选用红、橙、黄等明艳的花卉和果实,给人留下丰收、兴旺的遐想,如秋季枫叶如火,银杏叶金黄;冬季伴随冰霜、严寒,选用一品红、水仙、腊梅、银芽柳、南天竹以及鲜艳的年宵花卉,让人感受到迎风傲雪的勃勃生机,给人以万花纷谢,却仍有芳菲可觅的感觉。

另外,在室内空间的任何一个角落,在装修出现的瑕疵或不愿示人的地方,无论大小,均可选用相应的植物材料将其遮挡。此时,植物材料可承担万能装饰物的功能,但要选择具有与环境相适应的美学特征和生长发育条件的装饰植物。

0.2.2　改善空间环境,净化室内空气

过去,人们只知道植物可以为宽敞的室内空间带来色彩、质感和生气,从而增加居室的美感。现在,人们逐渐认识到植物在减少污染、改善环境、提高室内空气质量方面的作用,从而重新认识到了植物在室内环境中扮演的角色。

室内绿化植物都具有相当重要的生态功能,良好的室内绿化能净化室内空气,调节室内温度与湿度,有利于人体健康。植物进行光合作用时蒸发水分,吸收二氧化碳,排放氧气。因此,室内具有观赏价值的植物同时还具有一定的调节室内温度和湿度的功能。另外,外墙上植物茂密的枝叶可遮挡阳光,起到遮阳和调节室内温度的作用。据测量研究,在建筑西墙种植爬山虎,墙体在植被遮蔽 90% 的状况下,外墙表面温度可以降低 8.2℃;屋顶绿化后,楼板表面温度可降低 10~15℃。

部分室内植物还可吸收有害气体,分泌挥发性物质,杀灭空气中的细菌。美国航空航天局(NASA)的 B. C. Wolvertion 于 20 世纪 80 年代初系统地开展了相关植物净化室内空气的研究,他用了几年的时间,测试了几十种不同绿色植物对几十种化学物质的吸收能力。研究结果表明,在 24h 照明的条件下,芦荟能去除 $1m^3$ 空气中 90% 的甲醛,90% 的苯可被常春藤吸收,龙舌兰可吸收 70% 的苯、50% 的甲醛和 24% 的三氯乙烯,吊兰能吸收 96% 的一氧化碳、86% 的甲醛。他还比较了三种观赏植物清除甲醛的能力,显示出斑叶吊兰在 6h 内每平方厘米的叶片吸收 $2.27\mu g$ 的甲醛,其次是合果芋($0.50\mu g \cdot cm^{-2}$),再次是绿萝($0.46\mu g \cdot cm^{-2}$)。

不同功能空间的有害气体比例不同,而植物对有害气体的吸收能力有所区别,使用时可参考下列数据:

吸收双氧水(H_2O_2)能力较强的植物:天竺葵、秋海棠、兰花。

吸收铀等放射性物质能力较强的植物:紫菀属、鸡冠花。

吸收氯气(Cl_2)能力较强的植物:米兰、红背桂、棕榈、山茶、菊花。

吸收甲醛能力较强的植物:芦荟、虎尾兰、吊兰。

吸收重金属微粒能力较强的植物:天门冬。

吸收氟气(F_2)能力较强的植物:金橘、石榴。

吸收氟化氢（HF）、苯等能力较强的植物：常春藤、月季、蔷薇、芦荟、万年青、吊兰、无花果、仙人掌类等。

吸收硫化氢（H_2S）能力较强的植物：月季、羽衣甘蓝、樱花等。

吸收二氧化硫（SO_2）能力较强的植物：美人蕉、石竹、无花果、菊花、向日葵、黄杨等。

景天科、龙舌兰科及仙人掌科等通过景天代酸代谢途径进行代谢的植物，在夜间能吸进 CO_2，释放 O_2，可使被称为"空气中的维生素"的负氧离子浓度增加，对人体大有益处。

0.2.3 调节心情，减轻压力

经济的高速发展，使建筑物形体日趋高大，居住和办公的现代化是社会现代化的标志之一。现代生活又是以高效率、高速度、高节奏为特征的，随着现代化进程的加速，人们在室内生活的时间更多于室外的时间，脑力劳动的比重不断增加，远离自然的速度也在加剧，因而精神上长期处于兴奋和激动状态。所有这一切都强化着人们对绿色自然的追求和向往，许多的理想和口号应运而生，"花园城市"、"花园小区"、"城市发展与自然共存"、"生态园林城市"等。总之，人们在努力寻找着人与环境的平衡，而室内绿化可以让人们在紧张之余享受一些自然的气息，尽量挥洒一番热爱大自然的情结。绿色本身代表无垠的大地，是大自然最宁静的色彩，给人以充实、希望、青春、优美、和平之感。因此，绿色植物用于室内绿化装饰可调节人的心情，减轻压力。

人的压力是需要缓解和释放的，而摆弄绿色植物是调节视神经和精神压力最好的方法之一。闲暇时，给案头的花草松松土，施些肥料，浇点水，或者在阳春三月，给阳台上的花卉换盆、分株等，既是室内花卉养护的必然操作程序，也给操作者带来了快乐。任何一个热爱生活的人看到自己种植、护理的花草萌芽、长叶、开花、结果等过程在有序进行，都会有一种惊喜，因为这是自己亲手创造的生命韵律。

0.2.4 陶冶情操，提高艺术修养

现代人的大部分时间是在室内度过的，家、办公室、汽车、饭店等室内环境封闭而单调，会使人们失去与大自然亲近的机会，人的精神压力也不断加大，加上城市生活的喧闹，使人们更加渴望生活的宁静与和谐，这个愿望可以通过室内绿化来实现。把大自然的花草引入室内，使人仿佛置身于大自然之中，从而达到放松身心、维持心理健康的作用。

室内植物是室内高雅的装饰品，斗室之内，博古架上，或苍劲浑厚，或娇艳美丽，或柔枝飘逸，既陶冶情操，又增加艺术修养。因此，室内绿化装饰是一种美的享受和熏陶。比如盆景是最具中国特色的室内绿化方式，它集园艺、美学、文学之长，把诗情画意融为一体，被誉为"立体的画，无声的诗"，尤其是树桩盆景的老干虬枝，与其说是一种造型之美，倒不如说是一种生命之美，人们可以从中得到启迪，使人陶冶情操、净化心灵，并更加热爱生命。

我国历代文人墨客常借花传情，寄托情思。如陶渊明的"采菊东篱下"，将自己比喻成菊花，告知世人不畏强权，不随波逐流的性格；林和靖隐居杭州西湖孤山，认梅做妻，借梅来表现其不媚世俗的品质。

随着人类文明的进步，社会的发展，人们的情感可以通过花的语言来彼此沟通，如情人节和阴历七七节，有情人用玫瑰花传情达意已是非常普遍；母亲节时康乃馨的热销，也已说明了可用另外一种方式来表达对母亲的感激之情。只要人有意，花卉就有情。传统上，人们会通过

植物的形象和生物学特点寄托自己的感情和意志,如松树的高风亮节、荷花的出污泥而不染、牡丹的富贵、红豆的相思,康乃馨象征母爱,玫瑰表示爱情,梅、兰、竹、菊喻为"花中四君子",松、竹、梅被称为"岁寒三友"。梅疏形横斜,清香雅韵;兰清高圣洁,香气清幽;竹刚直不阿,高风亮节;菊飘逸潇洒,孤傲不惧。这种人格化了的植物,使得东方庭院更具诗情画意,更具含蓄的意境美,这也是室内装饰设计应充分发挥和展示的地方。

0.2.5 改善空间结构

花卉植物在空间内的摆放方式不同,就会将空间组织成不同的结构,单株摆放可起到画龙点睛的作用,多株排列就像屏风一样将大空间加以分割,在处理空间死角上,花卉植物就起到了"万能装饰物"的功能。

0.2.5.1 承接室内外空间的过度和延伸

建筑物入口及门厅的植物景观可以起到从外部空间进入建筑内部空间的一种自然过渡和延伸的作用。其手法常常在入口处设置盆栽植物或搭建花棚;在门廊的顶棚上或墙上悬吊植物;在进厅等处布置花卉树木,都能使人从室外进入建筑内部时有一种自然的过渡和连续感。还可以采用借景法,即通过玻璃窗等透明物,将室外的景观通过视觉借入室内,使室内、室外的绿化景观互相渗透、融合。室内的餐厅、客厅等大空间常透过落地玻璃窗,将外部的植物景观渗透进来,作为室内的借鉴,扩大了室内的空间感,给枯燥的室内空间带来一派生机。

0.2.5.2 分隔和充实空间

在一些空间比较大的场所,如宾馆、饭店大堂,或是现代家庭别墅中的客厅,通过盆花的摆放方式、花池的设置、绿色屏风、绿色垂帘等方法来划定界线,分隔成有一定透漏,又略有隐蔽的空间。要做到似隔非隔,相互交融的效果,使原本功能单一的空间具有不同的功能,提高空间利用率。如在商场的某个角落,在数株高大的垂叶榕下设置餐桌、座椅,供顾客休息和饮食;在熙熙攘攘的商业环境中辟出一块幽静的场所;在酒吧、茶馆等娱乐场所,用高大的绿色植物将各组座位加以分隔,这样的环境既优雅、宁静,又可形成各自独立的私密空间。

图 0.6 室内绿化的过渡与延伸

图 0.7 植物用于室内空间的分隔

0.2.5.3　空间的提示和指向

由于室内绿化具有观赏的特点,能强烈吸引人们的注意力,因而常能巧妙、含蓄地起到划分和指向作用,是无字的"指示牌"。比如在建筑物的出入口处、不同功能区的过渡处、走廊楼梯的转折处、台阶的起始点等处摆放观赏性强、体量较大的植物引起人们的注意,也可用植物做屏障来阻止错误的导向,使人不自觉地随着植物布置的路线行进,让无声的植物起到提示和引导的作用。

0.2.5.4　处理空间"死角"

在室内装饰布置中,常常会遇到一些死角不好处理,利用植物来装点往往会收到意想不到的效果。如在楼梯下部的拐角或清洁工具房门口等处摆放与周围环境协调的耐阴植物,家具的转角或上方用垂吊植物的枝蔓处理,可使这些空间焕然一新。

0.2.5.5　构架独立的立体空间

现代建筑室内大多是由直线和板块构件所构成的几何体,感觉生硬冷漠。利用植物特有的曲线,可改善空旷和生硬的感觉,而感到尺度宜人和亲切。比如在拐角处摆放中等高度的绿色植物,在大空间处设置室内庭院,均可减少拐角和屋顶的生硬。

图 0.8　植物用于填充死角

0.3　室内绿化装饰的发展概况

0.3.1　室内绿化装饰的发展概况

由于地域、环境、经济及文化背景的不同,各国室内绿化装饰的发展历程也不尽相同。

0.3.1.1　中国室内绿化装饰发展

在东方各国中,植物装饰艺术形成与发展的历史属中国和日本最悠久,追根求源,它起源于中国,发展于日本。

早在 7000 年前的新石器时代,我国就开始用盆栽花木来装饰居所。浙江余姚河姆渡新石器时期遗址中,发现一片陶片上刻有盆栽万年青的图案,而浙江恰好是万年青的产地之一,这是我国发现的室内绿化装饰最早的起源。

到了东汉末年,佛教开始传入我国,插花和盆栽花卉是佛事活动中使用的供养物之一,被称为"佛花"。后来随着花卉应用的普及,一些王公贵族的府邸也开始使用。在河北望都发掘的东汉墓的壁画中绘有一陶质圆盆中栽有红花绿叶的植物。这是早期发现的把植物从自然状态移到室内应用的例子。

唐代室内用植物装饰已经很普及,强调排场并要求色彩艳丽,用强烈的装饰来烘托环境气氛,对花卉和容器的选择都很讲究。陕西乾陵的墓道壁画上,有侍女手捧瓶花、石山的宫廷生活图像,说明花卉装饰已经在宫廷中形成了一种风气。唐中期插花艺术的发展日趋成熟,并随着文化、宗教等的交流开始传入日本,对日本花道的产生及发展起着非常重要的作用。唐代文化兴盛,绘画、诗词、文学已经发展到非常鼎盛的时期,室内绿化装饰也应运而生。在植物装饰上更加讲究诗情画意,借花明志抒情,因此,被当时文人墨客特别推崇的兰花、松、竹子、梅花、荷花、菊花等材料广泛应用于室内美化。

宋代是用植物装饰室内的繁荣时期。人们崇尚理学,注重内涵,常以花材影射人格,表达人生的抱负、理想,从而形成了以花品、花德寓意人伦教化,所以室内装饰喜欢用松、竹、梅、柏、兰花、桂花、山茶、水仙、菊花、莲花等寓意深刻的花卉材料。

元代由于政治变革,文化艺术不振,用花卉植物装饰室内空间只有少数文人和在宫廷内使用。

明代文人以花会友,将花人格化的风气特别兴盛,把松、竹、梅誉为“岁寒三友”,菊、莲、梅被誉为“风月三昆”,梅、竹、兰、菊被誉为“花中四君子”,白梅、腊梅、山茶、水仙被誉为“雪中四友”。此时期的花文化得到了长足的发展,将花人格化的诗词歌赋也大量出现。

明代是室内绿化装饰理论逐渐成熟的阶段,它从一般的娱乐性走向学术性,出现了许多很有造诣的人物和专著,其中有影响力的有袁宏道的《瓶史》(1599 年),是我国较早的一部插花专著;徐霞客(1587～1641 年)撰写的《徐霞客游记》记载了 130 种植物;还有王象晋的《群芳谱》中,记有石菖蒲室内盆栽,作案头供人欣赏,并受到人们喜爱的情况;还有张德谦的《瓶花谱》,分别记载着花卉应用的现状,对室内绿化装饰的形式、布局以及艺术性均作了详细的概述。

清代,室内绿化装饰发展比较迅速,应用比较普遍,种类、形式多样,尤其在乾隆和嘉庆极盛时期,盆栽植物更是多种多样。如凤尾竹、万年青、松柏类、冬青、黄杨等,一直被作为室内观赏植物来装饰应用。

清代以后,受外来文化的影响,用花卉植物进行室内绿化装饰在少数人中开始流行。同时,原产于欧美及南非等地的一二年生草花,球根类花卉和部分稀有的温室花卉也传入我国,极大地丰富了室内绿化装饰的材料种类。

新中国成立后,党中央提出了绿化祖国,实现大地园林化的号召,明确了花卉生产化、大众化、多样化、科学化的发展方向,花卉生产水平和应用范围均开始有了很大的提高。室内绿化装饰也随着人民生活水平的提高而逐渐兴盛起来,尤其是在 20 世纪 90 年代以后,随着中国经济的发展,人们对精神文明和物质文明都提出了新的要求,室内绿化作为人类亲近自然最便捷的方式,义得到了进一步的发展。各地纷纷建起了各类温室,用于室内绿化装饰的花卉种类及其配套设施越来越全,室内绿化装饰真正进入了百姓的生活,从居室、宾馆酒店到购物的商场、超市,处处有鲜花陪伴,既美化了环境,美化了人们的心灵,也促进了社会文明的发展。

0.3.1.2　西方室内绿化装饰发展史

在西方国家,用植物装饰室内的历史可以追溯到 3500 年前的古埃及和古代苏美尔时期。古埃及人认为莲花是幸福和神圣的象征,并且有了将睡莲作为装饰品、礼品及丧葬品的做法,壁画中也有用瓶、盆、碗盛放花卉的描绘,还有宴会桌上以矮花果篮做的装饰,用莲花瓣装饰的花环戴在头上等的描述。

公元前 6～8 世纪,随着文化的传播,受埃及的影响,在古希腊及地中海一带人们的日常生活中,花环、花束、瓶插、发簪上的装饰随处可见,在落地大花瓶中放入插花,用以装饰神殿和结婚的新房,用鲜花制成的花环装饰门窗,用花环、花冠佩带在英雄或运动员的头上,或奉献给众神的雕像。在古巴比伦,尼布甲尼撒二世建立了空中花园,成为现代屋顶花园的雏形。

公元1~2世纪,罗马沿袭了古希腊的习尚,在镶嵌画中,描绘有风信子、香石竹、郁金香等盆花。

公元5~15世纪的中古时代,西方文化蒙上了浓厚的宗教色彩,花卉装饰更是如此,人们在花卉装饰中,用百合、鸢尾、雪钟花象征圣母玛丽亚,耧斗菜象征圣灵,粉色石竹象征神的爱。

公元14~16世纪,植物用于室内装饰,多强调装饰性,采用对称均衡式布局,轻盈活泼,用色热烈,改变了中古时期室内的沉闷气氛。

17世纪以后,由于东、西文化交流的发展,特别是随着绘画艺术的发展,装饰手法更加精湛了。这一时间,用植物进行室内装饰的理论也逐渐成熟,出版了大量书籍,如1597年出版的《花园的草花》、1629年出版的《世俗乐园》、1633年出版的《花卉栽培与装饰》等。

18~19世纪,约5000种植物引入欧洲,大大丰富了绿化装饰的材料,室内植物装饰在欧洲变得更加普遍。宫廷或民间已不再满足于季节性的插花布置,很多干花和盆栽成了不可缺少的室内装饰品。植物材料由繁杂变为单纯,容器更丰富,风格上突出了活泼、华丽、娴雅。

19世纪以后,富裕起来的欧洲人建起了温室,这就为室内装饰提供了更多的植物种类。19世纪后期到20世纪初期,最流行的植物种类有南洋杉、橡皮树、露兜树、蜘蛛抱蛋、光萼凤梨、花叶万年青、喜林芋、朱蕉、卫矛、红千层、秋海棠、月桂、蕨、棕榈等。

美国在"二战"以后对室内植物和观叶植物研究较多,以对非洲紫罗兰的选育著称;德国则以发展凤梨科、秋海棠类而著称,荷兰、比利时也开始了室内植物的革命。

现在,欧美人具有较多的闲暇时间去从事园艺活动和家庭装饰,他们的庭院兼具有生产和装饰的功能,室内绿化装饰所需的材料大多来自庭院产品。

综观东西方植物室内绿化装饰发展史,过去由于科学技术的局限性,东西方建筑物均以低层形式出现。因此,人们习惯于用室外庭院的方法来提高建筑环境质量,借以过渡和衬托室内空间。在室内只注重陈设,讲究盆栽、瓶插和精美盆景的摆布。随着近年来多层建筑的发展,特别是高层建筑和空调设备的出现,人们开始寻找室内绿化装饰的新方式。到了20世纪70年代,把人的感官因素融入到了室内绿化装饰,创造出使人直觉感到和谐的环境,特别是室内庭院的出现,使室内空间的绿化装饰进入了新的境界。

0.3.2　室内绿化装饰的发展趋势

随着城市现代化进程速度的加快,人们纷纷进入了现代化的标准住宅,室内陈设是高级新潮的组合家具以及全套现代化的家用电器。生活则是以"三高"(高效率、高速度、高节奏)为特征。但是人们"回归自然"的愿望从来没有泯灭过,室内绿化装饰填补了这份空白,虽然穿梭于高楼林立的砖头与水泥之间,但也能领略大自然的物候变化与季节的交替,浓缩了自然山水和植物的室内庭院让人依稀看见小桥流水、鸟鸣虫叫的自然风貌。目前我国的室内绿化装饰业发展很迅速,并有很大的发展空间。

0.3.2.1　采用先进的科学技术,简化养护操作

随着科学技术的发展,园艺的生产水平越来越高,室内绿化装饰应不断吸取园艺先进的生产技术成果,既增强室内装饰的新颖性,又可简化日常养护操作,如以无土栽培技术为基础的家庭花卉水培养技术,减少了盆土对室内环境的污染,简化了日常养护操作(定期更换配制好的营养液即可),增加了观赏性(具有艺术插花的艺术美感),还可增强花鱼共养的趣味性。滴灌技术应用于墙面的垂直绿化,使特殊空间的绿化装饰变不能为简单可行;还有盆栽花卉的艺

术整形、瓶景栽培、艺术性更强的组合盆栽、压花组图、干燥花等均越来越多地应用于室内绿化装饰。

0.3.2.2　选取功能性更强的植物种类

富裕起来的城市人首先改善的就是居住条件和办公条件,室内精装修给人们带来舒适的同时,室内空气污染也威胁着人们的身体健康。精装修所散发出来的有毒气体如甲醛、苯以及放射性物质给人们带来伤害已是不争的事实。据统计,我国城市居民每天在室内生活长达21.53小时,占全天时间的90%。研究证明,新装饰的建筑物室内污染物浓度是室外的100倍,这些看不见摸不着的污染物常使得人们感到眼睛、鼻腔和咽喉不适,流鼻水或鼻塞、胸闷、头痛、精神无法集中和过敏等,世界卫生组织(WHO)将此现象称为"病态建筑物综合征"(sick building syndrome,SBS)。

绿色植物对室内空气中的某些污染物具有良好的净化功能。相关研究表明,对甲醛、苯、二氧化碳吸收净化效果最好的有10多种植物,包括夏威夷椰子、万年青、白鹤芋、洋常春藤、非洲菊、菊花、富贵竹、千年木、镶边香龙血树、金边虎尾兰、银边朱蕉等。因此我们在进行室内绿化装饰时,要根据室内精装修的时间进行功能性植物选择,或者在精装修的空间起用之前先用功能性强的植物进行空气净化,待各项指标达到标准后再进行绿化艺术装饰。

0.3.2.3　绿化装饰应加强科学性及艺术性

室内绿化装饰要充分发挥其功能,即包括美学、净化室内小环境以及组织空间等功能,利用各种手段增强装饰的艺术性,如色彩、比例、对称与均衡、对比与调和、多样与统一等。同时还要兼顾科学性,如万年青、海芋、合果芋、绿萝喜阴;变叶木、月季、龙舌兰等喜阳;吊兰、报春、常春藤、仙客来、沿阶草、吉祥草、罗汉松等能耐寒冷;一品红、凤梨、红掌、蝴蝶兰、三角梅、秋海棠、吊金钱等喜温暖湿润的环境条件。这些均是花卉生长发育的自然规律,装饰时违背这些科学规律,植物就无法发挥正常的功能,更难以发挥其艺术性。

0.3.2.4　选择更丰富的植物材料,增强观赏性

可用于室内绿化装饰的植物材料非常丰富,我们在进行空间装饰时,应尽可能发挥植物多样性,尤其室内大空间的绿化装饰,植物体量要高低错落,叶型、叶色要与环境相协调,摆放、壁挂、垂吊、植屏植物要搭配,观花植物、观叶植物、观果植物、观根植物等各具形态。植物材料丰富了,空间的艺术性就容易体现,各植物之间也不会同时生一种病虫害。

0.3.2.5　加强对植物的养护管理

对于盆栽花卉而言,有"三分种七分养"之说。每一种花卉植物都有不同的温、光、水、肥的需求,需要不同理化性质的土壤,我们在养护时必须遵守各自的规律,从专业的角度用专业的方法定期施肥、浇水、更换、通风,加强病虫害的预防。对于室内花卉,病虫害一旦发生,防治起来要难得多,也就失去了室内绿化装饰的意义和功能。

1 室内绿化装饰材料及选择

1.1 室内绿化装饰材料的类型

根据室内绿化装饰材料的装饰特点,可分为盆栽花卉、鲜切花、干制植物材料和人造花等 4 种类型。

1.1.1 盆栽花卉

盆栽花卉是指在容器中栽植的花卉,根据花卉的习性主要包含那些耐阴性强,经过精心养护,能长时间或较长时间适应室内环境条件而正常生长发育,用于室内装饰与造景的植物,称为室内观叶植物(indoor foliage plants)。室内观叶植物以阴生观叶植物为主(shade foliage plants),也包括部分既观花,又观叶、观茎的植物。它们大多原产于热带、亚热带地区,能够长期适应室内光照不足的条件,对这类观赏植物加以适当的管理,能够长期发挥良好的装饰、美化作用,如肾蕨、鸟巢蕨、虎耳草、网纹草、吊兰、一叶兰(蜘蛛抱蛋)、合果芋、花叶芋、竹芋、广东万年青、秋海棠、绿萝、常春藤、龟背竹、春羽、喜林芋、巴西木、马拉巴栗等。另外还有一些仙人掌及多肉植物,如仙人球、山影拳、芦荟、虎尾兰、燕子掌等也非常适合在室内栽植。同时,随着花卉新品种的引进、繁育和推广,越来越多的盆栽观花植物吸引了消费者的目光,尽管这些观花植物多为季节性的,观赏期仅为半个月到几个月的时间,但因为它们具有美丽的花朵,为室内增色不少,是观叶植物所不具备的,如杜鹃、仙客来、凤梨、热带兰花、红掌、蟹爪兰、长寿花、报春花、大岩桐等。室内观花植物的魅力不仅在于它具有姿、色、香及其所特有的风韵美,还在于它吐蕾、露色、开花、结果等一系列的韵律美。另外,藤本及悬垂植物以其优美、潇洒的线条和绰约的风姿使人赏心悦目;盆景类则古朴典雅,富有韵味。

1.1.2 鲜切花

鲜切花是指从母体上剪切下来的、具有一定观赏价值的花朵或花序、枝条、叶片、果蔬等鲜活的植物体,经过对其重新组合和加工,使其具有更高的观赏价值和审美情趣。这样的插花作品可以是盆插,也可以是花篮,用于室内美化具有很强的艺术感染力,美化效果最快,具有立竿见影和强烈烘托气氛的作用,同时能达到"插花一瓶,满室生辉"的艺术效果。

1.1.3 干制植物材料

干制植物材料是指将植物材料经脱水、保色、定型后形成的具有长期观赏性的植物饰品,通常分为立体干花和平面压花两种。干花既保存了鲜花的姿、形、色,又具有绢花、丝花等人造花的长久保存性能,同时又具古朴典雅的自然神韵。干花材料的制作是一个技术含量较高的工艺过程。只有好的干花材料和好的艺术创作的完美结合,才能给人以真正的美感与精神愉悦。干花多选用含水量较少的花卉制作,如千日红、麦秆菊、天人菊、鸡冠花、补血草、枫叶等。

干花作品别具一格,插好后经久耐用(一般可放置 1～2 年),管理方便,在宾馆、饭店常常使用,欧美国家和中国港台地区也较常用。其缺点是缺乏生命力(鲜活感)和润泽感。

1.1.4　人造花

人造花是模仿自然界的各种花卉制成的塑料花、绢花,也包括近几年特别流行的手工制作的丝网花。这些花的造型均能达到栩栩如生的效果,受到了专业人士及广大群众的喜爱,可用于家庭、单位、展厅、商场等室内装饰,尤其是用于大型展厅的顶部,以烘托特殊的气氛。人造花材便于管理经久耐用,我国生产的人造花材造型逼真,色彩丰富,深受国际友人的高度赞赏和喜爱。

盆花、鲜切花、干花、人造花等室内装饰材料性质各不相同,在室内绿化装饰时,应根据材料不同的性质合理使用。盆花可摆放成各种形状,可垂吊也可壁挂,可单盆摆放也可多盆组合;鲜切花、干花、人造花需要重新组合和加工,使其成为具有一定艺术感染力的造型作品,也就是插花作品。

1.2　室内绿化装饰材料的选择

可用于室内绿化装饰的植物材料很多,而正确地使用多种植物材料是装饰得以成功,并发挥装饰效果的关键所在。因此,对植物材料的观赏性和生态习性的充分认识就显得非常重要。

1.2.1　根据植物材料的观赏特性来选择

植物生长的形态千姿百态,它对环境的装饰效果各异,有的刚毅,有的柔媚。根据室内绿化装饰材料的观赏特性,可将其分为以下几类:

1.2.1.1　观形植物

观形植物就是以观赏形态为主的植物。根据枝条的生长方向,植物的株型可分为直立型、丛生型、蔓生垂枝型、莲座型和多肉圆球型。

(1)直立型植物　直立型植物具有较为明显的主干,在室内摆放往往成为焦点植物,例如南洋杉、散尾葵、垂榕、巴西木、棕竹、马拉巴栗、橡皮树、苏铁、滴水观音等。还有些藤蔓类植物,如绿萝、喜林芋类、蔓绿绒类、合果芋等,可依靠在花盆中设立的直立棕柱攀缘生长而成为向上的状态,这类植物是人为设计而成的直立型植物。这类植物常摆放于空旷的角落、沙发等后面或旁侧,同时,这类植物也是用于空间分隔的良好材料。

(2)丛生型植物　丛生型植物是指那些没有特别明显的主干,一株中同时具有若干茎干的灌木或叶片自根发出,呈现紧密丛生状的木本或草本植物。这类植物多给人丰满、茂盛的感觉,如竹芋、红掌、芦荟、菊花、兰花、竹、蕨类植物等等。这类植物可根据其株型大小区别对待,做不同用途的装饰。如蕨类植物可用于砧壁;竹芋、红掌、兰花等观赏性强的可摆放在几架之上,用于室内焦点或周边环境烘托。

(3)蔓生垂枝型植物　蔓生垂枝型植物的茎蔓生,叶或茎常呈下垂状生长,也可称作悬垂植物或吊盆植物。这类植物多用于装饰上方空间,可摆放于高处或悬挂于天花板上,如吊兰、吊竹梅、虎耳草、绿铃、吊金钱、绿萝、常春藤、香豌豆等。有些枝条柔软的一二年生花卉也可作为垂枝型植物培养,如矮牵牛、三色堇等。这类植物因造型柔美、灵活,极易吸引人的视线,在室内装饰中常起着丰富绿色空间的作用。

（4）莲座型植物　莲座型植物具有莲座状排列的叶，茎干极短或无。这类植物多为草本植物，如虎尾兰属、丝兰属、龙舌兰属、凤梨类、君子兰、芦荟等。它们大多花葶直立，外形吸引人，即使不开花，叶片之间有规则的排列，本身就具有一种装饰美。

（5）多肉圆球型植物　多肉圆球型植物主要是指多浆类植物，这类植物的茎或叶特别粗大肥厚，含水量很高，能抵御长时间的干旱条件，也正是由于这一点，使得这类植物的盆栽具有很强的趣味性，尤其将其栽植在趣味性很强的容器内，如具有卡通图像或特殊造型的某一容器内，这类植物的装饰性就更强了。如叶片肥厚且有规律的排列的景天科石莲花属植物，如石莲花、观音莲等，圆球形的金琥、鸾凤玉，山一样的山魔影，柱形的三棱柱、霸王鞭。这类植物的花朵并不多，但其变态的茎、叶也有很高的观赏价值。另外，由于这类植物中相当一部分种类的代谢形式与一般植物不同，它们多在晚上较凉爽湿润时才打开气孔，吸收环境中的二氧化碳并通过 β—羧化作用合成苹果酸，释放氧气；白天高温时气孔关闭，不吸收二氧化碳而靠分解苹果酸放出二氧化碳供光合作用之用。因此，这类植物在炎热夏季的空调卧室内摆放，夜间吸收封闭在卧室内的二氧化碳，释放氧气，可起到调节卧室环境的作用。

另外，植物的大小也影响其功能的发挥。

植物从幼苗、成株到开花是一个不断生长发育的过程，植株的大小、株型都会有很大区别。在室内，植物的高度要与空间的大小相适应，除贯通几层楼的大型建筑中庭外，大多数室内植物的高度都应控制在 2m 以下。根据室内空间的特点，一般可以把成型植物按其大小分为小、中、大三类。长成后高度在 0.5m 以下的称为小型植物，包括一些矮生的一年或多年花卉以及蔓生植物，如文竹、长寿花、吊篮、常春藤、仙客来等。这类植物很适合作桌面、台几或窗台之上的盆栽摆设，或作吊兰、壁饰、瓶景栽植。长成后高度在 0.5～1.0m 的称为中型植物，如君子兰、天竺葵、红背桂、马蹄莲、粗肋草、花叶芋等，这类植物可单独布置，或采用细高型装饰花盆、套盆栽植，也可与大小植物组合在一起，作为室内装饰的重点。长成后高度在 1.5m 以上的植物，可称为大型植物，例如蒲葵、橡皮树、南洋杉、榕树及棕榈科的许多植物。一般用在较大房间，如客厅中做焦点植物，或用在高大、宽敞的空间中做点缀。

同一种植物，品种不同或栽培形式不同，其大小和观赏特点也是有所区别的，如菊花中有株形饱满的小菊品种，比较适合用于色块的布置；花瓣飞舞的管瓣形品种适合用于矮柜、茶几、书桌等摆放装饰；通过嫁接及整枝等方法栽培出来的塔菊、大立菊等，既有花团紧簇的壮观美，摆放在门厅外又像一对门神守护厅堂。还有悬崖菊的不同排列方式同样营造出不同的环境气氛，如在室外高低起伏线状排列，有如长龙舞动；大厅内一对摆放，有如一对恋人相依相伴；若摆放在庭院中的假山上，则是一片山花烂漫，把秋天大自然的野趣浓缩于一点。

1.2.1.2　观叶植物

美丽的叶形、叶色及叶子的大小是大自然的杰作，叶子的式样形成各种艺术图案，把各种叶子摆在一块，就是一个内容丰富的艺术品展览会。室内观叶植物叶形更是变化无常。

（1）单叶、复叶　一个叶柄上只着生一个叶片的，称为单叶，形状很多，如针形、条形、披针形、倒卵形。二至多枚分离的小叶共同着生在一个共同的叶柄上，叫做复叶，组成复叶的叶片叫做小叶，复叶的形态各不相同，如掌状复叶、羽状复叶、三出复叶等。在形形色色的观叶植物中，有的叶子是单独生长，大多数的室内花卉均属于此类；有的叶子是群居，像羽毛状排列在叶柄的两侧，如，散尾葵、肾蕨等；有的像有把大伞为下面的儿孙遮挡着风雨，如七叶树、鹅掌柴；

有的叶片间散出如"品"字排列,如迎春花、云南素馨。

(2) 叶形　植物叶片的形态,变化万千,各具特色,细细赏玩,趣味无穷。依每个人喜好,选择具有不同叶形的植物装饰居室,别有一番乐趣。龟背竹叶片上不仅有深深的羽裂,在各叶脉间还有椭圆形的洞,奇妙而美丽;春芋的叶片是宽心脏形,羽状全裂,呈现豪放、开阔的气派;合果芋的叶形为宽戟形,远远望去好像蝴蝶舞翩翩;皱叶椒草的叶片为心脏形,叶面凸凹不平,似长满了皱纹,令人忍不住想将其抚平;绿铃的叶片变态成球形,仿佛是一串绿色的佛珠;银杏叶如折扇,可以组合成各种美妙的图案;荷花、睡莲的叶片如碧玉盘,盛着无数颗晶莹透亮的水珍珠;王莲叶缘向上卷曲,浮于水面,可载二三十千克重的小孩而不沉没,有如观音菩萨托出的莲花仙子。另外,还有松叶如针、柏叶如鳞、柳叶如眉、棕榈叶像蒲扇、芭蕉叶像一面旗等等。

图 1.1　观叶植物不同的叶型

叶片的基部有的很尖,有的很圆钝;叶尖有的内凹,有的尖尖如娃娃头上的小辫子;叶片的边缘有的平滑,有的如波,有的像锯子的齿,还有的具有很深的裂纹;叶片中间的脉纹有的下凹,有的突起呈有规律的纹络,有的纵横交错,有的密密排列如滑顺的发丝。

(3) 叶色　虽然叶片的本色为绿色,但大自然中不少植物终年或某一季节具备似花不是花的彩色叶片。19世纪末以来,欧洲兴起温室庭园栽培彩叶观赏植物,随后普及全球,故有"人们喜花,更爱叶"的说法,古人也有"看叶胜看花"的诗句。

色彩是室内设计要素中最显著的因素,植物的色彩通过叶和花展现在人们面前。植物叶片的颜色是变化多端的,在绿色这一基调下就有深绿、浅绿、鲜绿、暗绿、墨绿、灰绿等变化。如龟背竹的暗绿,垂榕的淡绿,春羽的浓绿,皱叶椒草的深绿,密叶朱蕉的翠绿,鸟巢蕨的鲜绿等等。当然,叶片颜色的深浅也与光线强弱和植株的养护管理水平有关,光线较强或过弱、管理粗放造成植物营养不良时,叶色会浅些;相反,光线适中、营养充分时,叶色会深且有光泽。

在室外庭院,夏去秋来,不少落叶树种的植物叶色渐变为红黄之艳,有红色、红紫色、金黄色、橙黄色等,其中尤以红色最具观赏价值。我国历来就有深秋赏红叶之传统,北京香山红叶是闻名世界的一大美景;在日本,樱花除了春天供人赏花外,秋季也作为主要的红叶树欣赏,届时游人如潮,不减观花时节的盛况。红叶的形成是由叶片中所含物质的变化决定的。叶片里除了含叶绿素、叶黄素、胡萝卜素外,还含红色的花青素。秋季之前,叶绿素含量多,显不出花青素的颜色,叶片绿色;入秋后,尤其是深秋,天气渐冷,叶绿素在低温下不断分解减少而红色的花青素不断增加,叶片就变为红色。我国著名的红叶树种除北京香山的黄栌外,还有乌桕、柿树、漆树、卫矛、丝棉树、枫树、连香木和黄连木等。

对于有些植物来说,叶片上呈现的不止是一种颜色。有的植物叶片虽为绿色,却有深浅不同的变化,例如波叶亮丝草;有的植物在绿色的叶片上有其他颜色的条纹或斑块,如绿萝、斑叶万年青、粉黛等;更有的植物叶片呈红、黄等鲜艳的色彩,如七彩朱蕉、彩叶草、变叶木、深红网纹草、花叶芋等等。叶片的色彩,好像是植物身着的时装,以其令人目眩神迷的变化,引起了人们的注意。因此,室内装饰应了解各种植物叶色的差别和变化。

叶色呈深浓绿色:山茶、南洋杉、橡皮树、棕榈、垂叶榕、万年青、绿巨人、女贞、桂花。

叶色呈浅淡绿色:芭蕉、竹、白玉兰、文竹等。

叶色红色或紫色:红枫、石楠、红叶李、紫叶桃、南天竹、小檗、红花檵木。

叶色黄色或黄褐色:彩叶草、变叶木、银杏、金叶女贞、中华金叶榆。

除落叶期外,全年具色彩:紫叶李、紫叶小檗全年呈紫色,红枫全年呈红色。

随季节的变化,叶片呈现不同的颜色,在庭院中栽植这样的色叶植物,显示出特有的季节韵律美,如三角枫、银杏、石楠等。

全年呈斑驳彩纹:如金心黄杨、金边龙舌兰、冷水花、变叶木、花叶常春藤等。还有叶子表面和背面具有不同色彩,如红背桂、紫背竹芋、胡颓子等。

另一方面,叶色的深浅浓淡受环境和本身营养状况的影响,又随季节的不同而发生改变。一般在日常养护时要求多施磷钾肥,且要求有一定的光照条件,否则叶色偏淡,使观赏价值降低。

(4)叶片大小   对于室内花卉而言,叶片是展现其风姿特点的主要方式之一。植物叶片的大小是受原产地的影响而变化的。一般而言,原产热带湿润气候的植物,叶片较大,如芭蕉、棕榈、椰子、散尾葵、滴水观音、绿萝等,多用于室内观赏;原产冷凉或干燥地区的植物叶片较小,如松、柏、榆、槐、燕子掌等多浆植物。

不同的叶形和大小具有不同的观赏特性,例如棕榈、蒲葵、滴水观音的掌状叶形,给人以朴素之感;椰子的大型羽状叶,给人以轻快、洒脱的联想。

(5)质地   叶片的质地不同,在室内展现出来的观赏效果也不同。革质的叶片,具有较强的反光能力,使原本颜色较浓暗的叶片具有光影闪烁的效果,如橡皮树、鹅掌柴;膜质的叶片,呈半透明状,给人以恬静的感觉;粗糙多毛的叶片,则多富野趣,让人忍不住去触摸,如网纹草、秋海棠、叶上花、狭叶十大功劳等。

综上所述,室内绿化装饰植物的叶形、叶质都具有持久的、视觉较为强烈的特征,如单株放置时,不同的植物将能营造出截然不同的气氛。龟背竹、春羽、鹅掌柴、喜林芋、橡皮树等叶片大型、革质有光泽,具有厚重的效果;同样是大型叶片的芭蕉则给人以轻柔、娇美的感觉;榕树、柳树、竹子等枝叶细长、茂密,具丰富的空间感;而文竹、松、柏类的枝叶细密如云状,具有层次感。同样是羽状叶片,南洋杉枝条平展,叶片略下垂,呈现一副端庄、宁静的大家闺秀姿态;苏铁的叶柄线条竖挺,叶片刚硬,充满阳刚之气;而散尾葵枝条向上伸展,呈现一派欣欣向荣的气象。

1.2.1.3   观花植物

花是植物体中最美、最具观赏价值的器官,花色、花姿、花香和花韵为观赏花卉的四大美学特征。若同时具备这四大特征的花卉则观赏价值最高。中国具有数以万千的奇花异卉,1986

年1月至1987年4月,由上海园林学会等单位发起,通过全国4万余张选票选出了"中国十大传统名花":牡丹(万花之王)、月季(花中皇后)、梅花(群花之冠)、菊花(寒秋之魂)、杜鹃(花中西施)、兰花(花中君子)、山茶(花中珍品)、荷花(水中芙蓉)、桂花(金秋娇子)、君子兰(黄金花卉),同时这些花卉也最具有中国花文化的内涵,将这些花卉用于室内绿化装饰,具有更深刻的内涵。根据观花植物花的姿、色、香、韵的不同,主要欣赏花的如下结构特征。

(1) 花的色彩美　花美主要表现在色彩上。五彩缤纷的花卉,把人们的生活装扮得更美丽,使人怡情悦意,精神焕发,艳红的石榴花,如火如荼,形成热情兴奋的气氛;白色的丁香花,赋有悠闲淡雅的气质;雪青色的六月雪的繁密小花,形成一幅恬静的自然图画。可以想像,在一个绿色的王国中,盛开着鲜红的玫瑰、金黄的菊花、洁白的玉兰、还有娇如红靥的桃花、万紫千红的月季、灿若明霞的紫薇、繁星点点的霞草,组成了一幅幅璀璨夺目、绚丽多彩的大自然图画。

因色彩能对人产生一定的生理和心理作用,有的色彩使人平静,有的使人兴奋,有的还使人紧张,给人一种综合的感觉,或是愉快和舒畅,或是朴素和优雅,或是郁闷和愁思。由于人们的视觉经验不同,在看到一种花色时,会联想起与其相关的事物,影响人的情绪,产生不同的感情。比如:

红色使人联想到火焰和太阳,能用来照明、取暖而造福人类,于是红色就产生了光明、热烈、繁荣、幸福的感觉。大凡喜庆之日、过节、过年等,都喜欢用红色的花卉来装点,故中国人称之为"喜悦色"。但大红在西方被视为暴力、流血,因此,在高级外宾楼内装饰时红色要慎重使用。

黄色象征智慧,表现光明,带有权威和神秘感(宗教),也是丰满甜美之色,歌德还称之为愉快、迷人之色。

绿色是大自然最宁静的色彩,也是生命、自由、和平、安静之色,给人以充实、希望、青春、优美、和平之感,因此,绿色观叶花卉是室内绿化装饰的主力军。同时,绿色也是农牧业、旅游、邮政的代表色。

蓝紫色给人以深沉、幽静、秀丽、清新的感觉,在炎热的夏季使用蓝紫色的花卉装点室内空间总是相宜的。另外,在西式浅色调装潢的空间内,用很少的蓝紫色花卉点缀,总是在宁静中透着一份清新。另外,蓝色也是高科技的代表色。

橙色为温暖、欢乐之色,表示力量、饱满、光明、胜利,也有甜蜜和亲切之意。

受西方文化的影响,婚庆场合多以白色为基调,使婚礼给人以纯洁、神圣的感觉。但在特定场合,白色也有哀伤之感。

色彩与感情有着非常微妙的关系,在实践应用中,不是固定不变的,而是因时、因地、因人的情绪不同,有些差异。比如我国人民在习惯上把大红、大绿看作吉祥如意的象征,每逢节日、喜庆的日子,多用红色志喜,故而,红色、橙色等暖色花卉就特别受人青睐。一些文人雅士,大多喜欢清逸素雅的色彩,如梅花中的绿萼梅、菊花中的绿牡丹等品种,因此视为高贵上品。

(2) 花的香味美　花卉的香味是难以言传的,虽然只是给人的一种感觉,却是一种如梦似醉的美感。比如,茉莉花强烈的香味、紫丁香柔和的香味、兰花纯洁的香味,真是使人闻其香而辨不出。其实香味越微妙,就越难辨别出花的种类,说明此花的别致与高贵。花卉中常有"艳花不香,香花不艳"的现象。比如桂花,是大众喜欢的香花,它既没有硕大的花朵,又没有艳丽的色彩,就是香味迷人,每逢桂花盛开的时节,金粟万点,香飘四溢,看花闻香,悦目怡情,给观花者以不尽的嗅觉美。"疑是广寒宫里种,一秋三度送天香"、"亭亭岩下桂,晚岁独芬芳"、"幽桂有芳根,青桂隐遥月",这正是桂花迷人的真实写照。

茉莉花是以其馨香赢得人们喜欢的。仲夏的夜晚,茉莉花的香伴随着月光流泻飘忽,沁人心脾,妙不可言。中国在没有香水之前,茉莉花是妇女们最重要的装饰物。早上梳妆便择几朵茉莉花戴在发上,黄昏则佩带在襟前,案几上也摆几枝,"一卉能熏一室香",提神醒脑,清凉消暑,使人怡情悦意。还有瑞香花优雅高尚,多在元旦和春节盛开,厅堂之上安放一盆,便可满屋生香。为此,赢得了"瑞兰"、"夺香花"、"千里香"等芳名,"瑞香"正是瑞气生香、富贵吉祥之意,此名内涵丰富,恰如其分。

说到花卉的香气,江南人不会忘记白兰花和栀子花的香味,每到初夏,白色的白兰花和栀子花的香味便飘满大街小巷,在室内的厅堂、在公共汽车上、在私家车上、在年轻姑娘的胸前、在爱美老太太的发髻间,无不浸透着江南人所特有的对花香的钟爱。

最受文人雅士们推崇的花香要数兰花的幽香了,她清雅、醇正、袭远、持久。被称之为"香祖"、"王者之香"。兰香的特点,真可谓情趣诱人,香味散发一不定时,二不定量,三不定向,像幽灵一样,飘忽不定,难以捉摸,故称"幽香"。可见,兰香妙就妙在若有若无,似远似近,正如元代余同麓的诗所描写的那样,"坐久不知香在室,推窗时有蝶飞来"。

不同的花卉有不同的花香,不同的香型也给人带来不同的美感。比如,梅花的清香、桂花的甜香、兰花的幽香、含笑的浓香,还有别具一格的玫瑰香、松香等,清香可以怡情,浓香可以醉人,甜香可以使人产生美好的回忆。冬季的腊梅和水仙花的香味让人忘记了隆冬的寒冷,米兰和茉莉的花香早已被人制成各种香料用于化妆品、食品之中。夏天,室内飘着米兰和茉莉的香味,庭院内浸满紫茉莉的香气,让夏季的傍晚增加一份清爽。随着科学技术的不断发展,功能性香花植物也逐渐走入人们的生活视野,唇形花科的熏衣草、牻牛儿苗科的碰碰香、竺葵科的驱蚊草等常被用于室内空气净化、驱除蚊蝇。

(3) 花的姿态美　花卉的形态姿态万千,无奇不有,有的瓣型飘逸,有的彼此依靠,有的活泼可爱,有的形象逼真。盛开的文心兰,就像一群天真烂漫的少女在节日的盛装下翩翩起舞;粉红色的蝴蝶兰像蝴蝶家族的盛会,在各自的枝条上坚守着自己的岗位;美丽的拖鞋兰,即像少女的拖鞋,又像袋鼠妈妈的袋子,真是惟妙惟肖。虞美人纤秀的株形、轻盈的花枝、艳丽的花色,摇曳曼舞,分外妖娆。鹤望兰的花型妙趣诱人,整个花序宛如一仙鹤的头部,故得名鹤望兰,又称"极乐鸟"。还有一种名为鸽子树的珙桐,花序的两片白色的大苞叶,极似白鸽展翅,当花盛开的时节,满树犹如栖息的群鸽,使人目不暇接。仙客来的花宛如兔子的耳朵,故又叫兔子花;荷包花的花瓣像荷包,虾衣花的花冠酷如龙虾等,不胜枚举。

花卉姿态美妙,娉婷婀娜,即使缺少色香,其韵也会自生。比如吊兰,这是比较普通的花卉,花色、花香都欠佳,但从整体看姿态优雅,茎叶似兰,碧绿青翠,特别是茎端苗生的新株,临风轻荡,别有飘逸之美。再如枝叶重叠、叶色碧绿的文竹,纤秀文雅,亭亭玉立,虽不艳、不香,但也不失潇洒清雅之美,博得千古文人雅士们的赞美。

(4) 花卉的风韵美　花卉的风韵美是探求花的内在美,是在色彩美、香味美、姿态美之上的一种精神,是将观赏者的气质与花的色、香、姿融合在一起的表现,让无情的花使观赏者产生有情的意境。因此,花韵的欣赏也与观赏者的素质、年龄、阅历、文化、艺术修养及个人情绪等相关联。如我国著名的女词人李清照在《醉花阴》词中写到:"东篱把酒黄昏后,有暗香盈袖,莫道不消魂,帘卷西风,人比黄花瘦。"这是诗人因黄花而引起的自怜心情的表现。陈毅在《秋菊》

诗中写到:"菊花能傲霜,风霜重重染,本性能耐寒,风霜其耐何。"这表达了革命军人傲风霜、战严寒、艰苦奋斗、不屈不挠的大无畏精神,也是中华民族浩然正气的表现。

人们在菊花展中看到千姿百态的菊花,感觉虽是深秋,但万紫千红的菊花将环境渲染得如同春天一般。咏现代诗《菊展》:"园里花馨清又醇,栏前更觉花醉人。花前叶后蜂蝶舞,秋深因此赛阳春。"野外郊游,看到漫山遍野的野菊花,不禁感慨到:"宁可抱香凌严寒,不入暖房妍群芳。任它缤纷五彩色,自染大野遍地黄。"

不同的花卉各有不同的风采,可撩起缕缕情思,使人进入诗情画意般的境界。赏花时,只有把花卉的外形和气质结合起来,才能突出花的神韵,以增强花卉的艺术魅力,达到怡情悦意的效果。至于那些经过艺术设计而产生的艺术造型和插花作品,就更是巧夺天工、美不胜收,给人带来更丰富的美感享受。

不同文化背景下的观赏者,因其受文化熏陶的不同,对花卉审美的角度也不同。我国的文人雅士对花木的欣赏,比较注重姿态、风韵,讲究气氛的烘托与意境的渲染,并用清淡优雅的花香,配以悠扬婉转的鸟语、飞蜂舞蝶的纷繁场面,形成"花香鸟语"、令人神往的氛围。国人特别喜欢的菊花,其花型有卷抱、追抱、垂抱等潇洒飘逸的形状,比如"嫦娥奔月"、"十丈珠帘"等被视为菊花中的名品。而西方人士欣赏花卉则讲究花朵硕大、色彩鲜艳而丰富,故特别喜欢月季;他们爱好的菊花是花型整齐、圆球状的品种。此外,中国与西方在插花艺术上的审美方式也有很大差异。

图 1.2　菊花的不同花型

1.2.1.4　观果植物

果实是丰收的象征,成熟的果实以其色彩、形态、美味吸引着人们。果实既有很高的使用价值,又有极高的观赏价值。比如,果实鲜红的火棘、荚迷、枸杞、枸骨、南天竹、珊瑚树、平枝荀子等;直接食用的樱桃、山楂、橘子、柿子、石榴等色彩就更美了。黄色的果实也很多,比如,金橘、甜橙、香橼、佛手、木瓜等。金佛手,音谐"福寿",给人一种无限的吉祥之感,因此,佛手在民俗文化中,作为吉祥之物加以描绘。其他色彩如蓝紫色的果实有紫珠、枸骨、葡萄、女贞等;白色的有红瑞木、雪果;彩色的果实有五彩辣椒等。

图 1.3　观果植物

1.2.1.5　观芽植物

芽是植物生长最活跃的器官之一。因此,凡具有观赏价
值的芽体都能给人以旺盛的生命力的感受,如早春的结香、银芽柳等。

1.2.1.6　观枝植物

有些植物的枝条呈现特殊的颜色、形状,具有与其他
花卉不同的形状或风姿,如早春鲜红的红瑞木;变态形成
各种形状的仙人掌科植物;叶片退化,只有碧绿枝条的光
棍树。由于它们与众不同的颜色或形状,受到了很多人
的偏爱,成为室内绿化装饰的主要材料之一。

1.2.1.7　观干、观皮植物

植物的干或皮具有美丽的颜色或斑块,如绿色的竹
子代表着节节高,而被作为室内庭院或插花的良好素材。
佛肚竹的憨态、湘妃竹的传说,以及黄金间碧玉、碧玉间
黄金的美丽,无不打动着人们的情怀。

1.2.1.8　观根植物

有些植物的根造型奇特,形象逼真,如人参榕树,突
出而膨大的根好似
人参的根系,也因此

图 1.4　观芽植物

而得名;海芋的千手观音造型也是变态突起的根茎部位
好似观音的手;水培花卉中的吊兰、春羽等的根系洁白纤
细如发丝飘拂、瀑布垂挂;还有盆景中的露根盆景类,专
门显示根系的苍劲。

图 1.5　观根植物

1.2.2　根据室内绿化植物的生态习性选择

室内绿化植物种类繁多,差异很大,由于原产地的自
然条件相差悬殊,不同产地的植物均有自己独特的生活
习性,对温度、光照、水分、土壤及营养条件的要求也各不
相同。另外,不同的室内空间和房间的不同区域,其光
照、温度、空气湿度也有很大差异,因此,室内植物的摆
放,必须根据具体位置的具体条件,选择适合的种类和品
种,使植物健壮生长,充分显示植物本身所固有的特性,
达到最佳观赏效果。

1.2.2.1　室内光照与室内植物的选择

室内光线条件总体比较差,但不同位置,光线差异较大。如楼梯的拐角处光线最弱;靠近
阳面的窗户处,虽然是室内,但光线条件依然较好。因此适用于室内装饰的花卉种类很多,但
由于各种花卉的耐阴程度的差异,使得花卉在室内摆放的时间和适宜的位置有所不同。根据
花卉对光照强度的要求不同,可分为阴性花卉、耐半阴性花卉、中性花卉和阳性花卉。

(1) 阴性花卉(喜阴花卉)　这类花卉最耐阴,在室内弱光下也能较长时间观赏,一般可摆
放 2~3 个月,适宜在窗户较远的区域摆放。否则,会出现叶片发黄、干燥无光泽现象,如蕨类、

兰科、南天星科、秋海棠科、杜鹃花属等多数室内观叶花卉。

（2）耐半阴室内观叶花卉　是室内观叶花卉中较耐阴的种类，如千年木，竹芋类、喜林芋类、凤梨类、豆瓣绿、龟背竹等。

（3）中性花卉　要求室内光线明亮，每天有部分直射光，是较喜光的种类，如彩叶草、龙舌兰、花叶芋、榕树、棕竹、长寿花、叶子花、鸭趾草类、天门冬、苏铁等，适宜在东、南、西朝向的窗户附近或其他有类似光照条件的区域摆放。

（4）阳性花卉或称喜光花卉　这类花卉要求光线充足，不能忍受长时间的遮阴。如变叶木、鱼尾葵、沙漠玫瑰、牵牛花、鸡冠花、百日草、大丽花、一串红、万寿菊、菊花、扶郎、香石竹、唐菖蒲、百合、仙客来、月季、扶桑等。因此这类花卉必须在阳光充足处才能有较高的光合效率，才能正常生长、开花。

大多数观叶植物对光照要求较低，强光会使叶质增厚、叶色变淡，甚至灼伤，因而降低观赏价值。而观花植物一般要求充足的光照，紫外线强能促使花青素的形成，使花着色、果色艳丽。强光可抑制植株生长，使节间变密、矮化。斑叶植物需要一定的光照才能呈现品种的特性，如花叶绿萝在弱光下，斑叶减少，斑块变小，甚至全部呈浓绿色。

1.2.2.2　室内温度与室内植物的选择

冬季低温是室内观赏花卉生存的限制因子，而一年四季室内温度变化很大，各地区可根据冬季取暖和夏季降温程度加以选择。根据对温度的要求不同，一般可分为：

（1）耐寒性室内花卉　能忍受夜间室内 3～10℃ 的温度，如八仙花、芦荟、报春、八角金盘、海桐、酒瓶兰、沿阶草、仙客来、水仙、吊兰、虎尾兰、罗汉松等。

（2）半耐寒室内花卉　能忍受冬季夜间室内 10～16℃ 的温度，如蟹爪兰、君子兰、杜鹃、天竺葵、棕竹、一叶兰、冷水花、龙舌兰、南洋杉、文竹、鹅掌柴、旱伞草、风信子、朱蕉等。

（3）不耐寒花卉　必须保持冬季夜间室内 16～20℃ 的温度才能正常生长的室内花卉，如蝴蝶兰、富贵竹、变叶木、一品红、扶桑、叶子花、凤梨类、合果芋、豆瓣绿、竹芋类、彩叶草、袖珍椰子、秋海棠、吊金钱、千年木、万年青、白鹤芋等。

不同的室内花卉生长发育所要求的温度各不相同，因此要随着季节变化采取相应的措施，以保证植物安全越冬。另外，夏季的高温、干燥环境也是很多室内花卉生长的限制因子，如仙客来、倒挂金钟等。

1.2.2.3　室内湿度与室内植物的选择

水分对植物的影响主要是土壤中的水分和空气中的水分。根据室内花卉对土壤水分和空气湿度的要求，大致可分成四种类型：

（1）耐旱室内花卉　原产于经常性缺水的地方，使此类花卉形成持水和保水的结构，从而适应干旱的环境，成为具有"多浆，多肉"的茎或叶及强大根系的种类。它们能忍受较长时间的水分亏缺，如果水分过多反而易引起根系腐烂。如仙人掌类、仙人球类、芦荟、龙舌兰、生石花等。在北方干旱、多风和冬季有取暖设备的季节，栽培效果较好。

（2）半耐旱室内花卉　这类花卉植物大多有肉质的根系，根内能够储存有大量的水分，或者叶片呈革质或蜡质状，甚至叶片呈针状，蒸腾作用小，短时间的干旱不会引起植株死亡，如人参榕、苏铁、五针松、吊兰、文竹、天门冬等对水分的需求介于旱生花卉和湿生花卉之间。

（3）中性室内花卉　养护这类花卉植物，生长季节需要供给充足的水分，干旱会造成叶片凋萎、脱落。土壤含水量应保持在 60% 左右，如巴西铁、蒲葵、棕竹、散尾葵等。

（4）耐湿室内花卉 这类花卉植物根系耐湿性强，适于生长在水分较充分、潮湿甚至有些积水的地方，稍缺水植物就会枯死，生长期要求空气湿度较大，如花叶万年青、粗肋草、花叶芋、虎耳草、海芋、合果芋、龟背竹、水仙、马蹄莲等，特别是一些需要高空气湿度的室内观叶花卉，如热带兰、白网纹草、竹芋类、蕨类植物等，可通过定期喷雾，套水盆及组合群植等措施来增加空气湿度，也可将这些植物栽植于封闭或半封闭的景箱、景瓶中，即可保持足够的空气湿度，又可增加观赏效果。

尽管花卉对水分的需求有干湿之别，但都是相对而言，若长期水分不足或土壤水分含量过多同样能产生危害，特别是一些盆栽花卉，盆土过干、过湿都会影响根系生长或烂根造成死亡。

1.2.3 根据室内建筑及装饰风格选择

从建筑风格衍生出多种室内设计风格，室内绿化装饰从属于室内建筑及装饰风格，室内绿化装饰植物材料的选择应考虑室内建筑及装饰风格。

1.2.3.1 中国传统风格

中国传统的建筑装饰风格崇尚庄重和优雅。中国传统木构架构筑室内藻井、天棚、屏风、隔扇等装饰，整个室内色彩选用比较凝重的紫红色系为主，墙面的软装饰有手工织物、中国山水挂画、书法作品、对联等；沙发采用明清时的古典式，其沙发布、靠垫用绸、缎、丝、麻等做材料，表面用刺绣或印花图案做装饰，比如绣上"福"、"禄"、"寿"、"喜"等字样，或者是龙凤呈祥之类的吉祥图案，既热烈、浓艳，又含蓄、典雅。书房里摆上毛笔架和砚台，能起到强化其风格的作用。在居家、宾馆或酒店等场所经常有这样的装饰风格，其绿化装饰多采用对称式摆放盆栽观叶花卉，或在几架、案头上摆放中式插花，或摆放与周围环境相协调的盆景；若是在大厅，也可配合字画对称摆放高大的观叶植物。

1.2.3.2 乡村风格

乡村风格最大的特点是以天然材料作为室内装饰布置的主要内容，简朴而充满乡村气息，尊重民间的传统习惯、风土人情，崇尚返璞归真、回归自然，保持民间特色，摒弃人造材料的制品，把木材、砖石、草藤、棉布等天然材料运用于室内设计中，注意运用地方建筑材料，以当地的传说故事等作为装饰主题，在室内环境中力求表现悠闲、舒畅的田园生活情趣，创造自然、质朴、高雅的空间气氛，如中国江南水乡、沿海地区的渔村、云南傣族的竹楼、黄河沿岸的窑洞、内蒙古草原的蒙古包、现代公园游憩的小屋等。例如，上海锦江饭店北楼的四川餐厅有一组乡村的布置，如"杜甫草堂"、"东坡亭"、"卧龙村"、"天然阁"、"宝瓶口"等。这种风格的室内绿化装饰可以任意用绿色的观叶花卉来填空，也可在白墙上可挂几个风筝、挂盘、挂瓶、红辣椒、玉米棒等具乡土气息的装饰物；以朴素的、自然的干燥花或干燥蔬菜等装饰物去装点细节，造成一种朴素、原始之感。比如"天然阁"室内装饰的主要材料是竹，用竹搭成的屋檐下悬挂着四川红辣椒、大蒜、泡菜坛等，可谓别具匠心。如果这些特点的建筑设在旅游风景区或环境较好的地方，不需要采入昂贵的花卉布置，用开窗迎接自然风景的方式，将室外风景纳入室内即可。

1.2.3.3 欧美现代风格

欧美现代风格也就是我们经常所说的浅欧式风格、西洋现代风格，简单、抽象、明快是其明显特点。欧美现代风格多采用现代感很强的组合家具，家具布置与空间密切配合，主张废弃多余的、繁琐的附加装饰，颜色选用白色或流行色，室内色彩不多，一般不超过三种颜色，且色彩以块状为主。窗帘、地毯和床罩的选择比较素雅，纹样多采用二方连续或四方连续且简单抽象,灯光以暖色调为主。这样的建筑风格进行室内绿化装饰时可以任意用绿色的观叶花卉来填空,在空间大小允许的条件下,尽可能选用大叶型、枝叶飘逸的株型,花、叶的色彩只要与室内基础色调一致即可。比如在沙发的两侧或拐角处,可摆放直立型中型观叶植物;若用观花植物,可用几架调整高度;在空间焦点或视觉焦点处可摆放色彩鲜艳的花卉或西方式插花。花盆的造型、色彩和纹路可选用与室内建筑风格相一致的套盆。

1.2.3.4　西洋古典风格

也称欧式风格。这种风格的特点是华丽、高雅,给人一种金碧辉煌的感受。最典型的古典风格是指16~17世纪文艺复兴运动开始,到17世纪后半叶~18世纪时期室内设计样式,以室内的纵向装饰线条为主,包括桌腿、椅背等处采用轻柔幽雅并带有古典风格的花式纹路、豪华的花卉古典图案、著名的波斯纹样,多重皱的罗马窗帘和格调高雅的烛台、油画等,及具有一定艺术造型的水晶灯等装饰物都能完美呈现其风格,空间环境多表现出华美、富丽、浪漫的气氛。这样的建筑风格进行室内绿化装饰时,可以选择枝叶飘逸的大体量绿色观叶植物加以装饰,比如沙发两侧或角落,摆放直立型观叶植物;在房间的焦点位置或视觉的焦点处摆放小体量的、色彩艳丽的、大花朵的盆栽花卉或西方式插花等,来烘托室内豪华的建筑和华丽、高雅的环境氛围。

1.2.3.5　城市风格

进入21世纪以后,众多年轻置业者的出现,为城市风格的产生注入了动力。城市风格的特点是以"动、响、亮"为主,音响、计算机、游戏机、灯光等都是最现代的,就连室内的沙发也是造型奇特且色彩艳丽,有时候甚至在同一个空间中,使用三种或三种以上的色彩。对于这样的建筑风格,室内绿化装饰不太容易达到风格上的统一,花卉摆放要随时与空间大小、色彩等达到和谐。一般绿色的观叶植物容易与不同的环境相协调。

1.2.3.6　混合型风格

混合型风格也叫中西结合式风格。随着中西文化的交流,室内建筑设计在总体上呈现多元化、兼容并蓄的趋势。室内布置中也有既趋于现代实用,又吸取传统的特征,在装潢与陈设中融古今中西于一体,例如传统的屏风、摆设和茶几,配以现代风格的墙面及门窗、新型的沙发;欧式古典的琉璃灯具和壁面装饰,配以东方传统的家具和埃及的陈设、小品等等。混合型风格进行室内绿化装饰时同样要与空间大小、色彩等达到和谐,比如,屏风、博古架等中式元素的绿化装饰可以采用中式方法装饰,如东方式插花、小盆景、中国兰花或具有兰花株型造型的其他花卉,在沙发的两侧选择大小与之相协调的直立型花卉,也可采用几架的方式摆放精美的盆花,中心茶几或角落茶几可以摆放观赏性较强的盆花或现代自由式插花来进行装饰。

1.2.4　根据季节或节日选择

室内绿化装饰的作用之一是烘托环境气氛,不同季节、不同节日要求不同的环境气氛。春天,百花盛开,大量的花卉竞相开放,任何开花植物都适合进入室内。为了增加装饰性,可以将普通的花草套在富有装饰性的花盆内。春天也是万物复苏时节,环境条件适合各类植物生长,也可盆栽一些生长速度很快的花草来装饰室内空间,如普通的麦冬、沿阶草、肾蕨,体现一种欣欣向荣、生机勃勃的感觉。如果是居家环境,野花一束即可把烂漫的春天带回家。夏季,室外烈日炎炎,室内绿化装饰要让人感到一丝清凉,如冷水花、滴水观音、白色网纹草、缸栽水生的荷花、龟背竹、棕竹、文竹、芳香素雅的百合、茉莉、马蹄莲均可衬托出夏季阴凉、淡雅的情趣,简洁的现代自由式插花、东方式插花、水盘中的漂浮花等均可带你走进夏日的清凉。另外,夏季里要经常用柔软的湿海绵擦洗叶片表面或用喷壶在叶周围喷雾,增加叶片表面的反光度,提高其观赏性。秋天是收获的季节,五颜六色的果实既是日常食品,也可将其用于室内装饰,各种规格和档次的花果篮既是礼品,也是装饰品。家庭室内的餐桌或客厅的茶几是鲜花和果品组合的最佳场所,成熟的稻穗、几枝芦苇毛、簇生的果枝、各种瓣型的菊花均是丰硕秋天的象征。秋季选用的东方式插花容易有凄凉之感。冬天是万物萧条、颜色较灰暗的季节,而冬季也是中国传统佳节最多的时候,室内绿化装饰要渲染出喜气洋洋的气氛,因此还专门生产一类花卉。自然花期或通过花期调节能够在元旦、春节期间开放的、具有很高观赏价值的花卉,统称年宵花卉,如仙客来、蝴蝶兰、大花蕙兰、红星凤梨、红掌、瑞香、君子兰等。各地也会有不同内容的花市,比如,广州人过春节前必须要逛逛花市,把花市的喜庆带回家。普通家庭插几枝腊梅、银芽柳也是一种吉祥之意。

在中国,不同的节日,主题内容不同,就应该选用不同的花卉种类来烘托不同的节日气氛。春节是冬季的主要节日,有特有的年宵花卉供应;清明节常用柳枝、桃花、黄色的切花菊和其他白色的花卉来祭奠死者,安慰生者;端午节常把有香味的菖蒲、艾蒿等草扎在一起,悬挂在门口、窗户上做驱虫避邪之用,也可用蜀葵表示节日友好;重阳节是人们登高远眺的日子,回家后人们常在室内摆放菊花、酒等表示庆贺,遥祝远方的亲人平安、幸福,民间还有佩带茱萸消灾避难的习俗。

另外,各单位、系统等会举办一些庆典活动,为突出相关主题或相关内容,可用鲜花,也可用人造绢花。

1.2.5　根据室内空间的大小选择

室内空间的大小决定了室内所选植物的大小、形态、色彩。一般来说,空间较大、较旷的室内,应选择体积大、叶多而茂的直立型植物,如南洋杉、散尾葵、龟背竹、垂榕、巴西木、马拉巴栗、橡皮树、苏铁、滴水观音等。藤蔓植物,如绿萝、喜林芋类、蔓绿绒类、鹅掌柴、合果芋等用于中间加棕柱的直立型栽培形式,适于空间有高度无宽度的角落或拐角。根据环境条件,也可选用观赏性较强的花卉摆放在几架上,特别是在中式建筑风格的室内,空间较小时,则可以选用小巧而精致的盆栽植物,如文竹、富贵竹、吊兰、肾蕨及一些株型较小的莲座型植物和多肉圆球型植物等。对于空间特别大的中庭,可用布景法,再在高处配以悬垂植物,如常春藤、蔓长春、绿萝、吊兰、鸭趾草、虎耳草等,既可对大空间进行装饰的同时,又可使整个空间得到协调统一。

1.2.6　根据室内色彩和灯光选择

充分利用植物的叶、花、果实等器官的色彩特点进行室内空间美化是室内绿化装饰的重要组成部分,而在进行植物选择时,要与环境的光线、家具、装饰物的色彩进行协调配合,形成既有对比又有调和的统一体。比如中式红木或仿红木为主的棕色色调以及光线较暗的空间,选择以粉色为主的浅色,植物的叶片和花的亮度上均应选择明亮度高的;而现代风格中以奶黄色为主的或光线较强的空间,色彩的选择可以更宽些,可素雅、可艳丽,也可用蓝紫色的花以显得优雅,或摆放小体量的插花。只有对比而没有调和显得太生硬、突兀;只有调和而没有对比则缺乏生气和活力。

在植物色彩与环境色彩相搭配时,应该用植物的色彩去适应环境色彩,因为植物可以调整变化,而环境的光线状况和色彩一般来说是固定的。因此,如果环境的色彩较丰富时,植物的色彩要力求简洁;环境色彩较单一时,可以适当使用具有丰富色彩的植物加以补充。同样,室内光线较明快时,植物的色彩可以暗些;而光线不足时,应选择色彩更明快的植物种类。

1.2.7　根据室内主人的性格特点选择

花卉具有一定的寓意,进行室内绿化装饰时应与主人的性格特点相适应,达到借花咏志、寄情于花的效果。在案头或书桌之上摆放几盆中国兰,“不以无人而自芳”的素雅与芬芳体现了主人高雅、脱俗的气质;客厅的某个角落用一盆孝顺竹来装饰,体现家庭尊老爱幼的和谐生活,同时也体现出主人谦虚谨慎、积极向上的生活态度;客厅内其他绿色观叶植物有序摆放的同时,以兰花和仙客来进行装饰组合,体现主人“以兰会友,仙客迎门”的热情好客与君子之风;对于家中无孩童且生活无一定规律、随机性较强的人来说,要选择抗逆性较强的大体量植物或多肉多浆植物,可以忍受半月或更长时间的无人护理,尤其是多肉多浆植物,甚至时间更长(但要尽可能给以通风条件)。

1.2.8　根据室内位置和应用目的选择

在不同的空间位置,装饰应用目的不同,植物选择必然有所区别。如客厅是迎接客人的重要场所,要选择枝叶婆娑的植物,舒展的叶片就像迎接客人的双臂;卧室主要是休息的场所,从灯光、色彩到植物搭配,都应体现安逸、素雅的风格;卫生间就要清新明快,厨房和餐桌就要干净、卫生且增进食欲。

同一功能空间的不同位置,空间条件和环境条件决定了要选择不同类型或形态的植物来装饰,如具有开阔大空间的中庭的地面应直接放置与之体量相称的高大植株和其他植物组合成中庭景;置于几案、台架上的应用体量较小、观赏性较强的盆花、盆景、插花或垂吊植物;根据空间大小,中间部分可采用具有一定韵律排列的壁挂、垂吊或攀缘。

2 室内绿化装饰的原则

室内绿化装饰是一项具有较高美学价值和科学价值的艺术创作。它不是植物材料的简单堆砌，而是要利用植物将室内空间布置成既适合人居住需求，又能满足植物生长发育的生态空间，充分运用美学原理进行合理的设计与布置，创造出美丽、优雅、舒适的形式和氛围，以愉悦人们的身心。因此，在进行室内绿化装饰时，要遵守生态性原则、艺术性原则和文化性原则。

2.1 生态性原则

在进行室内绿化装饰时，首先要做的是结合室内环境的大小、功能、必要装饰处的多少，按照生态性原则，将植物摆放在适宜其生长的环境条件下，让其充分展现其应有的姿态。这样才能通过室内绿化装饰创造出生态型的室内景观，为居者创造一个适合的生态性空间，才能达到既经济实用又美观的目的。

2.1.1 合理装饰，摆放生态适宜的植物

为了创造生态性室内空间，首要应考虑的是光照问题，它是植物在室内生长的主要限制因子。在自然光下，除南窗一天有 2 小时左右的直射光外，多数为散射光，光强最弱处只有几十 lx，较强处也只有 2 000 lx 左右。因此，一些中性或阴性植物可装饰室内的多数空间。

开花和彩叶植物适宜用来装饰南向窗户及其附近空间。充足的光照可使植物正常生长，并保持长时间良好的观赏性，但开花后则应移至较阴处可延长花期，如朱顶红、马蹄莲、蒲包花、石榴、白兰、龙血树、鱼尾葵、椰子、观音竹等。多数观叶植物喜欢半阴环境，如吊兰、豆瓣绿、绿萝、花叶常春藤、散尾葵、南洋杉等，可用来装饰室内多数空间。对极阴的角落、通道、拐角等处，应用耐阴的花卉种类来装饰，如部分蕨类、万年青、一叶兰、八角金盘、棕竹、君子兰、秋海棠、常春藤等，且应经常更换并出室复壮，以保持叶色、叶型正常，植株健康充实，从而保证最佳观赏性。

影响室内绿化装饰生态性表现的另一个限制因子是温度。在人们经常活动的室内，春、夏、秋季常常影响不大，多数植物可以选用。冬季的室内则应视条件而定，宾馆室内温度变幅不大，多数植物都能适应；商场、银行及办公楼等室内，短时间的低温也不会造成多数室内植物的受冻，但高温型室内植物不适合在有低温的空间内装饰。冷阴间（北房）只能用耐寒植物来装饰，能忍受 0~5℃ 的低温的植物如橡皮树、棕榈、柑橘、吊兰、天门冬、紫露草、冷水花等。

室内空气湿度也是影响室内绿化装饰生态性表现的限制因子。人体感觉适宜的空气湿度为 40%~60%，而多数用于室内绿化装饰的植物材料适宜生长的空气湿度为 60%~80%。对于特定的空间环境或植物固定栽植的景观空间，可通过植物组景或配置喷泉来调节植物附近空间的空气湿度。对于室内不固定的绿化装饰，可通过定期更换来保持植物的景观性和生态性。况且，在 40%~60% 的空气湿度范围内，短时间定期更换不会对植物造成伤害。对特别干燥的空调房间或冬季干燥季节，可用对空气湿度要求较低的植物来装饰室内空间，如橡皮

树、人参榕、苏铁、五针松、吊兰、文竹、天门冬等,或采用人工加湿的方法来调节。

2.1.2　根据室内空间条件正确摆放植物

根据室内空间的功能要求及视线位置,将装饰植物进行正确摆放。一般以不遮挡和分散视线为宜,入口处以不堵塞通行为宜,小空间和高位的绿化装饰还要考虑使用的实用性。

客厅、餐厅、卧室、厨房、卫生间、阳台、工作室、办公室、酒店大堂、宴会厅、会场、会展、商场等场所是目前室内绿化装饰的重点场所,因其使用功能不同,植物摆放的要求有较大差别。如客厅、酒店大堂等人流活动多的地方,要求体现热烈、充满生气、有品位等主题和氛围,所用植物数量多且色彩亮丽,布置方式和层次多样而有序;图书馆和书店等供人休息、学习的空间,需要体现安静、舒适的氛围,摆放植物用量要少而精、色彩素雅。

植物的摆放位置应从实用的角度以植物的平面位置和高度为主要标准,小空间不放大植物,高空间多用垂吊植物等。如餐桌、茶几上适合摆放枝叶小而密的植物,高度以人落座后不超过人的平视高度为准。

吊挂装饰可增加空间的立体景观,应以自然放松仰视的高度为宜,靠(窗)边吊挂,一面美观;靠中间吊挂,四面观赏。

2.2　艺术性原则

室内绿化装饰最直接的目的之一就是创造艺术美,如果没有美感就根本谈不上装饰。因此,必须依照美学的原理,通过艺术设计,明确主题,合理布局,分清层次,协调形状和色彩,才能收到清新明朗的艺术效果,使绿化布置很自然地与装饰艺术结合在一起。为体现室内绿化装饰的艺术美,必须通过形式的合理配合才能达到,具体装饰时主要表现在整体构图、色彩搭配、形式的组合上。

2.2.1　形式多样,主次分明,形成多样统一的规律

植物的姿、色和形态是室内装饰的第一特性。在进行室内绿化装饰时,要依据各种植物的姿色形态,选择合适的摆设形式和位置,如植物的姿态、色彩、线条、质地及比例都要有一定的差异和变化,显示多样性,但又要使它们之间保持一定相似性,引起统一感,这样既生动活泼,又和谐统一。在室内植物布置时运用统一的原理,主要体现植物的体量、色彩、线条等方面要具有一定的相似性或一致性,给人以统一的感觉;同时注意与其他配套的花盆、器具和饰物间搭配协调,要求做到和谐相宜。如悬垂植物宜置于高台花架、柜橱或吊挂高处,让其自然悬垂;色彩斑斓的植物宜置于低矮的台架上,便于欣赏其艳丽的色彩;而对于直立型和造型规则的植物宜摆在视线集中的位置。因此掌握在统一中求变化、在变化中求统一的原则是进行室内绿化装饰的基本要求。

对于空间较大的中心位置可以先明确主题思想,并以此作为主调进行构图。如客厅是接待客人、洽谈工作、社交的场所,应体现出热情、大度、好客的主题思想,构图上宜宽敞大方,应选具一定体量和色泽的花卉以体现主题,比如以仙客来、中国兰花为主要花材,体现"以兰会友、仙客迎门"之意;书房是学习的场所,应选择姿态优美、小巧玲珑、色泽淡雅的花卉来装饰,以体现幽静、高雅的主题。

2.2.2 比例适当

比例是设计和构图要素间的相互关系,比例适当显得真实、有美感,给人以愉快和舒适的感觉;反之,给人压迫感。在室内绿化装饰中,比例主要是植物与房间、植物与花盆、植物与植物、植物与摆放的位置等方面的比例关系,即植物的形态、规格要与所摆设的场所大小、位置相配套。比如空间大的位置可选用大型植株及大叶品种,以利于植物与空间的协调;小型居室或茶几案头只能摆设矮小植株或小盆花木,这样会显得优雅得体。

2.2.3 布局均衡的原则

在室内植物绿化组景中,需要有虚拟或真实的轴线,使设计给人的视觉具有均衡感。人们的视觉总是在寻找平衡,在具有强烈个性的植物旁边,应该设置相应的均衡物。在一定视线范围内,将不同形状、色泽的植物体按照美学的观念组成一个和谐的景观,使人感觉真实和舒适,并能体现到艺术的美感。布局均衡包括对称均衡和不对称均衡两种形成。对称均衡即镜像对称是简单的方法,可以产生均衡感,给人以庄严肃穆之感。在一些正规场合的室内进行植物装饰时,习惯于采用对称均衡的形式,即以某条线或某个点为中心在两边布置相同大小、种类的植物,如在走道两边、会场两侧等摆上同样品种和同一规格的花卉,显得规则整齐、庄重严肃,与使用目的相吻合。在比较隆重和正式的场所,常选用对称均衡,这是一种传统的美学应用形式。多数休闲娱乐场所、家庭等非正式空间的绿化装饰常采用不对称均衡,即在轴线两侧布置形体不同的花卉,但通过植物的高度、叶片大小和形状以及色彩等方面的协调,最终给人以均衡的感觉。在自然为主的庭院绿化中采用不对称式均衡,如色彩浓重、体量庞大、数量繁多、质地粗厚、枝叶茂密的植物种类,给人以庄重的感觉;相反,色彩素淡、体量小巧、数量简少、质地细柔、枝叶疏朗的植物种类,则给人以轻盈的感觉。组景时综合运用这些因素,可以达到非对称均衡。比如书房一角的地面摆放一盆体量较大的棕竹或印度榕,中间是桌椅,而在另一较高几架上可摆放一盆悬崖式下垂的盆栽花卉或垂吊花卉,这一高一瘦、一矮一胖相结合的花卉,却能给人以重量上达到均衡的感觉。这种非对称均衡的构图方式生动而富于变化,让人感觉轻松活泼且富于雅趣。

2.2.4 色彩协调

色彩对人的视觉是一个十分醒目且敏感的因素,因此色彩搭配的好坏首先给人留下深刻的印象,是装饰中十分重要的因素。

2.2.4.1 色彩的基本知识

色彩一般包括色相、明度和彩度三个基本要素。色相是指色彩的相貌,也是区别各个色彩的名称,红、橙、黄、绿、青、蓝、紫等就是几种不同的色相,其中红黄蓝称为三原色。由三原色中任何两色相混合而形成的颜色称为间色,两个间色相混合的颜色就是复色(图 2.1),复色明度下降。明度是指色彩的明暗程度;彩度也叫饱和度,即每种颜色深浅最适宜的标准色。同一种色彩加入黑、白、灰

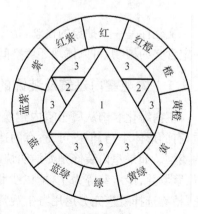

图 2.1 色环图

颜色后不再饱和,而是有深浅之别,这样形成的系列颜色称单一色;色彩差别较大的如红与绿、橙与紫、黄与蓝的称对比色;色彩较接近的如红、橙、黄;蓝、绿、紫等为邻近色。此三类颜色及不同明度、彩度的搭配是室内绿化装饰中常常要遵守的规则。

2.2.4.2 色彩的选择与搭配

室内绿化装饰的植物颜色的选择要根据室内的色彩状况而定。如以叶色深沉的室内观叶植物或颜色艳丽的花卉进行布置时,背景底色宜用淡色调或亮色调,以突出立体感;室内光线不足、底色较深时,宜选用色彩鲜艳或淡绿色、黄白色的浅色花卉,以取得理想的衬托效果。陈设的植物也应与家具色彩相互衬托。如清新淡雅的植物摆在底色较深的柜台、案头上可以提高花卉色彩的明亮度,使人精神振奋。这些都是将暗的背景与明亮的植物形成对比搭配取得较好映衬效果的例子,但应注意对比度不可过强。

邻近色间的搭配是比较容易协调的,但也会有一定变化,如蓝色墙面前摆放绿色植物或开紫花的植物,既协调又有变化。浅黄色家具配绿色植物也较协调。

当环境颜色与植物颜色为同一色系时,植物色彩的选择应尽量与环境在明暗度上形成对比,才不会显得很单调。当环境的色彩为中性色黑、白、金、银、灰时,装饰植物可根据个人爱好加以选择,不会有太大的冲突;当环境色彩较多时,可选用开白花的植物或白色调的插花来调和,因中性色可以和任何色进行协调搭配。

无论何种情况,植物色彩的选择不是越多越好,而是应根据环境选出与之协调的主色调,主色调植物的量可多一些,其他颜色可作为点缀色或配色少量使用。

2.2.5 节奏与韵律

韵律原是诗歌中的声韵和节律。在诗歌中音的高低、轻重以及长短的组合、匀称的间歇或停顿,一定位置上相同音的反复出现以及句末或行末用同韵同调的音相和韵,构成了韵律,它加强了诗歌的音乐性和节奏感。在室内绿化装饰中,植物要素规则或不规则性间歇性的重现,便会产生韵律感。韵律令植物之间的变化以一种易于为人们所察觉的形式出现。一种植物作为基调重复运用,另一种植物则以有节奏的方式打断这种重复,这种韵律的装饰手法在长长的走廊等处容易表现出来。

2.3 文化性原则

文化性是一个抽象的概念,是一种精神和意境的体现,选择与室内装饰风格相协调并具有一定含义的植物,可以体现环境空间的意境美,表达主人的文化内涵。

2.3.1 体现室内建筑及装饰的文化

室内绿化装饰从属于室内建筑装饰的整体风格。而不同植物具有各自独特的姿态和气质,有的形体小巧,俏皮可爱;有的造型苍劲、粗犷;有的色彩鲜艳,热情奔放;有的细致清秀,简约淡雅。如果室内装修是简洁明快的现代风格,应选择颜色鲜艳的观叶植物,如彩叶芋、万年青、紫罗兰、冷水花等为主,配以少量的现代花艺、盆景进行装饰。如果室内装修突出自然特色,植物选择就应充分运用野生观赏植物、蔬菜瓜果、干花、干枝及东方或现代自然式插花,采用点式布置或不对称均衡布置的手法;也可与山石、水体结合形成庭院式景观;容器也宜使用自然材料,可以是木质花盆、藤编吊篮,也可以是陶罐瓦钵。如果室内装饰风格是中国传统式的,就应把美学建立在"意境"的基础之上,讲究诗情画意,表现内涵深邃的意境,应选择具有中国传统内涵的植物,如梅花、君子兰、国兰、观赏竹以及盆景和中式插花,栽培器皿(多以套盆的形式)也应以具有中国传统特色的紫砂陶器和青花、粉彩瓷器为主。如果室内装修是西式古典风格,室内装饰植物应选择色彩艳丽的各色花卉、修剪整齐的观赏植物,并配以精雕细琢的器皿,布置多采用中轴对称的方式。

2.3.2 体现地域文化

随着旅游文化的不断发展,各地都有展现各地风土文化的建筑、宾馆等场所,其室内绿化装饰在与建筑相协调的同时,还要展现地方风土人情,体现独具特色的旅游文化。如江南水乡、沿海地区的渔村、云南傣族的竹楼、黄河沿岸的窑洞、内蒙古草原的蒙古包、藏家的村寨等均是地域文化的体现。在进行室内绿化装饰时,同样应以展现地域文化为主,尽量采用推窗见景的手法,将大自然的风情融入到室内,如藏家村寨的客厅就可用干的青稞来装点,推开窗户,随处可见藏地所特有的经幡。

2.3.3 体现特色主题文化

室内绿化装饰能强烈地烘托环境气氛。在进行室内绿化装饰时,可以通过植物组景来表达装饰空间所要表现的主题思想,体现主题文化。如接待室要体现热情好客的主题时,可用兰花配以仙客来作为主要植物材料,体现"以兰会友、仙客迎门"的雅趣。再如为公司进行临时性会场布置时,可将该公司的主题标志或主要产品外形用花艺的形式展现出来,通过绿化装饰体现该公司的主题文化。

3 室内绿化装饰的类型

观赏植物应用于室内绿化装饰有多种类型,通常使用的有盆花、组合盆栽、插花、盆景的陈设、垂吊、壁饰、植屏、攀缘及水族箱等。具体选用哪种装饰方法,在遵守室内绿化装饰基本原则的基础上,还应考虑每种装饰方法的特点与主人(客户)的爱好、建筑空间的功能及大小、墙体及家具的形状、质地、颜色等的协调性。如何因地制宜地选用合适的装饰方法进行室内绿化装饰,最大限度地满足主人(客户)的需求,是室内绿化景观设计师面临的关键问题。

3.1 陈设

室内陈设是室内绿化装饰的主要方法之一,它的形式有盆花、组合盆栽、插花、盆景等。

3.1.1 盆花

3.1.1.1 盆花布置的特点

盆花又称盆栽,即将花卉单株种植于盆中,是室内绿化装饰最普通、最基本的使用形式。盆花与露地栽植有所不同,首先盆花是将植物种于容器中,便于移动、布置和更换,可以在短时间内营造不同需求的室内景观。近几年兴起的花卉租摆行业即利用盆花便于更换和撤换的特点在花卉业中独领风骚。其次盆花种类繁多,形式多样,可以利用盆栽植物在植株大小、姿态、花型、叶型、果型、花色、叶色、花期等不同方面进行室内绿化装饰,以形成变化多样的室内景观。第三,由于盆栽花卉的原产地不同,形成的生态习性和生物学习性也有很大差异。对于环境条件差异较大的空间,均可选择相应的室内盆栽花卉进行绿化装饰,做到适地摆花、适时赏花,比如变叶木、印度橡皮树、红桑、朱蕉等喜光植物适合摆放于阳台、窗台、门厅等光线较充足地方,绿萝、冷水花、合果芋、龟背竹等耐阴植物适合摆放于厨房、走廊、卫生间等光线较弱的地方。第四,盆栽花卉花期长,不像插花那样切离母体,花序中的每一朵花均可开放,且不断有新的花枝抽生、萌发,尤其是现代温室的不断普及,使得任何一个地区均可四季有花。因此在进行室内绿化装饰时,根据室内空间特点、场合特点及营造氛围的不同,可以利用盆花花期、果期不同的特点进行绿化装饰,以创造四季有景、花开常年的室内景观。第五,有些盆栽花卉有多种栽培形式,而不同的栽培形式,营造的景观特点也有很大差异,在不同区域可摆放相应栽培形式的同一种花卉,如海芋有高大的直立型盆栽、丛生的小盆栽、水培瓶栽、造型盆景等。

3.1.1.2 盆花的造型及其装饰性

盆花的造型就是通过合理的修剪与整形等园艺手段,培养出具有理想的干形或主、侧枝的造型盆花,使株形紧凑、匀称、圆满、牢固,不仅可欣赏盆花的自然美,而且还可欣赏其艺术加工之美。具有一定造型的盆花不仅提高了本身的观赏价值,还加强了它的装饰效果,是盆花在室内绿化装饰中应用并发展的方向。盆花造型主要有以下几种形式:

(1) 单干式 盆花只留一个主干,不留分枝。如独本大丽菊、标本菊等。这种方法可使顶蕾养分充足,花大色正,能充分体现本品种特性。

（2）多干式　盆花留主枝数个，如大丽菊、多头菊、牡丹等均采用此方法进行整形，可使每一茎秆顶端开一朵花，整个植株开花数较多。例如培育多本大丽菊的方法：当主枝生长至15～20cm时，保留 2～3 节进行摘心，促使侧枝生长开花，一般大花品种留 4～6 个枝，中小花品种留 8～10 枝，每个侧枝保留一朵花。摘心时间视花期而定，若花期为 9～10 月，则于 7 月下旬8 月上旬进行摘心。开花后各枝保留基部 1～2 节剪除残花，促使叶腋处发生的侧枝再继续生长开花。

（3）丛生式　通过植株的自身分蘖或生长期多次摘心、修剪等措施，促使发生多个二次枝、三次枝、四次枝，使全株呈低矮丛生状，开花数多。如小菊花、矮牵牛、金鱼草、百日草等草本花卉及榆叶梅、紫荆、粉花绣线菊等庭院花灌木均可用此方法形成丛生式株形。

图 3.1　多头菊花

图 3.2　丛生式的彩叶草

（4）悬崖式　使盆栽植物模拟自然界中野生植物在悬崖峭壁上自由生长之势进行造型的方式，植株枝条通常向同一方向伸展下垂。如木马齿苋和小菊类品种的整形多采用此方法，即保留 1～2 个侧向枝的顶端优势，其余枝条反复摘心、短截，形成基部丰满，并向一侧方向生长的形状。

（5）支架牵引式　用铁丝或绳索将蔓性植株牵引于一定形式的支架上，使之形成花架、花门或花廊等各种造型。

（6）象形式　用摘心、除芽、嫁接、牵引或搭建等方法将植株整形或堆砌成各种象形造型，如动物形状、建筑形状及各种几何形状。常应用此形式的植物有小菊花、万寿菊、孔雀草、彩叶草、五色苋等。

（7）主干编绞法　对于枝条较软的花木种类，可将主干编绞成螺旋状造型或网状造型等。常应用此方法的植物有垂榕、瓜栗、鹅掌藤、富贵竹等。这种造型的盆花凝聚着造型师巧夺天工的艺术匠心，可让人们尽情地欣赏其树干之美，给室内绿化装饰增添情趣。

（8）树冠分层法　植株只留一个主干，干上间隔一定距离通过嫁接或修剪形成树冠，从而形成多个树冠分层排列的造型形式。如金钱榕。

图 3.3　悬崖式木马齿苋

图 3.4　花架式花门

图 3.5　象形式菊花

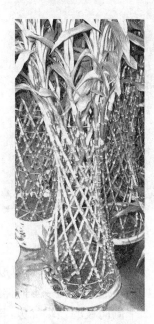

图 3.6　主干编绞的富贵竹

图 3.7　主干分层的金钱榕

3.1.1.3　盆栽容器及几架

（1）容器类型及选择　俗话说"好花还需绿叶扶"，一盆好花要能展现它的独特韵味，必须要有与之匹配的花盆来衬托。盆栽容器由于质地不同，种类很多，大致有陶、瓷、塑料、金属、混凝土及木制品等。①陶盆：也称紫砂盆，用陶土烧制而成。外形古朴大方，制作精美，大多为紫色，透气排水性能尚可。适于室内摆设。②瓦盆：也称素烧盆、泥盆，即用黏土烧制而成，有红与灰两种颜色，透气排水性能好，价格便宜，一般家庭庭院养花适用。但观赏价值较差。③瓷盆：用瓷土烧制而成。瓷盆外表上釉,制作精细,外表精美,常配以各种优美的图案,观赏价值较高。缺点是透气透水性差,适宜栽植耐水湿的花卉种类。④塑料盆:由塑料制成的盆,质地轻巧,规格齐全,价格低廉,且不易碰碎。但排水透气性差,适于短期性栽培草花。⑤混凝土盆:用水泥砂浆混合浇制而成。透气性一般,适于栽植木本植物。常摆设门厅、入口、阳台等处。⑥金属盆:用不锈钢制成或外表镀金镀银的盆。⑦木质或竹质盆:用树干、树枝或竹片制成的容器,透气排水性能好。外观独特,选用时要慎重。⑧套盆:指套在花盆外面的装饰盆。用做套盆的材料十分广泛,从棉、麻、纸、藤、竹木到不锈钢、铸铁、铸铜、玻璃、陶瓷等。套盆的使用提升了盆栽的艺术性,增强了观赏效果。

按照需要和摆放的场所,盆栽容器还有桶式、柱式、箱式和立体等,形式多样。在国外,还有各种款式的容器,有水车式的、风车式的,一般是因所栽植的植物和所摆放的场所而制造不同的装饰效果。

选择合适的栽培容器要考虑多方面因素。首先,容器的大小、式样要与植株的大小、种类相一致。植株小,容器过大,会造成盆土与根部营养空间的浪费。盆土过多,加大了浇水量,盆土变得过分潮湿从而会引起烂根。另外,花盆与植株大小比例不适宜,影响美观和视觉感受。其次,容器的造型、颜色要与植物的姿态、色泽相协调。姿态粗犷而具野趣的植物,宜选用质地较粗糙的容器;姿态柔美、轻巧的植物,宜选用质地细腻、外形精致的容器;形态端庄整齐的植物宜选外形规整的容器;姿态飘逸洒脱的植物,应配以式样灵活轻盈的容器。为使蔓生花卉有足够的高度或沿容器的边缘垂下来,可选择长筒形的花盆或缸。第三,容器的选择要考虑建筑空间的风格、质感与色彩。西式的建筑空间,常选择外观华丽的容器和花繁叶茂的植物,体现雍容华贵的气质;中国古典式的建筑空间则喜欢用陶盆、瓷盆或木质盆,植物以淡雅清秀为主,体现古色古香的意境。

(2)几架　几架又称花架,是专门用于放置花盆的支撑物。

几架因其种类、质地不同可分为规则形和自然形两类:①规则形几架是指外形具有一定几何形状的几架。根据造型大小和所用材质的不同,规则形几架又可分为桌、几、墩、架四种。桌与几外形相似,只是体量不同而已;墩以陶、瓷、石制成的,故而有陶墩、瓷墩、石墩等,常在室外摆放大型盆景之用;架是用来陈设小型、微型盆栽植物的支撑物,常见的有博古架、十景架、多宝架等。②自然形几架是指树根几,来源于各种杂木的根,造型生动自然,形态各异,具有较高的观赏价值和艺术价值。

几架的应用可以起到烘托作品、增加美感的作用。为了提高植物的观赏价值,盆钵多置于几架之上。几架按高矮可分为:①落地几架,属家具范畴,包括长桌、琴桌、博古架等形体较大者为架。方高几、茶几等形态较小者为几,盆直接陈设于其上。②案上几式座子,常置于桌案之上,再在上面陈设盆栽植物,主要作用是衬托、渲染气氛。几架与花盆在形状、大小、质地、色泽等方面要和谐统一。如圆几配圆盆、方几配方盆、长方几配长方盆,双连几可与两盆形态相称的植物组合成一个整体。

要注意的是,几架无论其观赏价值多高,它毕竟处于从属地位,是一种通过提高盆栽植物的观赏性来表现自己的装饰物和陪衬物,因此在色彩的选择上不宜过分华丽,体量上不可过分夸张,不可喧宾夺主,应体现简洁、古朴、大方、雅致的特质。几架的选择还应考虑主人的爱好、性格、气质等,创造以人为本、和谐温馨的室内氛围。

图 3.8　几架的应用

3.1.1.4　栽培基质

盆花所需的养分与水分都来自栽培基质,因此栽培基质理化性能的好坏直接影响到植物的生长状况。一般理想的栽培基质应符合这些条件:土壤通气性好、排水性及保水性好,营养丰富,酸碱度适宜,清洁无病虫害。由于不同植物对土壤的适应性不同,因此要求也不同,总的来说,常用的栽培基质有:草炭土、腐叶土、珍珠岩、蛭石、蛇木、水苔、陶粒土、木屑、树皮、河沙、锯末屑、稻壳、砻糠灰、椰糠等。在选择基质前,一定要先了解植物对基质的要求,可选择以上一种或几种基质配合使用。如仙人掌类植物,要求干旱的土壤,可选用河沙作为栽培基质;附生兰类要求土壤具较高的透气性,可选择陶粒作为栽培基质。

3.1.1.5　盆土表面的装饰物覆盖

一些高大的上层植物如榕属、南洋杉属和棕榈科的一些植物,由于分枝常在容器的几十厘米上方,使容器上部种植土裸露,有碍观瞻,这时可使用装饰覆盖物加以遮挡修饰。装饰覆盖物的材料、形状和色彩是极其丰富的,根据容器、植物种类和背景环境的不同,可以选择无生命的装饰覆盖物,如不同颜色、大小的砾石、鹅卵石、花岗石屑、大理石屑、细刨花、软木块和树皮等;也可以选择有生命的小型地被物,如酢浆草、常春藤、心叶蔓绿绒和薜荔等。近几年,在高档组合盆栽中,也有用人造地衣草加以覆盖,不仅可增强整体观赏效果,浸湿后覆盖于表面,还可起到保湿的作用。

3.1.2　组合盆栽

3.1.2.1　组合盆栽布置的特点

组合盆栽是指通过艺术加工和设计,选取几种具有观赏价值的室内植物合理地种植于一个容器中,既发挥每种植物的个体美,又体现色彩、质感、层次等方面相互协调的植物群体美,从而获得良好的观赏效果。组合盆栽与单盆盆花相比,更体现艺术色彩,它不仅具有插花花艺作品的装饰特点,还具有盆景的意境,因而被称为"室内迷你花园。"

组合盆栽是一件活的艺术品,是将自然浓缩于咫尺中的园林艺术再现,利用多样统一、对比和谐、比例尺度、韵律动感等艺术原理,灵活地将观赏效果不同的植物配植在一起,尽情地发挥其独特的景观作用。

3.1.2.2　组合盆栽的组成

一盆完整的组合盆栽应由植物、容器、基质和附属物等四个部分构成,其中植物是主体,容器是客体,基质是基础,附属物是点缀,四者之间相辅相成,相互联系,统一为一个整体。主体成分的植物,如何对其进行合理的选择,这对组合盆栽的创作成败至关重要。通常在选择植物时要考虑形状、大小、质地、颜色、生态相容性及植物文化等方面的内容。

室内植物是室内装饰植物的主角,从中可筛选出许多优良的种类和品种作为组合盆花的对象。在观赏特色上,观叶植物的重点观赏部位在于叶片,因此叶片的颜色、形态、质地、大小等应作为选择的依据。如观叶植物叶片的基调色为绿色,但同为绿色,有浅绿、灰绿、鲜绿、深绿、暗绿、墨绿等变化,如龟背竹的暗绿、文竹的鲜绿、垂榕的淡绿等,将不同深浅的绿色的观叶植物配于一起,可让人欣赏到一个渐变有序的动态画面。有些观叶植物叶片虽主体为绿色,但其叶缘、叶背或叶面呈现不同深浅的黄、红、白等色的斑点、斑纹或斑块,这类植物称为彩叶类,如变叶木、花叶芋、花叶马蹄莲、花叶长春蔓、金边吊兰、黛粉叶、冷水花等。植物有的叶片大,如蔓丽绒、龟背竹等;有的叶片小,如文竹、天门冬等;有的叶片厚,如橡皮树、苏铁等;有的叶片薄,如薜荔、合果芋等。利用观叶植物的这些观赏特点,可以选择具备其中某些特点的观叶植物,通过科学、艺术的手法组合于一起,形成绿意万千、意境深远的观叶植物组合盆栽。

室内观花植物因其艳丽的花色、独特的花型越来越受人们欢迎。但大多数观花植物对光线的要求较高,长期在室内栽植会影响其开花的质量和生长发育,因此室内观花种类远不如观叶植物丰富。但在发挥景观效果方面,观花植物更能吸引人的视线、震撼人的心灵,它的焦点和点缀作用是观叶植物所无法比拟的。常见的室内观花植物有蝴蝶兰、大花蕙兰、文心兰、长寿花、凤梨、报春花、红掌、白掌、仙客来、非洲紫罗兰、天竺葵、君子兰、比利时杜鹃、倒挂金钟、扶郎花等。

仙人掌及多浆类植物在创作小型组合盆栽中占有重要地位。这类植物原产于沙漠地区,具较强的耐旱能力,茎内因含贮水组织而呈肥厚多肉状,外型奇特多变,品种繁多,具有较高的观赏价值。常用于组建沙漠风情景观。

组合盆栽所用的容器大小不一、形状各异,有悬挂式、圆盘式、木桶式、花篮形、圆柱形等。容器的选择要考虑植物材料的习性,大型组合盆花如龙血树、发财树等可用大的圆桶式容器;小型组合盆花如鸭跖草、合果芋等可用小的圆盘形容器;而黄金葛、长春藤、吊金钱等攀缘植物要用桶身较深的容器,让植物的藤蔓能垂下来。容器选用应以大方、朴素为主,从属于植物,与环境相协调。容器中栽植植物的多少应依具体情况而定,一般小容器以 3～4 种为宜,中等容器以 4～5 种为宜,大型容器以 5～7 种为宜。

栽培基质的质地、多少要考虑植物特性及容器大小,要满足所有植物的生长发育要求,且尽可能将生长习性一致的花卉组合在一起。如组合盆栽中用兰科植物,基质可用陶土粒,以增加基质的通气性与排水性。若以一般的盆花为主,则栽培基质可用草炭、珍珠岩、园土、蛭石、木屑等按一定比例配制而成。一些名贵花卉如蝴蝶兰、君子兰、凤梨类等,为了延长其生存期,提高观赏效果,也可选用市场上出售的营养土,如君子兰专用土、杜鹃花专土等。也可将独立的小花盆放于组合大容器的底部,再在其上方用装饰覆盖物覆盖,进行肥水管理时可分别对待。

装饰物在组合盆栽中起到画龙点睛的作用,它可使各株植物形成和谐的统一体,如包装带、包装纸、玩偶、卡片、动植物模型等,这些装饰可使作品充满生机、富有幻想,并使作品的意境得到升华。

3.1.2.3　组合盆栽的形式

（1）单种植物组合　把同一种植物的植株种植在一起的栽培类型是组合盆栽中最简单的形式，主要利用同种植物间的相似性来表现整体的协调美感。这种形式可以是一棵植株的单独种植，辅之以装饰物形成整体；也可是同种多棵植株栽植一起，并运用绘画艺术理论，选用的植株必须大小、形态、色彩各异，以体现统一中求变化的艺术原理。单种植物组合由于各植物在习性上具相似性，因此养护方便，管理容易，节约成本。

（2）观叶植物组合　以叶色浓艳、叶形多变的观叶植物为主体材料，配以叶色纯净、淡雅的其他观叶植物，构成观色植物组合。如以变叶木、彩叶草为中心，两边配以绿元宝、绿萝等植物形成的组合，陈设于客厅、会议室、接待室等地方，表达好客、热情、大方等主题。

图 3.9　观叶植物组合

（3）观花植物组合　以花期长、花色艳丽、花型独特的观花植物为主体，配以叶形优美的观叶植物和藤本类植物，组成观花植物组合。观花种类不可太多，花色过多显得杂乱无章，一般以一至两种观花植物为主。色彩处理以单一色、近似色、对比色或多色混合等，强调色彩搭配的和谐度和植物层次的多样化。如以鹤望兰为主体材料置于容器的一边，起到焦点作用，四周配以龙血树、朱蕉等直立型观叶植物，前方再辅以长春藤、薜荔等藤本植物，组成赏心悦目的植物组合盆栽，常用于大厅、门厅、窗台等的装饰，起到醒目、热烈、烘托气氛的作用。

图 3.10　观花植物组合

（4）悬挂植物组合　以茎叶纤细、枝蔓下垂的攀缘植物为主,辅以其他观叶或花叶兼美的植物,创造层次丰富、色彩协调的立体造型。悬挂植物组合造型美观、新颖,轻巧别致,很受人们喜爱,用于装饰墙面、大门、窗户、阳台等。如将直立型植株文竹栽于容器中央,四周栽植吊兰、绿萝、绿铃等形成悬挂植物组合。

（5）多浆植物组合　多浆植物组合是指将不同种多浆植物按一定间距和顺序种植于一起。多浆植物大多原产于沙漠干旱地区,根据其习性选择彩色沙砾、碎石粒、陶土粒、泡沫粒或沙性土壤作为栽培基质。多浆植物搭配在一起,将沙漠之景观浓缩于咫尺之中,造型独特,精美可人,养护简单,是室内组合盆栽中的宠儿。常用于组合盆栽的多浆植物有:绯牡丹、金琥、十二卷类、金手指、银手指、毛掌类、石莲花、棒叶花、生石花、翡翠珠、仙人掌等。

图 3.11　悬挂植物组合

图 3.12　多浆植物组合

（6）组合套盆　组合套盆是将几盆盆花集中摆放于一个容器中的方法。这种组合比较简单,省去了栽种的工序,灵活应用不同盆花进行各种造型设计。另一优点是更换方便,不受时间和地点限制,养护简便。缺点是创造自由度和空间不如多种植物组合大。

3.1.3　插花

插花是一种将花卉的自然美经过艺术加工构成装饰美的造型艺术。现代插花有广义和狭义的区分。狭义的插花概念是应用切花、切叶等新鲜植物材料插制在容器中用以摆设装饰。随着社会的发展,插花应用的花材和场所在不断扩大。广义的插花应用的花材可以是新鲜的,也可以是干花、人造花和其他装饰材料,应用范围更加广泛,包括装饰室内外环境用的摆设花和装饰人们仪容用的服饰花、手捧花及各种花环、花篮等。因此,插花是花卉自然美与人工装饰美的结合,形式及色彩比盆栽植物具有更多的变化,也因此更具装饰性。

3.1.3.1　插花布置的特点

（1）具自然姿色　插花是有生命的艺术品,以自然中鲜活的植物为主要材料,表现大自然和生活中的美。其造型充满生机,是最接近生活环境、最容易被人们所接受的一种美化方式和艺术修养活动。

（2）随意性强　对于一件插花作品而言,所选用的花材和容器,档次可高可低,形式多种多样,十分随意和广泛,常根据场合和需要而选用。高档的洋兰、鹤望兰、红掌、百合固然很美,而路边的山花野草同样可用,家庭用的水果、蔬菜也是好材料。对整个插花而言,材料、工具、容器的多样,造型的范围广泛决定了其随意性强。

(3) 装饰性强　插花作品艺术感染力强,美化效果最快,具有立竿见影的效果和强烈烘托气氛的作用,用来装饰家庭,无论是客厅还是居室,陈设一瓶造型优美、色调相宜的插花,顿觉室内生机勃勃,真可为"插花一瓶,满室生辉"。插花不仅可随时随地点缀室内环境,使居室增添一份美感和温馨,而且也是探亲访友、迎送宾客最高雅、最珍贵的礼品。插花还可为庆典、节日、婚宴等增添欢乐祥和的气氛,给人们带来喜悦之情。

(4) 时间性强　插花由于花材不带根,吸收水分和养分受限制,使得切花的采后寿命有限,因此有人称其为"短暂艺术"。又因植物的形态、色泽随季节变化而变化,所以插花作品的造型也有很大不同。

3.1.3.2　插花的造型及装饰风格

插花是一门造型艺术。由于文化艺术及审美习惯的差异,根据插花造型特点和艺术风格可将其分为西方式插花、东方式插花和现代自由式插花。西方式插花造型整齐端庄,是各国现代礼仪交往中应用最多的种类。东方式插花简洁、朴实、富有韵味,可以寄托创作者深厚的情感,耐人寻味,是艺术插花比赛中不可缺少的形式。现代自由式插花则结合了东、西方插花造型的优点,所用的材料和形式更加广泛,特别能表现现代文化气息。

(1) 东方式插花　东方式插花起源于中国,从隋唐时传入日本,并得到发扬光大。东方式插花主要受中国儒教、道教等哲学思想及诗、画、书法、建筑的影响,形成了自己独特的风格。东方插花的构图以三大主枝为中心,最长的花枝为第一主枝,它的长度决定其他两主枝的长度。一般第一主枝的长度是花器长度加宽度之和的 1.5～2 倍。第一主枝的倾斜度决定着花型的基本形态,插时应考虑枝条重心的稳定,弯曲适度。第二主枝为次长的花枝,长度为第一主枝长度的 2/3～3/4,一般与第一主枝使用同一种花材,以补充第一主枝的不足。第二主枝向前或向后伸展,使花型具有一定的宽度和厚度,呈现立体感。最短的花枝为第三主枝,可与第一、第二主枝为同一种花材,也可以用其他花材,它是陪衬第一、第二主枝起稳定作用的枝条,使花型均衡。根据这三大主枝在花器中插制的位置、角度、姿态及与花器之间的关系等因素,东方式插花分为直立型、倾斜型、下垂型、平展型及写景式,每种类型都有一定的变化范围。

① 直立型:直立型是表现植物直立生长的形态,将第一主枝与垂直线一致,或在垂直线外与垂直线夹角小于 15°插入;第二主枝插于第一主枝左侧 30°并向前倾 45°左右,使花枝有前后深度,呈现立体感,切不可与第一主枝在同一平面内;第三主枝插于第一主枝右侧前倾 75°,基本水平或稍向上。可用浅盆或高瓶做插花容器。

② 直上型:直上型为直立型的变形,即强调表现植物直立向上生长的感觉。直上型花型较窄,各花枝基部与垂直线一致,顶部与之有较小的夹角,宜选择顶部有一定曲线的花材作主枝。也可采用第一、第二主枝基本垂直,而第三主枝向右横向水平伸展的插法。宜选用盆形花器。

③ 倾斜型:倾斜型是表示植物斜向生长的姿势,具有动态美,总体轮廓呈倾斜的长方体形,即横向尺寸大于高度,才能显示斜态之美。倾斜型包括盆插倾斜型和瓶插倾斜型两种方式。盆插倾斜型的第一主枝插于剑山的前方,先垂直插入,然后慢慢用手将枝条向下、向左前压至与垂直线成 45°,前倾 15°;第二主枝插于剑山的左前方,与垂直线成 15°;第三主枝插于右前 75°,最后分别插入从枝及其他花材。瓶插倾斜型的第一主枝插于左前 45°;第二主枝基本

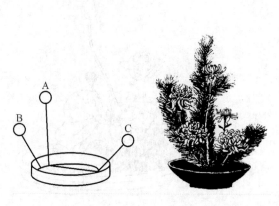

图 3.13 浅盆直立型

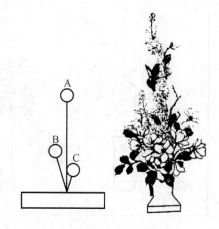

图 3.14 直上型

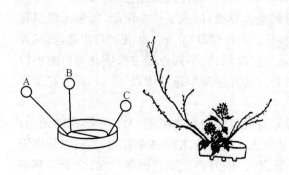

图 3.15 盆插倾斜型

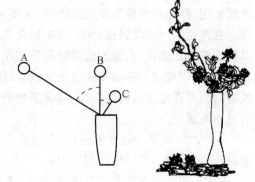

图 3.16 瓶插倾斜型

垂直插入,第三主枝插在右前 75°左右,也可随第一、第二主枝的倾角度而变化。随着第二、第三主枝倾斜度的变化,从而演变出多种倾斜型。

④ 下垂型:下垂型适宜插于高瓶中,展现枝条下垂飘逸的美感。选择蔓性花材作第一主枝更能突出这一特点。一般第一主枝不从花器口直接下降,而是先向斜上方伸出,再以圆滑的曲线向下垂挂更好,下垂角度 135°左右,其末端宜微向上翘起,与其他两主枝形成呼应,又能显示生机。第二主枝斜向上插左前 15°;第三主枝右前 75°,与第一主枝成夹角 100°左右。最后插入各主枝的从枝和其他花材。

⑤ 写景式插花:写景式插花常常选用浅口盆景盆做插花容器,表现的是单一的或组合的自然景观,与中国的山水盆景的组景方法相同。有时用一个自然式的基本花型插于盆的一侧或一角,表现自然生长的植物;另一边留出空白,表现水景或空旷的田野。盆中留出的空白,能带给人们更多的空间想象。除了单体的插花,有时用 2~3 组自然式的基本花型按不等边三角形方式,不均匀排列在盆内,但花型大小有主次之分。各花型的形式应基本一致,所用的花材应有部分相同,使花体主次相互呼应,造型更趋完整。

⑥ 日本花道的主要形式:日本插花是东方插花主流之一,对世界近代、现代插花的发展起

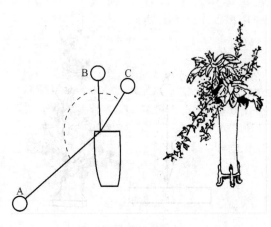

图 3.17　下垂型

图 3.18　写景式

过重要的作用。日本插花起源于中国,最初随佛教一起传入日本,并依据我国国画绘画原理将其形式化,并在日本得到长足发展,终于演化成日本民族特有的传统文化艺术形式之一,即花道。在漫长的历史发展过程中,日本插花艺术得到蓬勃发展,形成了许多流派,每种流派都有其代表花型。最古老、最大的流派有池坊花道会,其代表花型有"立华"、生花和自由花;其次为小源流,其代表花型有盛花和投入花;草月流也是主要流派,其不同点是主张插花材料的多样性,因此,其花型多为构思新颖、活泼多变的自由花。这五种基本花型中以"立华"和生花最富有日本花道的特色。

- 立华:意思为竖立着的花,它的真正意境是表现自然山水之野趣,为日本插花的元祖,起源于 16 世纪。其传统花型一般由 7～9 枝花材构成,以松、桧、柏为主要花材,左右对称而竖立,构图严谨。各花枝有自己的长度、位置和伸展方向,基部必须竖直插在一起,位于容器中间。此种花型过于复杂严谨,适合于古色古香环境下摆放,现代插花较少应用。
- 生花:意思为生长的花,起源于 18 世纪。花以真、副、体三主枝构成不等边三角形。真代表天,副代表人,体代表地,天地调和而孕育生命。生花的最大特点是花材少而精,构图简洁,运用流动的线条、精美的花器来表现花材生长的自然美。插法上应注意花材基部仍须竖直插在一起,位于容器中间。
- 盛花:意思为盛放在浅盆的花,起源于 19 世纪后半叶,由小源流创立。盛花的特点是把花插在水盘或广口花器内,在显现量感和色彩美的同时,主要表现自然的景观美。盛花插制时,还要注意整体的紧凑感,在水际和插口处要作适当装饰。
- 投入花:投入花产生于 17 世纪中叶的江户时代。投入花是将草木插入高型花器,如长瓶、长壶。投入花以表现枝形、花茎的线条美为主,展现花木风情。投入花不用剑山固定花材,用花枝撑在瓶口,将花直接靠在花器内壁或底部使之稳定,因此,花材固定有一定难度,所以要特别注意花材与花器的平衡。
- 自由花:自由花于 1926 年由草月流创立,又称前卫花。自由花突破了传统的插花形式,强调与现实生活相结合,造型更为自由、随意。其花材可以任意使用,不仅有自然材料,也可以用植物以外的装饰性材料;形式可以多种多样,不受传统花型束缚,其作品常强调美的夸张。因此,常用抽象的、富于想象的手法自由创作,达到作者想要追求的自然美和抽象美的境界。

图 3.19　日本花道的代表作品

东方插花突出的特点是以少量自然式线条的花材为主进行简单造型,外型一般为不等边三角形,讲究意境,因线条的粗细、曲直、虚实等变化万千而使作品多样。所选花材常具有一定的寓意,搭配起来表达某种感情,配色淡雅,一般不超过三种。因此东方式风格的插花最适合在书房、茶馆等中式装饰的室内及艺术氛围较强的地方进行布置。布置时可用盆、瓶、钵进行插花装饰,也可进行墙面等的垂挂装饰,若配合书法、国画装饰,则效果更好。

(2) 西方式插花　西方插花以欧美插花为代表,起源于古埃及,传入欧洲后,受当地文学、绘画、建筑及雕塑等艺术的影响,形成了自己独特的风格。西方插花的特点是注重色彩的渲染,强调装饰的丰茂,作品花木枝叶的个体线条常被遮盖,侧重追求块面和群体的艺术效果。布置的形式多为各种几何形状,主要表现人工的艺术美和图案美。

传统的西方插花花材多选用花大、色艳、外形整齐的草本花卉,较少使用弯折的木本花材。花材按其在整体造型的地位一般分为三部分,即骨架花、焦点花和填充花。

  骨架花是确定花型的基本形状、大小、方向,常选择一些线状花材,如唐菖蒲、金鱼草、紫罗兰、晚香玉、蛇鞭菊等。

  焦点花一般处于造型的中心位置,又称中心花,常用奇形花材和团状花材,如百合、花烛、马蹄莲、鹤望兰、洋兰、非洲菊等。西方式插花有时也可无焦点,全部用一两种花材,均匀插成一个完整的形状。

  填充花用于线条花和焦点花之间,通常用一些花形细小、花枝蓬松的散状花材,如满天星、补血草、天门冬等,使整个造型更丰满、和谐。

  西方式插花常见的造型有三角形、半球形、球形、椭球形、扇形、放射形、弯月形、S 形、L 形、倒 T 形等,注重花材色彩的选择与搭配,体量较大,因此更具有装饰性,大到会议室、宴会厅、宾馆大厅、商场等,小到家庭居室、办公室、博古架等均可用西方插花进行装饰,具有端庄、整齐之美。

  ① 三角形:三角形可以是等边三角形,也可以是等腰三角形,还可是左右不等长的斜三角形。三角型常插成单面观花型,是最普通的基本造型,能表现豪华气派。等腰三角形则显得较为活泼;斜三角形是现代插花比较常用的一种,不对称的构图能表现运动感。三角型插花的操作程序如下:

  • 插骨架定型:取长度为花器高加宽 1.5～2 倍的线状花材作垂直主轴,插在花泥的中后方,左右水平轴与垂直主轴等长,正前方插一短前轴,定出花型的深度。各轴线顶点的连线构成一立体的三角锥形,在这些连线的范围内均匀地插入其他团块状花材。

  • 插焦点花:三角形中线下半部中点为焦点,选花形大或色彩鲜艳的花材插于焦点附近,并前倾 45°左右,长度以花朵顶部处在主轴与前轴连线上为宜。

  • 插填充花:除主花和焦点花外,在其周围还要插入长短不一的小花和叶片,使花型丰满。填充花应比主花稍低,不宜超过主花。有时强调朦胧美感,可用满天星稍高于主花。

  等腰三角形水平轴的长度是垂直轴的 1/3～1/2,其他花材的选择与插制也比较灵活。斜三角形插花花型为不等边三角形,焦点花插于三角形重心位置,花材选择与插制更为灵活,因而应用更加广泛。

图 3.20 三角形

  ② L 形:L 形因花型很像英文字母"L"而得名,常插成一面观型,摆在窗台转角处较合适。其花型有一个较长的纵轴和一个较短的横轴构成整个骨架。应注意横轴不能过长;如花器细而高,则横轴更要缩短。

  骨架花的第一主轴为垂直轴,约为花器长加宽的 1.5 倍;第二主轴(横轴),与第一主轴在同一平面内,且与横轴的比例为 2:1～4:3。为增加作品的立体感,分别在第二主轴对面和前方插入两短轴,长约为第一主轴的 1/6～1/5。

焦点花在垂直轴下半部中心位置插入,然后在两主轴与焦点花之间插入其他主要花,完成基本造型。特别注意在第一、第二主轴连线上不能有花,以免破坏 L 形状。另外应突出焦点花的色彩、大小与形态。L 型横轴的方向可根据摆放环境而变化,形成正反 L 型。

在花型范围内适当插入一些散状花材和配叶,使作品更丰富、美丽。

图 3.21　L 形

③ 倒 T 形:倒 T 形花型是一种对称的,但比较活泼、秀丽的类型,由横、竖两个主轴及正前方的短轴构成。横轴呈水平状态,有时横轴顶端点可稍向下弯。通常竖轴短于横轴,比例为 1:2～2:3。前方短轴长为竖轴的 1/4 左右。

选线状花材先在花泥中间稍后处插入竖轴,然后在同一平面左右各插一枝组成横轴。为增加立体感,在正前方插一短轴,然后在竖轴下方位插焦点花及其他主花,最后插入填充花。要注意突出倒 T 形的轮廓和各类花材的立体分布。

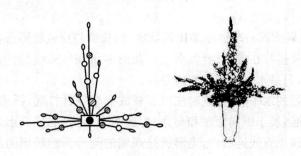

图 3.22　倒 T 形

④ 弯月形:弯月形花型如月初的新月,两头尖中间宽,外形弯成曲线,左边较长,约占整个弯月长度的 2/3,右边为 1/3,重心在整个弯月的 2/3 点上。沿中心线两侧用主花各插一排曲线构成弯月上轮廓线,两曲线从左侧同一点开始,在弯月重心处距离最宽,并在右侧顶部会合在一处,构成了弯月形骨架;焦点花插于弯月形重心处,位置最低。在主焦点花的内侧,还可插补助焦点花,以增加作品的立体感。弯月形美丽活泼又不失端庄,是表现曲线美和流动感的花型,是理想的家庭摆设和馈赠的礼品。花器宜选较矮的宽口型,也适合花篮插花。

⑤ S 形:S 形花型也叫赫加斯花型,是一种柔美、优雅的花型。插花时宜选用高型花器以充分展示下垂弧线之美。其插法与弯月形相似,将弯月形一边的轴线转成下弯。“S”的两笔不等长,一般上弯段比下弯段略长些,宽度小些才显婀娜多姿。要注意保持弧形,切忌在弧线

图 3.23　弯月形

的空间出现直线而破坏弧线的完整。S 花型还可以有多种变化,如上下对称型、对角线型、水平型等。可以把 S 形插花平放在餐桌上成为温馨的桌饰,还可以用于新娘捧花。

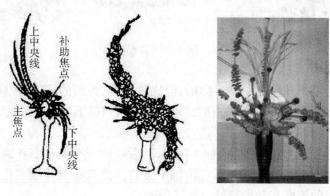

图 3.24　S 形

⑥ 球面形(菱形、椭圆形):球面型是比较低矮、细长的菱形或椭圆形,一般横轴长于纵轴,高度不超过 30cm,适合摆放在餐桌、会议桌上。花器多用浅盆或浅盘,可作四面观赏。菱形、椭圆形插法基本相同,只是水平轮廓线有所差异。

球面形外观有很强的水平感,插制时先以五枝或七枝花材打底,插出对称的横轴、高和纵向短轴的骨架,若横轴远长于纵向短轴和高,则为椭圆形;若要插成圆形,则对称轴等长即可;如果骨架范围在轴线顶点直线连线内,则形状是规则的菱形。然后用团状花材在骨架范围内插入,如果需要插焦点花,应选择花形大、色彩鲜艳醒目的特形花材插于正中间位置,最后均匀插一些散状花材或小配叶点缀其间,丰富整体造型。

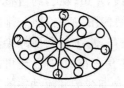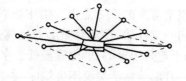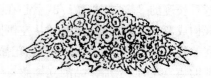

图 3.25　球面形

⑦ 放射形(扇型):放射型如同扇子一样向外扩散,因此又称扇型,是一面观花型。骨架花材一定为线状花材,背景射线应长一些,为避免平面化,从中心点要有向前扩散的花材,形成底

部中间有一定厚度的立体扇面,才能突出其放射的特点。放射插花可以设计成对称的或不对称的。放射插花端庄、隆重、丰满,适于作为宾馆、展览会的大型插花和庆典用的大型花篮。

外围骨架选用一致的花材,长度为花器尺寸的 1.5～2 倍,插出背景扇形轮廓。然后逐层往前插。线状花材和团状花材可混插,但排列要有规则,以免重心不稳。正前方的花长为背景骨架花的 1/4 左右。焦点花位于中心线下半部左右。在主花之间再插入填充花和衬叶。

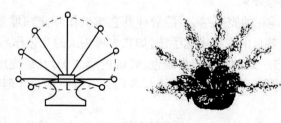

图 3.26 放射形

⑧ 圆锥形:圆锥型插花可供四面观赏,无论从哪个角度欣赏,都能显现出华美和稳重。花器一般用低脚容器。

用线状花材构成圆锥体的底面、腰和顶,顶部花材长度是容器尺寸的 1.5～2 倍,垂直插入中心点。根据圆锥体的大小,用 5～8 枝花水平插入中心,构成圆形底部,花枝长是顶部花长的 1/3～1/2,然后从底到顶用花从长至短插出圆锥型,并逐渐丰满造型。为增加变化,可以使花朵有韵律地作螺旋形上升,花的种类也可以变化。

(3) 现代自由式插花 随着插花艺术国际交往的不断增多,东西方文化相互交流吸收,插花的新思潮、新观念、新流派不断产生,促使传统的东西方插花艺术在风格和形式上相互渗透、相互融合,渐成一体。近年来,逐渐形成了以插花艺术为基础,以植物材料为主要创作元素,并流行于东西方的现代自由式插花(即现代花艺设计)。

图 3.27 圆锥形

① 现代自由式插花的特点:

• 插花材料更加广泛:现代自由式插花中植物材料的选择更加广泛,除传统的植物材料或仿植物材料外,任何用于主题创作的有生命的或无生命的均可用于插花作品。如一些异形花器,使构图增添奇异的色彩,以满足创作的需要。有时作者还刻意加工制作花器,如木制车、铜架、试管、木制粮仓等。对植物材料的处理方法越来越多,如常将植物材料分割、集束、编织;把植物材料喷漆、镀金、镀银,对花材或枝条脱水、烘干、染色等,并结合使用金属、塑料、石块等异质材料。

• 主题表现更加丰富:在传统插花中,人们往往用植物或仿植物材料表现自然景观、四季风光等内容,在其他方面较少涉及。而现代自由式插花表现的内容更加丰富,生活中的许多东西、人们所关注的许多问题都是可以涉及的题材。创作的作品既可以是对自然景观的再现,也可以是庭院中花草生态的描述;既可有对未来的憧憬,又可有对逝去岁月的怀念;既有对现实世界的反映,又有对心灵、精神世界的感悟。

• 表现形式和手法更加多样：题材与主题是插花作品的精髓，形式与手法则是反映主题的手段。形式与手法的新颖与否也在很大程度上决定着作品的吸引力。现代自由式插花是在现代文化生活环境下产生发展的，也应体现现代人的审美要求。现代绘画、现代雕塑乃至现代音乐高度抽象、新奇的形式影响着现代自由式插花的创作。传统艺术注重和谐，而现代艺术强调对比。在现代自由式插花中，常采用醒目的线条、强烈的色彩，突出色彩、质感的强烈对比与反差，以达到视觉上的震撼效果。

• 东方插花与西方插花的完美结合：随着插花艺术的国际交往增多，现代花艺结合了东西方插花的特点，吸收了各自的一些表达手法，如在大堆头式的花艺作品中，也吸收了有线条、花枝简洁的手法。现代自由式插花既崇尚理性、装饰的形式美，又讲究虚实相生的意境美，同时也要注重表现民族精神和民族风貌，将传统与现代进行有机结合才能使现代插花创作迈向更高的水平。

② 现代自由式插花造型：现代自由式插花不把植物看作自然物，只把它的枝、叶、花果的形状、色彩、质感等看作构成造型的基本要素——点、线、面、块来应用，不受任何形式上的约束，任凭创作者对美的理解与感受，借花木以发挥，作为自我表现的媒介和手段。

图 3.28　点状花型作品

• 点状花型插法：大自然的植物素材中点状花材很多。插花中常用的点状花材有月季、康乃馨、万寿菊、霞草、小菊花、小叶枝及一些点状果实等。用一些小型的点状花材集合造型，如分层造型、分块造型，能表现点的形状、色彩、质感所带来的轻盈、迷蒙、随意、梦幻的感觉。

• 线状花型插法：线状花型插法分直线花型、曲线花型两种。直线花型插法：单纯强调花材的直线性构成的直立花型，可以应用菖蒲叶、马蔺叶、柳枝、竹子的突兀直立的直线特性构成抽象造型，表现强烈的力感。用直线与斜线的排列组合能构成动中有静、静中有动的意境。直线的组合能表现出很干脆、很简洁、很明快的节奏美。直线造型时应用红色、绿色的枝干并立，能形成色彩、粗细的对比，再点缀一些活泼花型的小花在上层，直上的力度和对比度都十分明显。垂直线、水平线、倾斜线三种线条在一件作品中，只能以一种线条为主，为主的线条在数量上必须达到一定的量，才能形成节奏感；而另外一两种线条则相应少些，以免主次不分，造成混乱。

• 曲线花型插法：直线枝条去掉全部叶片，稍作弯曲加工，即成曲线造型。柔软的枝条有自然的曲线，曲线具有表现紧张感的线条美和自然流畅的弧线美。以弧线为主的插花也可以用两种不同色彩的枝条，组成各种弧圈，仿佛交响乐中各种乐器共同演奏出的丰富旋律，中间点缀着块状花和一些散形小花，则是这个华美乐章的重音。直线和弧线是性格迥异的线条，它们组合在一起时，处理得好，可以形成活泼、鲜明的对比效果；处理得不好，则会相互"打架"，破坏调和与稳定的氛围。

• 面状花型插法：面状花型常以面性花材——植物的大型叶片为主体。用各种形态优美或色彩斑斓的叶片组合成的插花，能反映出叶片的天然美及设计中色、面、形的巧妙构思。如一叶兰的叶面和叶柄富于自然美，而且具有可塑性，可以进行卷曲、撕裂、切割等加工。在大型插花中一两枚叶片是无法表现量感的，必须利用叶面长度和宽度的重叠交错来表现。叶片也

图 3.29 线状花型作品

可以分为若干组,各组叶片的方向姿态各不相同。以面性花材为主的插花可以点缀点状、线状、块状花材形成对比和相互映衬,使造型更显生动与丰富。也可以叶片为主体的绿色调来插花,虽无艳丽的花朵,但显得朴实、宁静,很符合现代人回归自然的心理。有时以大型叶片作为整件作品的背景,犹如图案设计中的"底色";或者采用若干形态相似的叶片,有规律地组合排列,以求创造出某种鲜明的节奏与旋律。面状花型插花选用叶材种类不宜多,通常 2~3 种,叶片大小不可悬殊太大,既要注意统一,又要避免过于呆板。

· 立体花型插法:在现代自由式插花中,由植物的花、果、叶、枝或其他素材集合而构成量感,即以花材的数量和花材的集合来创造一朵花或一枝叶所无法表现的量感和立体感。在立体花型中各群体之间的大小、高低、色彩、虚实等方面要有对比的关系,各群体内也要有所变

图 3.30 面状花型作品

图 3.31 立体花型作品

化,作品才会显得生动。体量的扩张可以用捆绑、堆叠、组群等技法完成。立体花型需要有点、线、面、块等各种造型要素进行组合,才显丰富多彩。但各要素的组合时切不可等量齐观、平均对待,这样会显得杂乱无主,而应当是以一种要素为主,一种为辅,其他要素则作为点缀。由圆形、三角形、多边形交叉、重叠组成的立体以及双层、多层结构的插花要注意重心的高度和稳定感。可应用带状面材的弯曲或折叠来产生流动感和韵律感。立体造型的成功与否在于主题明确、构思巧妙、形式创新、意境突出。

3.1.3.3　艺术插花在室内绿化装饰中的应用

(1)家庭居室插花　一般家庭居室插花包括客厅、餐厅、卧室、书房、厨房、卫生间等处插花。别墅除以上地点外,还应包括门、窗、廊、柱、楼梯等单元的插花。还应将插花与盆栽绿色植物结合起来,才能形成较好的装饰作用。

① 客厅插花:客厅里的插花可以说是雅俗共赏、人见人爱的一种艺术表现形式。客厅里多将色彩明亮、色调偏暖的插花作品放置在较为显著的位置上,使人感到亲切和喜悦,也显示出主人的热情与真诚。

插花作品应考虑与整个环境相协调,如墙面的色彩,门窗及吊顶的颜色,家具的色彩、质地、形状都要综合考虑。在茶几上可放置用月季、情人草、迎春枝组成的插花作品,气氛热烈,色彩亮丽;在餐柜上,可以用火鸟蕉、康乃馨、洋兰、白孔雀等插成富于变化的插花作品。总之,在家庭客厅里放置插花作品要因人而异,根据主人的喜好和性格特点来选择。有的插花可以淡雅、素净些,有的选择浓艳与强烈,在造型上则以贴近自然,较为随意、轻松为好,不可过于张扬和散乱。

② 卧室插花:选择卧室的插花花材,应重视绿叶的运用,宜选青翠碧绿,或带白色条斑的叶片,看上去清淡素雅些。蕨叶是很好的选择,幼细的羽片和轻盈飘逸的姿态,易使观赏者心情宽舒,缓解精神紧张。花卉的花色要柔和,不可过分鲜艳夺目,也可以选用带有清淡芳香的花卉,如玫瑰、桂花、晚香玉、水仙、蜡梅等,阵阵清香随风飘逸,令人心旷神怡。

卧室里的床头柜或梳妆台上是摆放插花最理想的位置,点缀小型淡雅的插花,会调节人们的情绪,使人对生活充满信心和憧憬。床头柜上可摆放 L 形或弯月形插花,也可插小型瓶花;主要花材可采用香雪兰、文心兰、粉色中菊、皱叶肾蕨、兰叶、文竹等;花材可作直立型处理;花器可采用暖色调的玻璃或陶瓷联体花器,使作品既美观,又富女性气息。

③ 书房插花:书房内的插花应根据个人的专业和业余爱好,以突出主人职业特性和个性特点为主,以达到端庄典雅、雅中求静、清新明快的特点。书房插花的花色宜简不宜繁,以绿叶为主,与书房的工艺品、书画共同体现出一种浓浓书卷之气。可选择东方式传统瓶插花的构图方法,造型宜低矮,花材宜少,色宜淡,让淡淡的花香弥漫在书案之间。

根据书房具体的布局灵活地放置插花作品。有的可以在书案台上放上一瓶构图简洁、色调明快的插花,比较随意,也不失调节精神、减少疲劳的作用;也可以用小品花放置在书桌一角或书堆旁,花材以杜鹃、六月雪、粉康乃馨、粉掌、蓬莱松、菊花、龟背竹、肾蕨叶、棕榈果等为主,插成具有浓郁自然气息的作品,以缓解沉闷、刻板的氛围,让人感觉轻松舒展。

(2)宾馆、饭店插花　插花是宾馆、饭店室内绿化布置的主要工作之一,它能使人产生轻松、愉快的情绪,为宾馆、饭店营造高雅、热情与温馨祥和的气氛。

① 大堂插花:大堂是客人集散的主要场所,也是给客人留下第一印象的地方,所以,大堂的插花布置尤为重要。一般宾馆大堂,特别是星级宾馆的大堂宜放置大型主体插花,采用西方

式风格或现代自由式风格。插花的用材以中高档切花花材为主,体量大,造型丰满,色彩浓烈、艳丽,配置要得体;花器要稳重,使作品显得华丽、富贵而又相当大气。常见造型有三角型、圆锥型、圆球型等。在主体插花的周围还可以布置一些观叶植物与小型喷泉,使主体插花作品与大堂周围环境融为一体。此外,在迎送宾客的总服务台、大堂经理处以及一些重要过道处,还应布置一些小型插花作品,宜选用明亮、艳丽、华贵、格调高雅且能代表主人热情与爱心的花材,如百合、玫瑰、红掌、大丽花、康乃馨、唐菖蒲等,以祝愿客人的生活蒸蒸日上。大堂若是按中国传统特色来装潢布置,则插花形式也要与之相协调。

在一些重要节日里,如春节、元旦、元宵节、中秋节、国庆节、"五一"国际劳动节等,大堂一般要按照不同的风俗习惯和喜闻乐见的表现形式来装饰布置。逐渐被大众所接受的一些西方节日,如情人节、母亲节、圣诞节等也要适时布置。如圣诞节是一个充满烂漫幻想和带有宗教传奇色彩的节日,被年轻人和孩子们所酷爱。在这样的节日里,大堂插花布置必须围绕"圣诞"这一主题,以红、绿、白、金、银为主色调。大堂里到处布满了各种各样的圣诞景致和插花。在主景区,有用松枝和花卉扎制而成的高大的圣诞树,上面星星点点地点缀着各种各样的小花饰、花束、金色的铜铃,用人造花制成的圣诞花朵,以及手捧鲜花的小天使等,满天星穿插于花卉之中,带来梦幻般的节日气氛。在银白色人造冰雕的周围,放满了用圣诞红插制的花卉装饰,形成强烈的色彩对比,把节日的气氛渲染到极致,让人们陶醉于圣诞的喜悦之中。

图 3.32　现代自由式插花装饰的酒店大堂

图 3.33　西方插花装饰的客房

②餐饮部:大型餐厅、宴会厅的插花布置可分长台和圆台两种。长台因其台面较长,一般采用半椭圆球形插花。大型长台可用 2~3 盆半圆球形与半椭圆球形插花组合使用,呈一字形在台中间排开,周边采用 S 形花进行桌饰,插花的长度和宽度不超过台面的 1/3。圆形餐桌一般采用半圆球形插花,花体四周要均匀,四面的观赏效果完全一致。主桌插花的体量应大一些,而非主桌则可小些。应注意餐桌的插花高度一般不宜超过 30cm,以免影响客人间的相互交流。花材用量要大,常以暖色调为宜,突出宴会隆重、热烈、喜庆的气氛。常用的花材有玫瑰、唐菖蒲、百合、康乃馨、非洲菊、洋兰、满天星、情人草、肾蕨、天门冬、蓬莱松等;色彩以浅橙、粉红、洋红、白、紫、绿为主,着意创造浪漫、典雅的气氛。

普通餐厅和快餐厅的餐桌一般较小,常为圆形、方形与小长方形,仅适于 2~6 人就餐或会友。因此,桌面上仅用小花瓶配上绿叶插上一两支康乃馨或玫瑰等鲜花,点缀少量满天星或情人草即可,这样既简洁大方,又不失温馨宁静。或者用透明的玻璃器皿来插花,用马蹄莲或粉掌做主花材,勿忘我、情人草和玫瑰及常春藤作衬托,美丽轻盈,如梦似幻,充满了温馨浪漫之意。

餐厅插花的花器一定要清洁,花材新鲜,无任何病虫斑、污点和不洁之物黏附,禁用有毒花材,如石蒜、夹竹桃等,可插略带香味的玫瑰、兰花、夜来香等,而忌插具浓烈香味的花卉,以免影响食欲。

③ 客房部:客房是宾客临时居住的地方,应体现和谐、温馨的气氛,让客人在此养神、怡情,起到休息和调节心理的作用。插花的色彩通常以清淡素雅为主,构图比较活泼、随意。但在冬季与夏季,特别要注意花色的选择。夏季以冷色调为主,冬季以暖色调为主。花卉的幽香能催人入眠,客房插花时要注意选用。

客房部一般分为标准客房和高级套房。在标准客房,通常在茶几上放上一瓶小插花。插花一般不宜太高。长条形茶几可以用红玫瑰、康乃馨、满天星、肾蕨插成的水平椭圆形插花;床头柜和梳妆台的镜子旁放上简洁、明快、富有生气的插花,如 L 形、新月形或瓶插花;卫生间可用小瓶单枝插花,配上一些绿叶及小花衬托即可。

在高级套房,有会客室、卧室、书房及卫生间,可在一个统一的格调下分别按各室的功能来插制,选材要高贵、华丽,色彩要艳丽明快、简洁大方,布置要符合礼仪要求,体现主人的热情友好。也可根据入住客人的特点和爱好,用西方式插花或现代插花理念来创作;也可以用纯东方式风格的插花,让客人感受东方文化的理念和韵味。但插花的布置与周围环境要统一、协调。常用的花材有天堂鸟、百合、文心兰、非洲菊、洋兰、龟背竹、天门冬;花器也比较讲究,常用艺术陶瓷。

④ 咖啡屋:咖啡屋是具有休闲、娱乐、社交活动及情侣约会等多种功能的场所。咖啡屋的插花布置要因地制宜,依据环境的不同特点来设计。咖啡屋内的设施,包括桌椅样式、墙面画片的选择、顶面的色彩处理以及用具本身多为典型的欧美风格,故插花布置形式必须充分考虑这些因素,使插花作品的风格融入环境气氛之中。通常可在咖啡屋的一角放置一盆小型西方式圆锥型或现代自由式插花作品。一般咖啡屋的桌面上,不宜放置体量大的插花,常用玻璃小花瓶插上几支色彩淡雅的花卉,如粉色的玫瑰、红色的康乃馨,再衬以绿叶即可。

在较大型的咖啡屋前厅或服务台上则可放置西方式插花作品,造成热烈气氛,和周围优美环境相协调。有钢琴伴奏的,可以在钢琴上布置一盆西方造型的插花。插花在色调上以素雅为主,如银灰、白色、绿色等,并点缀几支鲜亮的花卉,反差大、对比鲜明,效果会更好;也可以用大把的玫瑰插成半圆球型或圆球型,衬以白色的满天星或绿叶,气氛欢快而热烈。

3.1.4　盆景

盆景是以植物、石料、土壤、水体、配件盆、几架等材料创作而成的,饱含作者思想感情的立体的中国山水画,是经过高度概括和提炼,集中表现大自然优美风光的一种特殊艺术品。

早在 4000 多年前,人们已开始有"玉玩"、"石玩"的形式,对玉和石进行欣赏。盆景就是在我国盆栽、石玩基础上发展起来的以树、石为基本材料,在盆内表现自然景观和作者思想感情的艺术品,是植物栽培和园林艺术的巧妙结合,它将山石、盆栽、园林和书画等多项艺术融为一体,集中表现大自然的优美风光,被人们称为"立体的画,无声的诗"。

3.1.4.1 盆景的分类及流派

（1）盆景的分类 目前我国尚未形成一个统一的盆景分类标准。随着盆景艺术的不断创新和盆景材料的日益丰富，盆景可分为下列 7 大类：

① 树木盆景：在容器中栽培乔木或灌木，以山石、人物、鸟兽等作陪衬，将植物的根或枝条加以修剪、整形、蟠扎、牵引、嫁接等园艺操作，使之成为一件能集中表现大自然优美风光，并饱含作者思想感情的作品，它既源于自然，又高于自然，是自然美与人工美巧妙结合的、有生命的一种艺术品。由于树木盆景的材料常从山野旷地采掘而来，所以习惯上又称为树桩盆景。

② 山水盆景：以各种山石为主题材料，以大自然中的山水景象为范本，经过精选和切截、雕琢、拼接等技术加工，布置于浅口盆中，展现悬崖绝壁、险峰丘壑、翠峦碧涧等各种山水景象的，统称为山水盆景，又称山石盆景。

③ 水旱盆景：主要以植物、山石、土、水、配件等为材料，通过加工、布局，采用山石隔开水土的方法，在浅口盆中表现自然界那种水面、旱地、树木、山石兼而有之的一种景观盆景。

④ 花草盆景：以草本或木本花卉为主要材料，经过一定的修饰加工，适当配置山石和点缀配件，在盆中表现自然界优美的花草景观的，称为花草盆景。

⑤ 微型盆景：一般树木盆景的高度在 10cm 以上，山水盆景和水旱盆景的盆长不超过 10cm 的盆景，称为微型盆景。

⑥ 挂壁盆景：挂壁盆景是将一般盆景与贝雕、挂屏等工艺品相结合而产生的一种创新形式。挂壁盆景可分为两大类，一类以山石为主体，称为山水挂壁盆景；另一类以花木为主体，称为花木挂壁盆景。

⑦ 异型盆景：将植物种在特殊的器皿里，并精心养护和造型加工，制成的一种别有情趣的盆景。

另外，学术界有人将盆景按级别进行分类，以主景材料作为第一级分类等级型的标准，分树木盆景、树石盆景、山石盆景、无树石盆景和其他盆景 5 类；以干数、景型作为第二级分类等级型的标准，分 7 个型；再以干形、干姿、枝姿、峰数等作为第三级标准划分不同的式；最后将所有盆景按盆或山石、树木的大小、高矮划分成 5 个规格型。

（2）盆景的流派及风格 中国幅员辽阔，地形复杂，植物、山石等自然资源丰富，为盆景的发展提供了许多优秀的素材。我国的盆景艺术流派与风格是在漫长的探索和不断地吸取前人经验的基础上逐渐形成的，加上各地文化传统、审美习性及加工技艺的不同，从而形成了如今流派众多、风格各异的盆景艺术新局面。

就传统的五大流派而言可概略分为南、北两大派，南派以广州为代表，又称岭南派；北派包括长江流域的川派、扬派、苏派、海派（后三派过去统称江南派）等。

① 岭南派：岭南派盆景产生于明清时期，但形成独特风格则在建国后。岭南盆景的创作多就地取材，选用亚热带和热带常绿细叶树种，其种类多达 30 余种，如九里香（月橘）、榕树、福建茶、水松、龙柏、榆树、满天星、黄杨、罗汉松、雀梅、山橘、相思树等。岭南派盆景的主要特点是：第一，创作手法独特，师法自然，整形、构图、布局均来源于自然又高于自然，力求自然美与人工美的有机结合，故岭南盆景被誉为"活的中国画"。第二，着重景与盆的造型和选择，力求盆与景和谐协调。第三，善用修剪又不露刀剪痕迹。这种技法是岭南盆景的最大特点。岭南盆景的制作、陈设和欣赏，有"一景二盆三几架"之说，即除景外，盆具和几架的选用也很重要。岭南盆景多用石湾彩陶盆，有圆盘、方盆、多角盆、椭圆盆、长方盆、高身盆等，讲究吸水透气、色

泽调和、大小适中、古朴优雅。几架有落地式和案架式,多用红木等较名贵的木材制作,协调和谐,相映成趣。

②川派:川派盆景是以四川省命名的盆景艺术流派。四川多名山大川,其山势雄、秀、奇、险,山中还多古木、奇石。这些都是川派盆景造型的范本。由于得天独厚的自然条件,川派树桩盆景一般选用金弹子、六月雪、罗汉松、银杏、紫薇、贴梗海棠、梅花、火棘、茶花、杜鹃等为造景材料,以古朴严谨、虬曲多姿为特色;山水盆景以砂片石、钟乳石、云母石、砂积石、龟纹石等为石材,以气势雄伟取胜,高、悬、陡、深是它的特色,典型地表现了巴山蜀水的自然风貌。川派盆景的造型有规则式与自然式两种形式,以规则式为主,是川派盆景艺术的代表。规则式讲究"身法"。所谓"身法"就是蟠缚主干的造型方法,它是川派盆景艺术的主要特色,表现了川派盆景严谨、奇雄的风格。

③扬派:扬派盆景以扬州为中心,包括泰州、兴化、高邮、南通、如皋、盐城等地。扬州是文化名城,地处长江和大运河的交汇处,交通十分发达,这里山明水秀,风光旖旎,人文荟萃,既是鱼米之乡,又是文明之邦。在这样一个地域环境中孕育出来的盆景艺术,苍古清秀,灵巧飘逸,尤其是其独树一帜的"云片"造型,更显示出丰厚的文化意蕴。扬派树桩盆景的常用树种有松、柏、榆、黄杨(瓜子黄杨)及五针松、罗汉松、六月雪、银杏、碧桃、石榴、枸骨、梅、山茶等。树桩盆景要求"桩必古老,以久为贵;片必平整,以功为贵",在造型技法上讲究精扎细剪。比如"疙瘩式"是扬派盆景在树桩造型上的一种特殊形式,制作必须从树木幼小时开始,即在主干基部打一个死结,或绕一个圆圈,成疙瘩状,显得奇特别致。山水盆景除用本地出产的斧劈石外,还使用外省的沙积石、芦管石、英德石等。

④苏派:苏派盆景以苏州为中心。苏州地处长江下游、太湖之滨,丘陵连绵,河道密布,气候湿润,雨量充沛,适宜于植物的繁殖与生长,为树桩盆景的发展提供了极其有利的地域环境和自然条件。同时,苏州是一座集东方园林、建筑和艺术之大成的园林城市,自古就享有"江南园林甲天下,苏州园林甲江南"的声誉。因此,苏派的树桩盆景和水石盆景自成一派。树桩盆景于盆内栽植高不盈尺的古老树桩,经精心剪扎和培养,将几十年乃至上百年的虬干老枝,培植于小盆之中,或悬或垂、或俯或仰,配以古盆和苏式几架,则古趣盎然。树桩盆景常用的树种有松、柏、雀梅、榔榆、黄杨、三角枫、石榴、鸟不宿等。水石盆景以拳石片岩,经艺术加工后巧妙缀于盆内。常用的石材有斧劈石、昆山白石、太湖石、英石等。

苏派树桩盆景分为规则式(即川派之规律)和自然式两大类。传统的规则式的主要形式称"六台三托一顶",即将树干蟠成6个弯,在每个弯的部位留一侧枝,左、右、背三个方向各3枝,扎成9个圆形枝片,左右对称的6片即"六台",背面的3片即"三托",然后在树顶扎成一个大枝片,即"一顶",参差有趣,层次分明。陈放时一般都两盆对称,意为"十全十美",很受民众喜爱。自然式摆脱了传统形式的束缚,采用"粗扎细剪"的技法,快速成型,赋予苏派盆景以新的时代精神。所谓"粗扎细剪",就是以剪为主,以扎为辅,对树桩枝干用棕丝蟠扎成平整而略为倾斜的两弯半S形片子,以后用剪刀修成椭圆形,中间略为隆起,尽可能保持自然形态,状若云朵,并按照树木的生长习性,为每根树桩结"顶",从此不再向上,而是向侧枝伸展,使之更加丰满、美观。

⑤海派:海派盆景主要分布在上海及周边地区。海派盆景既继承优秀的传统,又大胆吸收外来的文化艺术,兼收并蓄,博采众长,有独特的艺术特点。其树木盆景的制作力求师法自然,不拘一格,苍古入画,但在布局上十分强调主题性、层次性和多变性,在制作过程中力求体

现山林野趣,重视自然界古树的形态和树种个性,因势利导,使之神形兼备。粗扎细剪是其创作的主要技法。海派盆景树种丰富,以常绿松柏类和形、色俱佳的花果类为主,如罗汉松、榆、雀梅、三角枫等。树木造型多自然型,树叶的分布不拘规则,有些树木的枝叶虽成片,但与苏派、扬派相比,片数较多、大小不等、形态多样、富有变化,因此,形式也是多姿多彩,有高达丈余的大型落地盆景,也有小巧玲珑、一掌可置数盆的微型盆景,还有别有情趣的挂壁盆景等。

3.1.4.2 盆景的装饰

盆景装饰分室内和室外两种情况。盆景在室内主要用于家庭居室的门厅、玄关、客厅、书房,宾馆饭店的大堂、客房、走廊及办公室、会客室等地方,其陈设要与室内的空间大小、装修风格及主人的文化修养相结合。室内陈设要求光照充足,如光线暗淡,则对植物的生长不利,影响观赏效果。在厅堂陈设盆景,应布置在窗前墙边,以利于通风透光。在展览场所布置,以光洁墙面为佳,如墙面装饰过于精美,布置华丽,盆景观赏会受到影响。陈设时,应将造型最好、观赏效果最佳的这一面正对观赏者摆放。陈设高度一般以盆景某一点在观赏者的心目中留有突出的印象为佳。如悬崖式树桩盆景,应放置在高于观赏者水平视线的位置上,使观赏者适度仰视,能够突出地产生凌空飞腾的意境和印象。直干直立式盆景、表现崇高之美的各式树桩盆景及有高远意境的山水盆景,放置位置应略低于或等于观者水平视线。平远山水盆景,以观水景为主,表现开阔水面,放置高度应稍低于观赏者水平视线,可欣赏全景。枝叶繁茂的自然式树桩盆景,放置位置可偏低,也可直接落地摆放,使观赏者的视觉焦点集中在树冠部分为最佳。

在盆景展览中,观者是站立观赏的,其水平视线的高度,一般以中等身材的观赏者站立的视觉高度为准;在会议室、接待室、办公室及客厅中,观赏者以坐为主,因此,其水平视线的高度应以坐观者的视觉高度为准。盆景陈设的视距(即盆景与观赏者视觉之间的距离)必须以观赏者能够看得清楚、完整为准,一般中小型盆景的视距为 0.3~0.7m,微型盆景的视距相应缩短,大型盆景的视距就应适当放长。

盆景的布置,除厅堂、庭院的入口或大门两旁可用对称式排列布置外,展出场所一般都采用自由式陈设,沿着游览线,高低参差地布置各类盆景,使观者在游览线的引导下进行参观,整个展览有序幕,也突出主题,从展示高潮到展尾,空间利用自然妥帖,成为一个完整体系,给参观者留下完好的印象。在陈设中,不仅盆景的类型、形式、大小、高矮及山水盆景与树桩盆景都应相互搭配,有机组合,而且布置要疏密相间。每个盆景的左右前后,要有呼应,也有盼顾。盆景组合,或两盆一组,或三五盆一组,或八九盆一组,必须各有归属;每组盆景的选择也应互相呼应,互相对比,从对比中找变化,从变化中求统一,丰富多样,使观者总有新的发现,产生新的兴趣。

总之,盆景陈设是一项艺术性工作,它涉及多项艺术创作。盆景陈设要遵循造景艺术原理,如对比、变化、均衡、和谐等;盆景陈设还要遵循科学原则,如盆景布置时要根据树种习性,喜光树种放在阳处,喜阴树种和长有青苔的山水盆景则放于阴处。

一件盆景艺术品的完成需要很长的时间,一般大型盆景的制作完成需要几十年的时间,而且需要精心细致养护,因此其装饰多数用在重要场合且显眼的位置上,如宾馆大厅的入门或楼梯口,表示热情欢迎;中式风格总统套房的客厅,表示庄重典雅,代表中国风的艺术。

中小型盆景在家庭的装饰中应用较多,可选用悬崖式桩景用高几架搭配摆放。在客厅的墙角,或在装饰柜、书房的书桌上摆设小型盆景,也可在博古架上组合摆放小型及微型盆景,以形成优美的壁画效果。

图 3.34　宾馆大堂楼梯口盆景装饰

图 3.35　家庭盆景装饰

3.2　垂吊

3.2.1　垂吊布置的特点

　　垂吊也称悬挂、悬吊、吊篮等,即在质地轻巧的盆、篮或盂等容器中装入轻质人工基质,种植蔓生或藤本花卉,用绳索将其悬吊于室内空中,使枝叶垂挂下来,达到绿化美化的装饰效果。用垂吊花卉进行室内装饰,既丰富了室内空中环境的层次,又可增加主体景观,是一种非常灵活而有趣的装饰方法。

　　垂吊花卉大多枝叶纤细,花朵紧凑,具有蔓茎或匍匐茎,轻条柔蔓,如瀑下泻,浪花四射。许多垂吊花卉具有气生根,适应能力强,繁殖容易,管理简便。垂吊花卉富有浓浓的飘逸感和梦幻感,运用于室内可形成"绿链,绿瀑,绿浪"的景观,深受人们喜爱,迎合了现代人美化和装饰室内的心理和生理需求。

3.2.2　垂吊的组成

　　一幅完整的垂吊作品是由吊具、基质、垂吊花卉及吊挂位置四部分构成,使其融为一体,才能显示出整体的艺术美。

　　3.2.2.1　吊具

　　(1) 吊篮(盆)　应选择质地轻巧、透气性好、牢固耐腐、外表美观的吊盆。目前市场上可供垂吊用的盆种类繁多,常见的有塑料盆、藤制盆、竹编盆、果壳盆及金属丝做成的篮筐等。

　　① 塑料篮:是市场常见的用来淘米、洗菜用的穿孔篮子,有各种各样的颜色,轻巧美观。使用时,先于篮底垫一层棕皮或椰树纤维,然后加入基质,种植植物,再用吊绳吊挂起来。也可在篮里放置一个不透水的塑料盆,然后在盆内种植垂吊植物,以免浇水时有多余的水分流出。

　　② 铅丝吊篮:是用几种粗细的铅丝编制而成,重量轻而载重大,形状和大小可根据要求设定。为避免滴水,底部可加一金属托盘,托盘用金属链挂吊。为防止铅丝氧化或水湿锈蚀,常用包塑胶的铅丝。

③ 绳制吊篮:利用棉绳或麻绳编织而成,底部较宽,用以衬托盆栽花卉。绳制吊篮价格便宜,素雅美观,较受一般家庭欢迎,但是绳制品不耐水湿,不能持久。

在垂吊花卉养护过程中,为了不让多余的水分从盆底的孔中滴落下来,需在吊盆的盆底安装一个大小适宜的贮水盆,并且有贮水盆的吊盆还能较好地保持盆土湿润,减少浇水次数。随着园艺的发展,这种贮水盆应成为吊盆的一部分,这项技术在室外的垂直空间中已经有所应用。

(2) 吊绳　为减轻垂吊盆栽的整体重量,吊绳一定要选用质地轻且坚韧的材料。目前常用塑料吊绳、金属链、尼龙绳、麻绳等。无论选择哪一种吊绳,都要考虑它的承重能力,以便能延长观赏时间。吊绳还要与盆具及植物在大小、质地、色彩、形态上相协调。

3.2.2.2　基质

垂吊花卉悬挂于空中或壁面上,为了减轻支点的负荷,所用培养土必须轻盈。另一方面垂吊花卉悬于空中,易受风吹袭,盆土易干燥,因此,栽培基质除具有固定植株根系、支撑植株、提供植物所需营养等多种功能外,还需具备轻质疏松、透气保肥、排水良好、营养丰富等特点。常见的基质有苔藓、蛭石、锯末屑、树皮、蚯蚓土、珍珠岩、泥炭土等。通常用两种或两种以上的基质按一定比例混合配置,可以弥补用单一基质产生的缺陷。如蛭石 40%＋蚯蚓土 40%＋锯末20%,或蛭石 40%＋锯末 40%＋蚯蚓土 20%,可得到疏松通气、保肥性能好的混合基质;如泥炭与珍珠岩以 2:1 混合,可得通气良好、排水、持肥中等的基质;如泥炭与河沙以 3:1 混合,能得到重量与通气性中等、排水持肥力良好的基质;如将泥炭与锯末屑以 1:1 混合,将得到分量轻且通气、排水、持肥均良好的优质基质。应根据栽植花卉的生物学特点来选择一种或几种基质加以调配。

此外,还可用腐叶土、松针土、岩棉、陶粒、刨花、甘蔗渣、稻壳、砻糠灰、椰糠、棉籽壳等材料来配置人工基质。

3.2.2.3　垂吊花卉

垂吊花卉常放置于居室的立面,位于人的视点以上,以仰视观赏为主,因此,选择的植物以枝叶下垂的藤本植物或叶形小、向下开花、色彩变化协调的花木为好,如长春花、吊兰、常春藤、旱金莲、樱草、小番茄、草莓、倒挂金钟、蟹爪兰、鸭跖草、大花马齿苋等。有些枝茎细软、花色艳丽、花期长、直立生长的花卉植物也可作垂吊观赏,如矮牵牛、四季海棠、孔雀草、三色堇等。可利用这些花卉生长迅速、枝叶茂密的特点制作花球,再配上造型优美、色彩协调的吊具,具较高的观赏性。

垂吊花卉有不同的观赏部位,有的观叶,如吊兰、常春藤、竹芋类、椒草类、虎耳草、绿铃、黄金葛等;有的观花,如藤本天竺葵、捕蝇草、金鱼藤、袋鼠花、球根秋海棠等;有的观果,如小番茄、草莓、五色椒等;利用不同种类、不同观赏特性的垂吊花卉装饰室内,可以营造四季不同景观,如春季选择香雪球、美女樱、矮牵牛、旱金莲等,夏季选择盛开的天竺葵、八仙花、马齿苋、长春花、海棠花等;秋季选择孔雀草、万寿菊、彩叶草、藿香蓟等可将室内装扮得五彩缤纷、艳丽脱俗,让人们产生回归自然的感觉。

3.2.2.4　吊挂位置

适合垂吊花卉吊挂的场所主要是能引人注目、易形成焦点景观或急需用垂吊来改变原来景观单调的地方,如居室的门廊、玄关、角隅等,宾馆饭店餐厅、客房的墙面等,企事业单位的入口、棚架、走廊扶手等处。

悬挂的高度要以正常人仰视可看到盆壁垂挂下来的枝叶为宜,吊挂位置过高,只能见到盆底,欣赏不到吊挂植物整体的优美造型;吊挂位置过低,既达不到应有的装饰效果,又影响人的通行,严重的还会造成人身伤害。另外,还要根据垂吊植物的生态特性选择合适的位置,如喜光植物吊挂于门、窗、阳台等处;耐阴的种类可吊挂于室内壁面、廊柱或陈设于高柜、书橱、冰箱的顶部等处。对于单盆垂吊植物而言,长期固定于某个位置、某个方向,由于受光不均,会造成植株两侧生长不均匀。为了让垂吊花卉两侧均能生长良好,可在吊钩上装上转环,让吊盆可以随意转动,使盆内花卉各部分都能接受光照。目前流行的新吊具产品,可在吊钩上安置一自动滑轮,吊盆可自动升降,便于浇水、施肥、修剪等养护管理。吊挂方式应遵循美学原理,根据植物特性、空间特点,形成高低起伏、错落有序、富有层次化的室内景观;整齐排列的悬挂方法毫无美感可言,单调且枯燥乏味。

3.3　壁饰

壁挂式绿化装饰是我国南方地区室内绿化装饰的常见方法。这种装饰形式像一首绿色的诗篇,似一幅立体的活壁画,它小巧玲珑,精致秀丽,景观独特,极富情趣。

3.3.1　壁饰布置的特点

壁饰又称壁柱镶嵌或墙面装饰,即利用绿色植物对室内竖向墙壁或柱面进行空间绿化装饰的一种方式。它能利用绿色植物观赏特性的变化,使空间更有立体感和深度感,主要在居室的客厅、天井或宾馆的开放式走廊、门厅等墙壁上,用观花或观叶的小型植物或茎蔓下垂的蔓生植物进行绿化装饰。壁饰和垂吊一样,具有不占地面空间的特点,减少了绿化用地面积,使室内绿化方式呈现多样化。壁饰可以缓和墙体建筑线条的生硬感,也可遮掩壁面不雅观之处,给单调的室内增添许多生机。用于壁饰的植物材料来源广泛,可以做垂吊的植物多能用于壁饰,从观赏部位来说,有观花、观叶、观果、观茎的;从生长形态来说,有直立型、匍匐型、攀缘型的。应用形式也具多样性,可以是花环、花圈、花篮、花束等,也可以是鲜切花、切叶、插花等。

3.3.2　壁饰的形式

3.3.2.1　壁挂

将观花或观叶植物种植于篮中,然后嵌挂在室内壁、柱上作装饰,使空间具立体感,让人欣赏到精美而生动的活壁画。壁挂材料应以轻巧、小型为好,如吊兰、绿萝、天门冬、文竹、悬崖菊、紫罗兰、案头菊、微型月季等。壁挂容器可用半圆形的陶土瓶,也可采用半圆形金属丝网篮或塑料篮,内垫盛水的槽,以防浇水时多余的水流下而影响室内清洁卫生。壁挂的位置一般是把盆平直的一面紧贴在墙壁、角隅或柱面上悬挂,形成大小不同、高低错落的壁面景观。

3.3.2.2　嵌壁

在砌筑壁柱时,预先在墙壁上设计一些不规则的自然孔洞,然后把大小适宜的容器连同栽种的花卉嵌入其中;或直接往孔洞内填入泥土,栽植花卉进行装饰;也可在墙上安置经过精细加工涂饰的多层隔板,形成简单的博古架,其间摆设各种观叶植物,如绿萝、鸭跖草、吊兰、常春藤、蕨类等,以及中小型插花作品和水养花卉,形成层次分明、错落有致的立体景观,别有一番情趣。

图 3.36　嵌壁

3.3.2.3　帖壁

帖壁是利用攀缘植物进行室内壁面绿化装饰的一种形式。利用攀缘植物的卷须、吸盘或气生根,攀缘墙体向上生长,改变室内枯燥乏味的景象。将盆栽攀缘植物成排放置在墙底地上,让茎蔓自由向上攀缘生长;也可在墙底边设置一个种植槽,装入基质,种植攀缘植物。在光滑的墙面上,攀缘植物无法向上生长,因此用贴壁装饰的墙面不能使用光滑的装饰材料,可以用砖墙、水泥墙等;若墙面已用光滑材料作了装修,可用麻绳等贴着墙面拉起一个支架。常用的攀缘植物有花叶蛇葡萄、花叶白粉藤、薜荔、常春藤、球兰等。

帖壁绿化装饰要注意花卉和叶色的变化需与墙面相协调,开花的植物应布置在迎光的墙面,耐阴的观叶植物可在光亮较弱的墙面布置,整个画面应高于人的视线,以便欣赏。如果帖壁花卉的顶上再配以彩灯,则更显富丽堂皇,光彩夺目。

3.4　植屏

3.4.1　植屏布置的特点

植屏是利用高大的直立或攀缘盆栽花卉将室内作临时性隔断的装饰方法,即在较大而空旷的房间内,为了临时的分隔,用植物来作屏风。如起居室和餐厅在一起,就餐区可以用很多方法隔开,许多花卉爱好者热衷于这种植物屏风,效果生动活泼,犹如置身于大自然中。用盆栽花卉制作植物屏风,可随意移动,可根据实际需要随时调整空间大小,需要时搬入植屏,不需要时搬出,应用自如,使室内环境变化多样。

3.4.2　植屏的形式

3.4.2.1　直立型植物成排摆放,形成植物屏风

对于大而宽敞的室内空间,如要将其分隔成两个独立的小空间,可用植屏进行装饰。用大型盆栽植物成排摆放于需分隔的部位,利用植物高大的茎干和茂密的枝叶形成天然的屏风,将

空间分隔成两个部分。可以应用的大型盆栽植物有散尾葵、鱼尾葵、榕树、橡皮树、南洋杉、富贵椰子、巴西铁等。

3.4.2.2　枝条柔韧的植物通过艺术造型,形成天然植屏

利用一些植物茎干具有柔韧性的特点,对其进行艺术造型,制成网状、方格状或园篱状的茎干,形成自然屏风。这种方式是集自然与艺术为一体,既能欣赏园艺加工的艺术美,又能享受大自然的气息。通过斑驳交错的茎干,使空间渗透,达到似隔非隔的效果。常用的植物有榕树、马拉巴栗、富贵竹等。

3.4.2.3　将攀缘植物造型成绿柱、绿架或绿帘

(1)绿柱　选用长筒盆栽植绿萝、常春藤、蔓绿绒等攀缘植物,在盆的正中间立一根大小适宜的竹竿或塑料管,外用棕片包裹,也可在棕片与竹竿间垫一层苔藓或草炭土,攀缘植物的气生根可通过棕片的网眼伸入苔藓或草炭层,吸取养分和水分。让攀缘植物的茎蔓顺棕柱往上缠绕,攀缘生长,形成郁郁葱葱的绿柱景观。

绿柱形成的屏风犹如一道绿墙,自然而致密,可以将空间完全分隔,阻挡视线穿透,可用于会客处、接待处、洽谈处等私密性强的空间分隔。

(2)绿架　首先制作或购买一个下面有槽、上方有各种图案、网格的架子,在槽内种植或摆放具有攀缘性的植物,通过植物的生长,让枝叶爬满上方的网格,形成绿架。也可将槽设置在上方,将攀缘植物栽植于棕柱上方的培养基质中,平时在柱顶的基质中进行水肥管理,让攀缘植物的茎蔓从棕柱顶端往下攀缘生长。

(3)绿帘　在门窗等处附近栽种攀缘植物,让其藤蔓攀缘上门窗,绿色的枝蔓从上垂下,如珠帘低垂,尤其在夏季,置身于绿帘之内,令人倍感凉爽清新,因此,厅室绿化装饰中常采用绿帘的装饰形式。

3.5　水培花卉

3.5.1　水培花卉布置的特点

花卉水培是一种栽培模式的创新,是将一些花卉传统的盆栽模式(盆内含有各种栽培基质)转化为玻璃容器水养模式,以达到一种既可观叶,又可赏根,同时又可随意组合的艺术效果。

水培花卉的优越性在于:水培花卉不仅可以像普通花卉那样观花、观叶,还可以观根、赏鱼,上面鲜花绿叶,下面根须漂洒,水中鱼儿畅游,产品新奇,格调高雅,是亲朋好友送礼佳品;水培花卉生长在清澈透明的水中,没有泥土,不施传统化学肥料,因此不会滋生病毒、细菌、蚊虫等,更无异味;土壤栽养的花卉,需要根据不同的生长习性终年正确浇水和施肥,稍不注意,就会对花卉的生长产生严重的影响。而水培花卉的养护简单方便,夏天 10 天左右、冬天一个月左右换一次水,加少许营养液,对于家庭养花者特别省心;居室摆放水培花卉,能够调节室内小气候,可以增加室内空气湿度,其枝叶可吸收 CO_2,释放 O_2,有利于人体健康。

一瓶清水,一株绿色植物,将浓得化不开的、回味无穷的美丽和自然带回家,它简单、干净、易管理,非常适合室内摆放。

图 3.37　花鱼共养的水培花卉

3.5.2　水培花卉的制作

3.5.2.1　容器的选择

水培花卉对容器的首要要求是清晰透明,如透明的玻璃花瓶、塑料花瓶、有机玻璃花瓶等均可。容器造型也要有较高的艺术性和观赏性。有些水培花卉作品,花瓶本身就是艺术品,与美丽的花卉相互配合,更具观赏性和装饰性。花器的选择还要与栽培植物的观赏特性相配合,植物修长挺拔向上的,可选用长柱形的花瓶,如富贵竹、朱蕉等;植物较矮而丰满的,可选用短圆柱状的花器,如太阳神、秋海棠等。部分球根花卉需要特殊造型的花瓶来重点突出其根和球茎的观赏特性,如水仙、郁金香、风信子等。花器的规格要与花卉的大小相一致,小型轻盈的花卉选用小巧别致的花器,如蟆叶秋海棠、宝石花等;大型植株应当选择大型厚重的花器,如春羽、海芋等。另外,日常生活中的废弃物也可作为家庭水培花卉的容器,如造型优美的酒瓶、经过加工修饰的饮料瓶和具有漂亮外观和质地的茶杯、碗、盆、盘等。

3.5.2.2　水养植株的获取

水养植株的获取主要有两种方法,即洗根法和水插法。

(1)洗根法　直接从土栽状态洗根后水养,称为洗根法。洗根法适用于比较容易水养的花卉,它的根系水养后很容易适应水环境,不会腐烂,如朱顶红、佛手蔓绿绒、海芋等。选择洗根植株时,首先要选择株形美观、有良好的装饰效果的植株。其次要选择生长健壮,无病虫害的植株,因为健壮的植株容易恢复,容易适应水环境。有些刚分株,根系较差的植株不宜作洗根材料,可在固体基质中养护,待其根系发达后再洗根。

选择好洗根植株后,首先,将植株从花盆中托出,洗去根系周围的土壤基质,洗根时不要过度伤害根系,以免造成伤口引起腐烂。第二,将老的、枯烂的根系剪除。有些花卉根系十分茂盛,可修剪 1/3～1/2,以减少氧气消耗,促进水生新根的发生。有些花卉根系稀少,可不修剪,有利于适应水生环境,地上枝叶可略作修剪。第三,消毒处理,以免伤口感染。消毒液可用多菌灵 800 倍液,或百菌清 600 倍液浸泡。第四,水养时根系要舒展,不宜挤作一团塞入营养液中,这样不但容易导致烂根,影响植株恢复,而且不美观,影响观赏效果。

洗根水养要选择温暖的季节,若在温室内四季均可。若温度低,植株长势弱,新的水生根系不易长出;若温度高,水中含氧量低,易导致烂根。一般气温稳定在 20℃ 左右比较适宜。

诱根阶段需要每天换水,保证水质清洁,氧气充足。大多数植物土生根适应水环境的时间不同,容易适应的种类迅速在老根上长出水生根,如绿霸王、绿巨人、白掌、春羽等。有些植物必须重新长出新的水生根才能适应水环境,如朱蕉、马尾铁等。多数种类在诱根阶段会出现老根腐烂,这时除每天换水外还要随时剪掉烂根,清洗器皿和冲洗植株根系,直到新的水生根长出,有时,有必要每天在水中添加消毒液。

(2)水插法　剪取枝条,在水中扦插生根后水养,称为水插法。水插法适用于原有土栽根系不适应水环境的花卉,这些花卉即使洗根水养,老根也会腐烂,必须再长新根才能适应水环境。因此采用水中直接扦插,在水中长出适应水环境的新根后再水养的方法。地上部分具有明显茎节、水插容易生根的花卉适合采用此法,如富贵竹、鸭跖草、广东万年青、绿萝、喜林芋等。为了提高水插生根诱导率和缩短根系诱导时间,可用促进扦插枝条生根的植物生长调节剂进行处理,金陵科技学院王春彦等通过对广东万年青进行生长素和遮黑等处理,极大地提高了水生根系的诱导率,并缩短了根系诱导时间。有些具有气生根的花卉,可剪切具有气生根的枝条直接进行水培,如绿萝、吊竹梅等。剪枝水插时应选择观赏性好、生长健壮、无病虫害的枝条,一旦诱导出水生根系,即可进行作品创作。有些植物种类的节间很长,应在节下 1~2cm 处进行,大的枝条稍长些,细的枝条稍短些,因为节下容易生根。另外剪口要平,剪刀要锋利,不要压伤剪口。叶片不能入水。

水插季节和洗根季节选择是同样的道理,主要考虑温度的因素,自然条件下以春秋两季温度适宜,植物生长旺盛,水插容易成功;晚秋、冬季和初春温度低,不利于生根;夏季温度高,插穗剪口容易腐烂。

水插诱根阶段也需要每天换水。因为插穗剪口易受微生物侵染,造成腐烂,导致水插失败。换水时注意清洁器皿和冲洗插穗,尤其要注意清洗剪口。

3.5.3　水培花卉作品设计

只要诱导出健康的水生根系,即可进行水培花卉的造型设计。在造型设计中,可以是同种花卉组合在一起,也可以是将多种花卉经过艺术化设计和科学性配置而组合在一起,再配以与

图 3.38　同种花卉组合的水培花卉

图 3.39　不同造型的花卉组合的水培花卉

植物造型相一致的造型容器,构成一件作品。进行水培花卉设计时,首先要考虑株间高低错落,直立枝条与下垂枝条的关系,尽量体现和谐的美感。其次,配置植物种类不宜太多、太杂,一般以 3 种左右为宜。另外,水培花卉重在显示植物的造型美和其调节空气的功能,故容器以简洁、比例协调为宜。

3.5.4　水培花卉的日常养护

3.5.4.1　温度

水培花卉进行室内绿化装饰,首先要考虑的是越冬和越夏问题。多数球根花卉适合在秋冬季进行水培,如水仙、风信子、郁金香等,在 0℃ 时可安全越冬;而君子兰、天竺葵、石莲花等需稍加保护才能越冬。多数室内观叶植物,原产于热带地区,要求室温不能低于 10℃,如富贵竹、龟背竹、春羽等,这样的花卉水培需要在有供暖设备的空间养护,否则就会被冻死。夏季气温、水温均较高,植物根系呼吸作用加强,水中氧气消耗大,同时,水温较高,水中溶氧量低,植株根系腐烂现象较重,养护不当,也会引起整株死亡。因此,夏季养护时要增加换水的频率,有条件的可放置增氧泵。

3.5.4.2　光照

不同的植物对光照强度的要求是不一样的,因此在绿化装饰时必须考虑摆放的位置。

3.5.4.3　换水

定期换水是十分必要的。水中的氧气不断被根系吸收,以维持其正常生长,通过换水或加水可以保证氧气供应。另外,水中根系的分泌物、营养液的残留物积累太多会影响水质进而影响水养花卉的生长。换水还可以保证水质。换水的频率首先取决于气温,夏天换水要勤,5～7天 1 次,春季间隔稍长,7～10 天 1 次;冬季间隔更长,10～15 天 1 次。如果采用加氧泵提供氧气,时间间隔还可以长些。其次是植株长势,健壮植株的换水间隔可长些,长势弱或烂根的植株换水要勤。第三是植物种类,有些植物长时间不换水长势仍非常正常,如合果芋、海芋等。

水位不要高过根和茎的交界处,留下一部分根从空气中吸收氧气,一般水位不超过根系的 2/3,让距离根茎 1/3 部分的根系悬在水面之上。

3.5.4.4　营养液与施肥

长期用清水水培花卉,会造成营养不良,水培花卉需要专用的营养液。目前市场上有多种营养液,可根据具体栽培的花卉种类选用合适的产品。使用方法按照说明书进行,切勿施用过量,否则会导致肥害。

植株生长旺盛的春秋季节,添加营养液的次数应多些;夏天温度高,冬季温度低时,植株生长缓慢或停顿,施肥次数应减少。不同花卉对肥的要求不同,根系纤细的植物如白花紫露草、鸭跖草、蟆叶秋海棠、石莲花等不耐肥,施肥浓度宜淡。根系粗壮的蔓绿绒等较耐肥,施肥浓度可大些。有些植物如合果芋,长期不施肥也能正常生长。

3.6　水族箱装饰

3.6.1　水族箱布置的特点

水族箱的概念最早来自德国。它的雏形是传统的鱼缸,但与传统鱼缸所不同的是,水族箱内部安装循环系统、恒温系统、光照系统等,在这种基础上种植水草和饲养热带鱼,是一件极其容易的事。目前水族箱在功能上、外形上和内部结构上都有了很大的发展。如外形除常见的长方形、子弹头形外,还有扇形、圆形、椭圆形、不规则形的;内部结构包括过滤设备、过滤材料、恒温设备、照明设备、供氧设备以及水草生长所需的二氧化碳供应系统等。随着人们生活条件的改善,家庭装饰的要求和水平也不断提高,水族箱已不仅仅是用来作为种植水草与饲养鱼的简单盛器,它们已成为家庭装潢、办公室装饰、商场展示的一个重要的组成部分。人们可选择不同品种、不同色彩、不同形态的水草,经过精心布局设计,再以沉木和石材作陪衬,营造一幅"虽由人做,宛自天开"的水族箱自然景观图。

目前,在室内装潢中,水族箱已占了很重要的位置。如在玄关处放置一个两面透视的水族箱,用以分割进门与客厅的连接,同时又不影响房间整体的美观;用背靠式的水族箱放在客厅的一侧,以增加客厅的自然气息;卧室和书房一般面积较小,比较适宜放置小型的水族箱;在大厅的一侧,可摆放大小相宜的水族箱。在商场、超市、办公室及公共展览场所也出现了很多精心布置的水族箱,这些地方空间比较大,适宜放置大型的水族箱,可以吸引来往顾客的视线,增加客人的光顾率。

水族箱在室内放置除了对空间的要求外,还应注意一些事项。首先,水族箱不能放在阳光直射的地方,否则易滋生藻类,不容易清洗。最好摆放在间接有阳光照射的地方。其次,注意摆放的高度。从观赏角度看,水族箱不宜直接摆放在地面,最好放在几何形的支架上或嵌在墙壁内,高度要符合两方面要求,一是从视觉角度出发,水族箱的中心点应与眼睛的视觉角度平行;二是使水族箱能够吸收到一定的自然光照,有利于水草和热带鱼的生长。第三,为了日后清洗和换水的方便,水族箱最好摆放在离水源和排水近的地方。第四,注意安全问题。水族箱在装满水后很重,不管是对于地面还是墙面,对承受压力有相当严格要求。如一个150~200cm的水族箱,盛水量可达2t左右,对于结构比较老的建筑,需要得到物业公司许可后才能放置水族箱。若水族箱要放在桌面或几架上,一定要预先计算出支撑物所能承载的重量,方能摆放重量适合的水族箱。

3.6.2　水族箱的组成

3.6.2.1　水草

水草是水族箱的最主要组成部分,是水族箱绿化装饰的主体。水草种类多,分布广,许多江河、湖泊中都可见到。而水族箱中用到的水草是观赏水草,在整个水草家族中占有的比例是极小的,它们是通过筛选,经过长期培植而形成的。人们从自己的审美观出发,根据水草对水温的要求、水草的颜色以及水草的造型进行筛选,从而选出优良的观赏品种,常见的有虎耳草、菊花草、竹叶草、水芹、百叶草、苹果草、蜈蚣草、金鱼草、睡莲、四色睡莲、三角芋、紫荷根、椒草类、香瓜草、鹿角苔、绿球藻等。

3.6.2.2　底沙与施肥

水族箱中种植水草的目的是为了观赏,保持水族箱的整洁及保持水质清澈透明是种植水草最基本的要求。在底沙的选择上以通气、干净、美观的粗沙粒为主,如硅砂、白石英砂、红石英砂、黄石英砂等。底沙铺设的厚度一般为5cm以上,以增加水草根部的稳固性。为保证水草能从底沙中吸取足够的养分,底沙中要施入充足的肥料。底沙中的养分有两个来源,一个是水族箱中鱼的残饵、鱼的排泄物和水草本身的腐枝烂叶形成的有机肥料;另外就是人工添加的肥料。人工添加的肥料以基肥、液肥、根肥为主。基肥为固体肥料,优点是养分齐全,肥效慢,能够长期缓慢地供给水草吸收。通常施用基肥时采用"双层基肥法",即先在水族箱最底端铺设一层薄薄的粗沙粒,厚度为整个底沙厚度的 1/3,然后均匀地撒上一层基肥,其上覆一层沙粒,沙粒上再覆一层基肥,最后再撒一层沙粒,这样两层基肥可供水草 1～2 年的养分。液肥是一种水草专用营养液,以铁、钾、镁等微量元素为主。刚铺设好的水族箱一般不施用液肥,因为此时水族箱中的水草处于休眠状态,对肥料的需求非常少,养分过多反而会对水草造成伤害。一般在铺设后一个月后添加,施用的量根据换水量来决定。

3.6.2.3　环境调节

水族箱内部的环境调节主要通过二氧化碳扩散器、增氧泵、过滤系统、恒温系统等设备来调节。二氧化碳是水草进行光合作用必不可少的条件,水族箱中二氧化碳过少,会发生"生物脱钙"现象。二氧化碳添加的方法有食糖发酵、碳棒电极发生、钢瓶供应等,其中,钢瓶供应是最有效、最经济的方法。二氧化碳扩散器的作用是将二氧化碳输送到水族箱各个角落,让每株的水草均能吸收到二氧化碳。水族箱中的热带鱼主要靠水中的氧来维持生存,而水中的氧气主要来自于水草光合作用所产生的氧气和空气中氧气的渗入。若水族箱中的水草光合作用产生的氧气能满足热带鱼的需求,就不需要再添加氧气;若水中氧气含量过少或缺氧,则需要通过增氧泵来添加氧气。过滤器是水族箱的一个重要组成部分,它是由过滤槽、抽水泵和过滤材料组成。过滤器的作用就是通过过滤材料,将水中的杂质、鱼的排泄物和分泌物、残饵、水草的腐枝烂叶等过滤掉,以此调节水的各项指标,维持水族箱内的水质稳定,保持水质的清洁。水族箱的恒温系统是通过电热棒加热实现的,在电热棒的作用下,水族箱内的水温始终保持在16～30℃,即热带鱼和水草适合生长的温度范围。

4 室内绿化装饰设计

室内绿化装饰是在建筑设计和园林设计所提供的可供装饰的场所中,并与室内设计协调配合的情况下进行的。无论是公共空间,还是家庭空间的绿化装饰形式、布局,不但受到社会、经济的影响,还与精神文明、文化素养有关系,尤其是家庭绿化,更是千变万化,植物装饰必须因地制宜。

4.1 家庭居室室内绿化装饰

随着居民住宅条件的不断改善,人们对住宅的绿化装饰也越来越重视,希望能够依据房间的结构、大小以及周围环境,通过巧妙的设计语言,合理地创造出与我们内在感情模式相符合的居室环境,从中体会到温馨、雅致、华丽、明快等不同的情感。室内绿化装饰的内在意义积淀或浓缩于富有个性的设计之中,它对于整个室内空间环境的品位、意韵的创造起着重要的作用。随着人们个性表现意识的增强,人们的审美观念随之发生了重大改变,在室内绿化装饰时,室内环境拥有何种格调与气氛,表现何种意义和情感,不只是设计师个体的事情了,首先要尊重业主的意见,需要双方主体共同设计,共同参与表现。

家庭居室和人们的关系最为密切,也是人一生中度过时间最长的场所。在进行居室室内绿化装饰时,既要考虑居室各个房间的功能、性质、大小等因素,又要考虑主人的文化素养和经济状况。室内的植物绿化造景设计在整个居室室内装饰方案设计阶段时就应该作为一个因素来考虑,将它同整个室内装饰风格、装修材料、家具选配等要素一起构思、规划和设计,以达到最佳美化、绿化的效果。

4.1.1 门厅

门厅的布置大多根据空间大小来装饰。空间较大、开敞的多以对称的规则式布局。中央用盆花组合堆叠成具有一定几何图案的花坛,形成视觉焦点;两侧以高大的观叶盆栽作陪衬,下面用低矮的盆花做烘托,让人进入门厅有一种豁然开朗、热情友好的感觉。空间不大的门厅,可在侧面用盆花布置,或用垂吊花卉作垂吊观赏,以增加空间层次,既不影响视线,又保证出入方便。在有庭院突出的门廊上可沿柱种植木香、凌霄等藤本观花植物。

4.1.2 玄关

玄关是从室外到室内的过渡地带,是居室进门处的一个隔断。因房型不同而有差别,没有一个定式,大多用花窗、玻璃、鞋柜等作隔断。玄关装饰是主人居室风格的首次展示,故优美的布置能给人留下良好的第一印象,是热情主人对来客的欢迎词,更是一天归来时给自己的温馨慰藉与融融生趣。

玄关的绿化装饰视空间大小及形式而定,原则上以简洁、热情为主题,不能影响人的正常通行,也不能阻挡人的视线穿透。玄关光线通常比较暗,选用的植物以耐阴的观叶植物为主,如棕竹、绿巨人、一叶兰、绿萝、蕨类植物等。此外，永不凋谢的藤条、干燥花、人造仿真花都可做玄关装饰的材料。许多居室的玄关只是一条狭窄的过道，空间狭小，此处的装饰最好采用垂吊、壁挂等形式，既能节约用地，保证交通正常，又可活跃空间气氛；可依墙面上镜面、花窗、文化石等，点缀一两盆较修长的观叶植物和花卉，填补空白，起到画龙点睛的作用；也可在墙壁上设置搁板，摆放茎蔓下垂的盆栽或盆景。有的玄关空间较宽敞，设有鞋柜、装饰台或博古架等，可在上面装饰一盆亮丽、摇曳的花卉、艺术插花或水培花卉，营造出非同凡响的魅力；也可用两面透视的水族箱，将玄关与门厅进行分隔，又不影响房间的整体美观。还要注意植物的色彩与墙面的对比，如墙面色彩为白色或淡色的，可选择深色观叶和观花植物；如墙面色彩为深色的，应选淡色的花卉和观叶植物相配，使色彩对比鲜明、和谐自然。

4.1.3 客厅

客厅是接待客人和家庭成员聚集的重要场所，常与门厅和餐厅连接在一起，也可兼作工作室和影视厅。客厅是室内装饰的重点，客厅装饰的成败决定整个居室的装饰效果。客厅的装饰布置反映了主人的生活品位和文化修养，在绿化设计时应尽量突出精神要素的作用，展示主人的兴趣、特质，营造轻松、优雅、热情、大方、充满生机和活力的环境氛围。客厅以陈设沙发、坐椅、茶几、空调、电视及音响为主，在绿化装饰时要和这些室内陈设相结合，选择适宜的植物装饰形式，创造最佳的绿化效果。面积较大的客厅可在角隅处、邻窗两旁或沙发两边摆设大中型盆栽、组合盆栽、较大的花艺、盆景及造景水族箱等。盆景和花艺可放于高脚花架上，用于装饰室内角隅；水族箱配以足够承重的台几，放于客厅光线较好的地方；也可利用局部空间，采取组合式绿化装饰，配以假山石、微型水池、水车等，建立一个"立体小花园"，即把室外园林搬入厅室。面积较小的厅室，可选体量较小的盆栽、垂吊花卉、艺术插花等。茶几、台桌上可摆放小型低矮的盆栽、插花或瓶花，以不影响主客之间的交流与活动为度。电视机、音响等电器的旁边以摆放质地轻巧的盆花或插花，也可放置干燥花。

客厅的墙面、地板、家具颜色浅的，应配以深绿色观叶植物或色彩鲜艳的花卉；反之，宜选用淡绿色盆栽或色彩素净的鲜切花。装潢及家具较现代且豪华的客厅，适宜陈设姿态潇洒、形态奇特的盆花，如龟背竹、鹤望兰、鱼尾葵、散尾葵等；古朴典雅的传统式客厅，宜陈设具有我国特色的盆花、盆景或东方式插花等，如南天竹、梅花、兰花、菊花、竹等。客厅的绿化装饰还要考虑主人的情趣和文化涵养，如主人的艺术鉴赏力较高，可选造型丰富的花艺、组合盆栽或树木盆景，也可将绿饰植物与字画、工艺品相互衬托，形成不同的风格和文化内涵，突出主题，渲染气氛。

另外，客厅是居室中是面积最大的场所，也是利用率最高的地方。设计者应利用这一特点，集多种装饰方法进行绿化装饰。除用一般的盆栽、插花、盆景等进行陈设外，还可运用壁挂、垂吊、绿柱和绿帘等装饰手法。在避开人活动频繁的空间上方，如墙角、临界窗等处，设置垂吊，或在墙壁上设置壁挂植物，在沙发背后设计绿帘，让人置身于绿色屏风中，平添一份清新凉爽的惬意。

4.1.4 卧室

卧室是人们休息、睡眠的地方，具有较强的私密性。人的一生中有大约1/3的时间在这里度过，因此卧室绿化装饰的好坏直接影响人的身心健康和生活情趣。卧室的绿化装饰宜突出温馨、宁静、舒适的特点,起到不受外界干扰、有利于睡眠、有利于消除疲劳的作用。因此,卧室里选用植物的色彩以清丽、淡雅、柔和为主调,植株不宜过大,香味不宜过浓烈;家具陈设与绿化的量均不宜过多、过乱,要以清洁明快为主。此外,放置在卧室里的植物要具备耗氧低、无毒无异味、散发清香、有益于人的身心健康的功能。比如多浆植物是卧室绿饰的首选植物,因为大多植物白天在阳光下进行光合作用,吸收二氧化碳,放出氧气,夜间进行呼吸作用,放出二氧化碳,吸收氧气,这样,夜间室内的二氧化碳浓度提高,不利于人体的健康;而多浆植物的气孔在白天是关闭的,光合作用制造的氧气到晚上才释放,因此多浆植物在改善卧室环境方面有着很强的生态功能。带有微香的植物,如兰花、水仙、茉莉花、栀子花等放于卧室,香气袭人,沁人心脾,有利于促进人的睡眠和身心健康。

卧室绿化装饰的艺术特点应考虑以下几方面:

① 根据卧室的环境条件和主人的兴趣爱好,通过精心构思,将植物作为天然艺术品,进行合理布置,达到绿化美化的效果。

② 植物选择要体现少而精的原则。"室雅无需大,花香不在多",几片绿叶、几朵鲜花,即能使室内充满生机和灵气。如梳妆台或床头柜上放一盆小巧素雅的文竹,在衣橱顶上置一盆飘逸的长春藤,均可领略开眼见绿的意境。

③ 植物布置要因地制宜,精而不杂。通常在卧室进行绿饰的空间包括窗台、橱柜、床头柜、化妆台、墙角等。南向窗台可放置喜光的盆花或垂吊花卉,如仙人掌类、仙客来、矮牵牛等;北向窗台则以耐阴的观叶盆花为主,如万年青、绿萝等。橱柜顶部摆放茎蔓下垂的观叶植物,如绿萝、吊兰、绿铃、吊金钱等。床头柜或化妆台上多用鲜花插花或蝴蝶兰之类的盆花来点缀;角隅处可用一株散尾葵、棕竹或巴西木之类的中型植物来充实空间,或采用垂吊观叶植物来柔化角隅的生硬线条。

④ 卧室内绿化装饰要与墙面、地面、家具相协调。一般暖色基调的环境常采用粉红色、白色、金黄色花卉加以装饰,可营造高贵、典雅、甜蜜的气氛。色彩暗淡的卧室,可选择颜色较为鲜艳的花卉,以亮化空间,显示温馨、雅致的情调。在卧室内还可应用艺术插花、瓶花作点缀,更使空间充满生机。

⑤ 卧室绿饰应考虑主人的年龄和性格特点。

儿童房是用来学习、娱乐、休息和睡眠的小天地。其目的是为儿童提供一个安全舒适的生活场所,让其体会亲情、享受童年,并营造一个富有创意的成长环境,以启发智慧、锻炼能力、陶冶情操,为今后的人生创造条件。由于儿童天性爱玩、好动,且室内环境的好坏会影响儿童生理、心理的健康成长,因此,在儿童房布置一定要慎重考虑,选择植物要符合儿童的心理和生理要求,在色彩上以艳丽、明亮、欢快的植物为主;姿态上以叶形、花型或果型奇特,能激发儿童的好奇心和求知欲的具有趣味性的植物为佳,如变叶木、朱蕉、三色堇、文心兰、蝴蝶兰、兜兰、猪笼草、瓶子草、花叶芋、一品红、佛手、五指茄、彩叶草、蒲包花等;同时,要注意安全,不能把带刺的、有毒、有异味的植物,如含羞草、虎刺梅、夹竹桃等放入室内。配置形式上有盆栽陈设、垂吊、壁饰等,也可采用水养式装饰,将兰花、郁金香、马蹄莲、水仙、风信子等球根花卉,或易生不定根的观叶植物如绿萝、龟背竹、合果芋、竹节秋海棠等的带叶茎段置于紫砂、陶瓷等浅盆中水养,也可将形态奇特、色彩艳丽的观叶植物如文竹、天门冬、蕨类、洒金桃叶珊瑚等的叶片剪切下来,插入瓶中水养,摆放在柜台上;也可在其桌上摆放一盆小型水培鱼缸或水族箱,使山、石、花、鱼集于一体,可激发儿童的观察与学习兴趣,体会植物生长发育的整个过程,以此培养孩子从小热爱大自然的情趣。

老人房的绿化装饰应以简洁、清新、淡雅为主,尽量少用杂乱的装饰品,使空间显得宽敞明亮,有利于老人的生活起居。植物选择要结合老人的性格特点,可选万年青、虎尾兰(千岁兰)、一叶兰、龟背竹、兰花、百合、佛肚竹等植物。老人卧室的窗台和阳台上不宜放置大型植物,以免影响室内采光和老人的日常活动。尽量少用垂吊花篮或盆花做装饰,便于老人日常养护和管理。

青年人及新婚夫妇的卧房应体现青春、浪漫、温馨、和谐的主题,植物选择通常有百合、红玫瑰、蝴蝶兰、鹤望兰等观花植物及其他观叶植物。植物色彩的搭配要遵循动感、

图 4.1　老人房的绿化装饰

对比、和谐的原理,避免色彩过多、过杂。可在室内摆放经过园艺艺术加工的造型花卉或花卉小品,为室内增添浪漫气息。

4.1.5　书房

传统的书房是人们用来工作学习、阅读书报及思考写作的地方,空间常不大,主要的家具有书柜或书架、书桌、博古架、沙发等。书房是半私密性空间,可与卧室合用。从功能上讲书房有两种类型,一种是传统的书斋式书房,以读书、学习、写作为主;另一种主要用于工作,可以称为家庭工作室。随着信息产业的发展,许多人不必每天到办公室上班,他们可通过计算机、传真机等现代化设备在家中办公,如美国已有 4000 万人成为家庭办公族。因此,书房的功能已从传统意义上的读、写、画等个性功能扩大到现代家庭办公室或工作室的范畴,即现代意义上的书房。

书房的绿化装饰应突出明、静、雅、序的特点。明即光线充足,明亮但不刺目,所用植物在色泽上应以明亮柔和的色调为主。静是指房间应安静、无噪声,不影响写作、阅读、思考等工作。雅是指绿化装饰不要繁琐、花哨,格调宜素雅、清雅、优雅。序即绿化要井然有序,切不可乱摆乱放,既影响交通,又影响工作效率。用植物进行绿化装饰,不宜华丽、奢侈,要能营造宁静、雅致、整洁并具有勤俭朴实、激人奋进的环境氛围。选择植物时应尽量避免过分艳丽的花卉,也不宜用高大的花株或臃肿大盆,应选用优雅素淡、冷色清奇、书香气浓、文墨古朴一类的盆栽花卉。一般在书桌上摆放一盆玲珑小巧的文竹或小型水竹或微型盆景,体态优雅、婀娜多姿的盆花定会激发读书的雅兴或创作的灵感;书柜顶端置一盆悬垂的吊兰、绿萝或常春藤等垂吊观叶植物,使其茎叶垂飘、四处摇曳;博古架是反映主人的品位和情趣的雅物,其上常分层摆放数盆盆景或文竹、水仙、兰花之类的盆栽,往往会营造一种古色古香的气氛,带给人超凡脱俗的感觉。茶几、沙发角隅等的绿化装饰同客厅。

4.1.6　餐厅

餐厅在现代家庭生活中占重要地位,它不仅是家人围坐进餐的场所,也是宴请宾客、相聚

交流的地方。按照我国的习俗,共同进餐是相互交往的重要礼仪,故餐厅的植物装饰要创造温馨、柔和的环境气氛,能让家人与宾客心情开朗并愉快地用餐。

餐厅的绿饰要求卫生、安静、舒适,以简练随和为主调,以淡雅、清爽、明丽的色调为佳。餐厅的布置可分为餐桌上的布置和餐桌外围的布置。餐桌上的布置以艺术插花、小巧低矮的盆花或水养瓶花为主,以营造"秀色可餐"的环境气氛。虽然餐桌形状有圆形、长方形、方形和椭圆形等,但在用餐时人都朝向餐桌中心,所以花宜放于餐桌中间,构成视觉焦点,一般花的高度以不超过25cm为佳。餐桌插花可按不同环境特点制作成不同风格的花艺作品,如东方古典式的、西方现代式的或现代自由式的花艺类型。花艺作品的创作要与主人的爱好品位一致,还要与餐桌的形状、餐厅色调和谐统一。另外可选择一些开红黄暖色花朵的时令花卉放置在餐桌上,因为暖色花系较能刺激人的食欲,如春天用郁金香、喇叭水仙等,夏天用唐菖蒲、红花石蒜等,秋天用菊花,冬天用比利时杜鹃、仙客来等。餐桌所用的植物必须生长健壮、干净鲜活,如果植物太脏或叶子上有病、虫等,会使客人倒胃口,并让主人难堪。另外,餐桌摆放的植物不应有强烈的气味,非常香的花会掩盖食物的气味,有刺激性气味的植物会让人很不愉快。

餐桌外围的布置也应根据环境条件和餐厅的布局特点来进行。作为独立餐厅,空间相对比较大,可选择中等的观叶植物为好,也可采取悬吊、壁饰或放置在高几架上的方式,所用的植物有蕨类植物、吊兰类、椒草类、合果芋类等;冰箱上可放置一盆淡雅的蕨类盆花或人造花卉;餐厅角隅可摆放较大的观叶盆栽,或放置一个组合花架,集中摆放小型盆栽。合用餐厅的空间较小,一般餐厅和其他功能空间之间有个隔断,如透空的架橱、博古架或简单的矮柜,可选用小型盆栽如仙人球、十二卷、虎刺梅、景天等较耐阴和耐旱的植物在隔断上进行装饰美化。没有隔断陈设的餐厅,可采用大型观叶植物,如攀附蛇木柱的绿萝或蔓绿绒、棕竹、橡皮树等成排摆放于地面形成天然植屏,将餐厅与其他空间隔开,形成独立的就餐环境。餐厅的盆栽陈设不能太多,以免造成空间拥挤,妨碍正常的就餐活动。

4.1.7　厨房

我国传统的居家环境及生活方式中,厨房要进行烹、炸、煎、炒等活动,室内温度和湿度很不稳定,且日用零碎物品较多,一般不考虑绿化装饰。随着人们生活水平的提高,加上国内外住宅建筑设计与室内设计交流不断频繁,人们在欣赏国外一尘不染、色彩温馨、绿意盎然的厨房的同时,对自己的厨房装饰提出了更高的要求,厨房绿化装饰已成为家庭居室绿化装饰一个重要组成部分。

厨房的绿化装饰原则为"宜简不宜繁,宜大不宜小",布置时不能零乱,切忌在妨碍操作的位置上摆设花卉,要充分利用窗台、橱柜、冰箱或墙面进行装饰。由于厨房一般在北面,有光照较弱、油腻重、空气湿度大、温度高的特点,在植物选择上,要以耐阴、不易玷污、生命力强、抗烟、抗污染的植物种类为主,如蕨类、吊兰、吊竹梅、绿萝、常春藤、水竹、冷水花等。可在窗台上放置一些喜光又耐水湿的花卉,如郁金香、风信子、旱伞草等;或将大蒜、葱、洋葱等蔬菜直接种于花盆中,放于窗台上,既美化了空间,又可随时取用;也可将鲜切花或切叶与蔬菜、瓜果等组合水培栽植作为点缀,形成别具一格、富有田原之野趣的装饰效果;在操作台上,可将日常食用的各类蔬菜及瓜果,按插花的艺术理念,摆放在果盘内,既是储存,也能起到装饰的效果;食品柜上可放置鲜切花或茎叶下垂的植物,如吊兰、吊金钱等,将食品掩映其间。在不影响通行和操作的前提下,空余处可用中型盆栽植物如一叶兰、绿巨人、虎尾兰、鹅掌柴等进行填补。此外,厨房不应选用那些花粉多的花卉及有毒的花木,如大丽花、唐菖蒲、百合花、夹竹桃、夜来香等。

4.1.8　卫浴间

卫浴间是卫生间和浴室的合称,一般有浴缸、淋浴器、洗脸池、便器等。卫浴间的环境特点是:空间较小,光线较暗,空气相对湿度大,有异味,因此需经常保持通风换气,才能使室内空气清新自然。

随着住房条件的改善,卫浴间已从原先的以满足人们基本使用要求为唯一目的,朝多功能化、休闲化、舒适化方向发展,这已经成为卫浴间装饰的主要目的。根据现代卫浴间装饰设计要求和人体工程学原理,卫浴间划分为两个小空间,中间可用实体隔断或软隔断。现代卫生间的洁具在用色上也不再是过去单一的白色调了,黑色、蓝色、绿色、红色等色彩多样,墙面也开始有了纹饰多样的腰砖、花砖来点缀,地砖也有色彩相嵌。但这些硬质装修无论多华丽,给人的感觉都是生硬的、冰冷的、无生机的。因此,选择一些装饰性强、无毒无污染并具微香的植物进行室内绿化装饰,既可改变卫浴间生硬、冰冷的空间特点,又可营造一种整洁、安静、舒适的环境氛围。

图 4.2　卫浴间的绿化装饰

卫浴间的绿化装饰宜选用耐阴、耐水湿、体态玲珑精致的观叶或观花盆栽植物,如蕨类、秋海棠、竹竽、葡萄藤、一叶兰、龟背竹、绿萝、常春藤、吊兰、冷水花等,也可选用轻盈的小型插花或水培花卉;在卫生间的窗台上放置 1～2 盆小型蕨类或旱伞草,也可在不影响光线穿透的情况下于窗沿上吊挂几盆垂吊花卉;浴缸旁边若空间较大,可放置 1～2 盆中小型观叶盆栽;洗脸台上部墙面若设有大型镜子,可在洗脸台两侧墙面或一侧墙面上放置艺术插花或水培花卉,通过镜子照映,使景观重叠展现,扩大了空间的层次感;也可在洗脸台角隅处摆放一盆小型且耐水湿的观叶盆栽或时令花卉,如风信子、郁金香、水仙花、仙客来、瓜叶菊、一品红、四季海棠等,起到画龙点睛的效果。

4.1.9　阳台

阳台是指建造在楼层上并凸出于室内的那部分平面,它的一面、二面、三面不与建筑物的墙体相连,形成露天或有顶的室内或室外空间。从室内绿化装饰的角度,阳台绿化分阳台内部及阳台外墙两部分。阳台内部绿化既可美化居室,同时也是家庭绿化植物在不同季节更换及养护的重要场所。阳台外墙绿化可以丰富建筑外墙,增加城市景观。

4.1.9.1　阳台环境特点

阳台环境条件与阳台的封闭程度、朝向、高度及有无屋顶等有很大关系。随着季节的变化,同一朝向的阳台环境条件变化很大,尤其是封闭阳台的阳台内部。因此,进行阳台绿化装饰时要均衡考虑,且随季节变化随时更换植物种类。同一季节中不同朝向阳台的环境条件同样差异较大。

（1）南阳台　初春时期，随着太阳高度角渐渐升高，阳台内部光照增强，温度逐渐升高，在晴朗的天气，多数花卉均可来此养护。夏季光照强烈、风大、空气干燥、温差变化大等均不利于花卉生长，一些多浆花卉大多都能忍受干燥和强光照，哪怕管理再粗放，也不会死掉，如金琥、仙人球、虎尾兰、石莲花、三棱箭、芦荟、燕子掌、长寿花等。另外，一些喜阳的草本花卉，如蒲包花、鸢尾、萱草、石竹、矮牵牛、翠菊、彩叶草、孔雀草等放到南向阳台种植摆放也很适宜，但要注意及时浇水，每隔2～3周施一次肥水，有利于花卉生长，若管理得当，有些可连续不断有花，可保持2～3个月的艳丽花期，如矮牵牛、彩叶草、孔雀草、万寿菊。另外，南向阳台也是多数花卉冬季和早春时节通风透光、呼吸新鲜空气的好地方。秋季的阳台光照充足，温差变化较大，可根据天气状况决定将植物摆放在阳台还是室内。

（2）北阳台　北阳台光照不足，气温较低，冬季寒冷，夏季阴凉，可以根据阳台的面积和使用要求选用一些耐阴植物，如八仙花、玉簪、椒草、喜林芋、吊兰、合果芋、袖珍椰子、银苞芋、兰花、万年青、冷水花、一叶兰、文竹、棕竹、蜡梅、蕨类、龟背竹、绿萝等。同时，北向阳台也是不耐暑热植物夏季避暑的好地方。

（3）东、西向阳台　东向和西向的阳台条件大致相同，平均一天只有3～4个小时的直射光，西向阳台在下午两点左右光照最强，而东向阳台光照最强的时间是在上午。为了遮挡烈日，可盆植藤本花卉，如金银花、长春藤、牵牛花等，并附以引绳、支架，使其形成花蔓缠绕的绿色屏障。

4.1.9.2　阳台内部绿化装饰方法

作为住宅建筑组成部分的阳台内部，其绿化装饰首先要满足室内的观赏效果，还要考虑住宅建筑的整体装饰要求，营造出四季有景、季季如诗如画的景观。

（1）地面摆放　这是最简单最常见的阳台装饰方法，即把盆栽植物按照大小、高低进行错落有致的摆放。摆放时要结合阳台内部不同部位之间环境条件的差异，将不同习性的植物安排在合适的位置。地面摆放一般有两种方式：一是分散式，用于空间较小的阳台，即将喜光耐旱的植物放在高处有阳光直射的窗台上，喜半阴的植物放在低处靠外侧墙的一侧；体态较大、枝叶浓密的植物可放在阳台两侧墙边或墙角。要注意留出空余部分，方便人的活动。二是组景式集中摆放，这种摆放方式适合用于空间较大的阳台，根据摆放植物的种类及花文化的不同，形成具有不同主题风格的景观，如春季，气温较高、空气湿度较大时，将较高的观叶植物放在后面作背景，观花或彩叶类植物放在中间作焦点，矮小或枝叶下垂的盆栽花卉摆放在最前端，形成疏密有致、层次分明的热带景观；在夏季的南向阳台，用白色或彩色石英石做铺垫，将多浆植物放在其上进行艺术组合，形成沙漠风情景观；在秋季，可将各色菊花、彩色辣椒、稻穗、芦苇及各色瓜果组成一幅表现秋天丰收喜悦的景观。

（2）花架装饰　即利用不同形式的花架组合摆放中小型盆花。这种方法具有空间利用上的优势，打破了地面摆放过于平面、单调的格局。花架的类型主要有传统的阶梯式、博古架式及现代的不规则自然式等。用阶梯式花架进行装饰时，可在每层布置不同种的植物或相同植物具有不同花色的品种，如可将花色分别为白、红、蓝的矮牵牛品种分别置于不同层的花架上，产生花墙般的景观效果。博古式花架适合与小型盆景、小型仙人掌类植物及其他多浆植物相配合进行装饰。自然落地式花架形态各异，飘逸洒脱，可选用造型盆花与之相配，也可用枝叶下垂的植物如吊兰、绿萝、鸭跖草、吊金钱、蟹爪兰及观赏蕨类等与之相协调。

（3）悬吊装饰　即利用垂吊植物进行阳台空间装饰的方法。这种方法能丰富空间层次，

图 4.3　阳台内部绿化装饰

增强立体感,适于空间较小的阳台。这种装饰方法需要在顶上安装吊环,用于悬挂垂吊的花盆。用于阳台悬吊的花卉有吊兰、蔓生天竺葵、常春藤、多孔龟背竹、粉藤、吊竹梅、鸭跖草、蕨类、蔓长春花、三角花、吊金钱、绿铃、吊金钱、蟹爪兰、秋海棠、绿萝等。可悬挂多个吊盆使之高低错落有致,也可将 2～3 个吊盆上下串联于一起,增加空间的趣味性。悬吊时要注意吊盆与吊盆之间外观上的构图美和色彩搭配,还要注意吊盆或吊篮的定位,不要影响光照与通风,也不能被风吹落。

　　(4) 格子篱、内隔网装饰　格子篱和内隔网是吊挂吊盆或吊篮常用的工具。格子篱有木质的、竹质的,也有金属做的。有下部带有种植箱、可移动的屏风式的格子篱,也有折叠式的格子篱,应用时可根据阳台空间大小选择合适的形式。在阳台的内墙及外墙均可安装格子篱,减缓来自墙面的光线反射、西晒及强风的侵袭,同时使单调的水泥墙面变成一道花团锦簇、栩栩如生的花墙。

　　内隔网常用于空间狭小、墙面色调明亮或铺有花砖的阳台。这种网架不占地方,可直接固定于墙面,也可利用直立杆柱辅助固定。安置内隔网后,可直接用钓钩将花盆固定在网架上,给人以明亮、轻快的感觉。若阳台扶手下方用的是强化玻璃,选用内隔网有利于保持良好的光照。对于空间狭窄的阳台,应用格子篱常给人以压迫感,而设置不占地的内隔网,可增加空间自由度。

　　4.1.9.3　阳台外墙绿化装饰方法

　　(1) 地面栽种　地面栽种在建筑外墙统一进行绿化装饰,即在底层地面种植可攀爬的植物,如爬山虎、凌霄、常春藤等,通过植物在外墙的攀爬生长,扩大墙体绿化面积。这种手法不需特殊的装置,适合不高的多层建筑,不适合高层建筑的外墙绿化。但这种装饰方法达到预期效果的时间较长。

　　(2) 种植槽装饰　种植槽外墙绿化装饰较灵活,随时随地均可进行,尤其适合高层阳台外墙的绿化装饰。种植槽一般有固定式和活动式两种。固定式种植槽是指与阳台土建同步,建房时就预先设置好的各种形式的混凝土种植槽,它可设置在外侧墙的周边上和沿阳台的围栏上。由于这种种植槽换土较困难,且槽底大都没有漏水孔,因此,一般直接将盆栽植物置于槽中进行组合摆放,等植物凋萎后,再将盆花撤走,重新填充新的盆花。

图 4.4　阳台外墙的绿化装饰

　　活动式的种植槽实际上就是各式各样的长方形种植箱。在近几年的阳台园艺中,利用种植箱代替盆栽进行绿化装饰已蔚然成风。跟盆栽相比,种植箱的优点在于其容量大、盛土多,既能减少平时浇水次数,又能同时种植多种花卉,展现花卉的群体美。目前流行的种植箱,质地较轻,大小适中,便于移动,也能吊挂于栏杆上。多数植箱底部具双层,既可以蓄水,又可以防止过多水分流出箱底污染环境,多用于垂直空间及屋顶绿化使用。

　　市场上生产种植箱的厂家很多,制品大小、形状各不相同。一般阳台所用的植箱大小为长60cm、宽 22cm、高 20cm 左右,使用最为方便。植箱越大,盛土越多,根系伸展的面积越广,因而有利于长期栽培;但若阳台面积较小或承载力弱,以中小型的种植箱为好。

　　种植箱内种植的植物要考虑植物种类、株数、花色搭配、整体协调性等方面的问题。种植植物以草花为主,如三色堇,若单行栽植,每箱种 4 株;若双行栽植,每箱植 6 株为好。矮牵牛、四季海棠等花期长、株形较大的草花,可单行植 3~4 株。翠菊或半支莲等花型较小的花卉,以两行植 8~10 株较适宜。种植箱内既可栽一种花卉,展示单一的花色;也可栽植多种花卉,使花期轮流交替,延长观赏期。对于色彩丰富、品种较多的花卉如瓜叶菊、四季报春、矮牵牛、彩叶草、八仙花、金鱼草等,可将花色不同的各株种于一起,其群体色彩效果比单一色更强。色彩搭配可运用对比色、近似色等处理方式。采用同种花卉时,可用黄色和蓝色的三色堇、红色与白色的矮牵牛、橙红色与黄色的万寿菊等进行组色。也可用不同种花卉搭配,如用一串红与黄色孔雀草、红色天竺葵配白色香雪球、红色郁金香周围配以蓝色三色堇等。多色搭配时要注意株型和花期的一致性,配色前要事先充分了解每种花卉的习性和特征,才能制造完美的色彩效果。

4.2　饭店室内绿化装饰

　　饭店一词源于法语,原指富贵门第或官宦之家所拥有的宏伟而豪华的宅邸,是主人们款待宾朋的地方,也是一般人赞赏和向往的去处。后来,英美国家沿用这一名称来指所有商业性的住宿设施。在中文里表示住宿设施的名词有很多,例如旅馆、宾馆、饭店和酒店等。由于我国国家旅游局将现代宾馆统称为旅游涉外饭店,故本书使用了"饭店"这一词。现代饭店是由客房、餐厅、酒吧、商场以及宴会、会议、通信、娱乐、健身等设施组成,是能够满足客人在旅行目的地的吃、住、行、游、购、娱、通信、商务、健身等各种需求的多功能、综合性的服务场所。

　　饭店室内绿化装饰是直接为客人提供精神享受的方式,它能在一定程度上改善室内环境,满足客人身心愉悦的要求。现在绿化规划方案已明文规定,四五星级酒店必须在室内设置植物景观,室内绿化装饰水平的高低成为评定宾馆星级的必备条件之一。另外,酒店为了吸引顾客前来就餐住宿,让顾客达到"宾至如归"的感觉,不但装修豪华,同时通过分析酒店性质及来往客人的特征,综合运用大部分客人喜爱的盆花、吊花、插花、干花、盆景等进行绿化装饰。

图 4.5　北京建国饭店入口的绿化装饰

4.2.1　饭店入口绿化装饰方法

　　饭店的入口是宾客们的必经之处,逗留时间短,交通量大,联系与渗透着室内和室外空间。应通过植物巧妙组合,从出入口台阶起,经门到门厅,使这三个空间联系在一起,形成一个由外到内的空间流动。其植物景观应具有简洁鲜明的欢迎气氛。在正对大门入口前方,可选用较大型、姿态挺拔、叶片直上、不阻挡人们出入视线的盆栽植物,如棕榈、椰子、棕竹、苏铁、南洋杉等;也可用色彩艳丽、明快的盆花,组合成各种几何图形的花坛、树坛等,或结合园林小品如假山石、喷泉、雕塑等形成园林小景。如北京建国饭店的入口,在饭店标志基周围配置与标志基等高的喷泉,喷泉外围配置色彩鲜艳的盆栽花卉,鲜花与喷泉均以饭店标志基为核心,喷泉增加了动态景观,同时也给周围的花卉补充空气湿度。

4.2.2　大厅

　　饭店的大厅,又称门厅、大堂,是客人办理住宿登记手续、休息、会客和结账的地方,是客人进店后首先接触到的公共场所。大厅必须以其宽敞的空间、华丽的装潢,创造出一种能有效感染宾客的气氛,以便给客人留下美好的第一印象和难忘的最后印象。因此,许多宾馆经营者将此处的绿化装饰当作招揽顾客的手段。大厅的绿化装饰是整个宾馆饭店各功能空间装饰的重点,应根据大厅的设计风格、特点,做到重点突出,主次分明,营造豪华、气派、自然及热烈盛情的空间气氛,同时在装饰原则上既要体现中国传统艺术风格之美,又要具有异国风情之韵味。

饭店大厅的绿化装饰主要包括以下各功能分区的绿化装饰：

图 4.6　饭店大厅的绿化装饰

4.2.2.1　大厅的正中央

大厅正中央是绿化的视觉中心和最具观赏价值的焦点，也是体现宾馆室内绿化风格和布局的标志。通常在大厅中央设置一大型艺术插花，再配以协调的几架；也可在中央砌筑种植槽，配以盆栽观花、观叶植物，组成植物群落；或结合水池、水车、山石、酒坛等小品进行组景，构成焦点景观。

4.2.2.2　总服务台

简称总台，是为客人提供住宿登记、结账、问询、外币兑换等综合服务的场所。总台常用艺术插花进行装饰，置于服务台一侧。若服务台的外形为"L"，可将插花置于转角处，以缓和转角生硬的线条。总台两侧也常用大型盆栽摆设，以突出总台的位置。

图 4.7　饭店总服务台的绿化装饰

4.2.2.3　会客处

会客处作为接待客人的活动场所，在整体景观上要求制造盛情迎客且优雅的气氛。绿化装饰主要在沙发两旁、背面、转角处进行中大型植物装饰，如散尾葵、绿萝、棕竹等，而茶几上以小型插花或插花小品为宜。此处也可采用借景法，如果室外有精美的庭院，采用落地玻璃窗，将室外景观借到室内，使坐在茶座中人如置身于精美的园林庭院中，如北京长富宫饭店、建国门饭店和香格里拉饭店的茶座均采用借景法。

4.2.2.4　大厅楼梯

楼梯上可每隔数级布置一盆观叶或观花植物，形成连续或交替韵律。楼梯转角平台上，可配置龟背竹、棕竹、橡皮树等大中型观叶植物，预示方向的变化。楼梯栏杆可用常春藤、绿萝、

图 4.8　饭店茶座的绿化装饰

吊兰等垂吊植物进行垂吊观赏。楼梯下方,尤其是楼梯转角的下方,必须进行绿化,以免造成死角。例如,南京维景酒店将山石、植物、水池等相结合,构成自然式的山水景观。

　　此外,在大厅的绿化装饰中,还要充分结合灯饰、壁画,使绿化与之融为一体。通过大厅顶部滤光玻璃透入阳光产生的光影效果,不但使静态的空间变得活跃,也使大厅四周的内廊有了一个更为生动的观赏焦点。大厅空间上半部分可利用垂悬植物,结合灯光布置的几何线条,形成垂悬色带,同景观楼梯的垂直线条相呼应,在增加飘逸动感的同时,形成完美的大厅空间。

4.2.3　客房

　　客房是提供宾客休息的场所。按档次高低和建筑结构不同,可将客房分为单人间、标准间、高级客房、套间及

图 4.9　饭店楼梯拐角的绿化装饰

豪华套间等。套间是指两个或两个以上的房间组合而成的客房,根据房间间数的多少和组合方式,有普通套间、立体套间、组合套间、豪华套间和总统套间等。不同类型的客房要采取不同的绿化方式。但客房作为休息与睡眠的地方,宜创造宁静、舒适、雅致、温馨和轻松的环境氛围。

4.2.3.1　单间

单间是指放一张大床的客房。在饭店的各种客房类型中,单间数量不多,适合于从事商务旅游及夫妻居住。新婚夫妇使用时,又称"蜜月客房"。此类客房的绿化装饰要突出幸福、和谐、温馨的特点,迎合游者的心理需求,激发其游兴。可采用艺术插花、花篮或瓶花等进行装饰,以暖色调为主,再配以姿态优美的观叶植物,使整个房间看起来既美观又舒适。

4.2.3.2　标准间

标准间在饭店客房类型中占有较大的比例,通常占 70%~80%,一般用来安排团队或会

图 4.10　饭店客房的绿化装饰

议客人。绿化的重点为玄关、床头柜、茶几、飘窗、室内角隅及卫生间等地方。玄关面积较小，常用艺术插花进行装饰；床头柜、茶几上一般以插花、小型盆花为主；飘窗或窗沿上可置悬垂植物；角隅处可摆放柱状绿萝、巴西铁、马拉巴栗等直立中型植物，以创造朴素、大方、热情的气氛。

4.2.3.3　豪华套间

又称高级套间，特点是装饰华丽、气氛优雅、用品完备、功能齐全。豪华套间可以是两套间，也可以是三套间，甚至是由更多房间组成的多套间。三套间中除会客室、卧室外，还有餐厅或会议室，卧室中配备大双人床或特大双人床。多套间则还有书房、厨房等功能型房间。豪华套间的绿化装饰一定要与整个套间及其设施的结构、色彩、比例、质地等相统一，体现"豪华"的特质。植物可选用名贵的花卉，如蝴蝶兰、大花蕙兰、文心兰、鹤望兰等，也可采用高档气派的观叶植物，如国王椰子、富贵椰子、假槟榔、酒瓶兰、瓜栗、富贵竹、造型榕树等。绿化方式可用多种手法，如用落地摆放大型盆栽、几架放置盆花、悬垂装饰、艺术插花、盆景及树木造型装饰等。此外，在盆栽容器的选择上要尽量选用外观精美、豪华气派的瓷盆或套盆。

4.2.3.4　总统套间

简称总统房，又称皇家套房。总统套间一般由五个以上的房间组成，包括总统卧室、总统夫人卧室、会客室、会议室、随员室、餐厅、酒吧间以及厨房。总统套间造价昂贵，装饰极其富丽堂皇，常有名贵字画、古董、珍宝摆设其中。总统套间的绿化可参照豪华套间的绿化方式，并在此基础上极力营造皇家气派和氛围。

4.2.4　餐厅

宾馆饭店的餐厅是宾客饮食进餐的场所，其绿化装饰既要显示富丽堂皇，又要使人感觉到高雅、洁静、亲切和热情。植物方面宜选择大型的观叶植物，配以艳丽多姿的花、叶共赏或观花植物，以烘托热情、豪华、典雅的气氛。如餐厅进门的地方，可摆放一盆大型日本五针松或罗汉松盆景，并用合适的几架衬托，起到"迎宾"之意；在墙角摆放大型的橡皮树、棕竹等观叶植物，以显示友谊长存。大的宾馆、饭店还可按照园林式的手法绿化、美化餐厅，如在餐厅显眼的地方，砌筑小型水池，置假山石，种修竹，再配以酒坛等，将古代文人墨客最喜爱的竹、石、酒、水四宝汇于一起；也可采用屏风式绿化装饰，配以名人字画、壁画等装饰品，使宾客在清新优雅、古朴大方的气氛中尽情地进餐和联欢。

餐桌花是酒店餐厅绿化装饰的点睛之笔,也是渲染环境和影响宾客食欲的重要因素。餐桌花的布置以艺术插花、小巧低矮的盆花或水养瓶花为主,以营造"秀色可餐"的环境气氛。餐桌花宜放于餐桌中间,构成视觉焦点,可按不同环境特点制作不同风格的花艺作品,如东方古典式、西方现代式或现代自由式花艺类型。

图 4.11　饭店餐桌的绿化装饰

4.2.5　走廊

走廊是引导人们进入宾馆各功能空间的场所,常带有浪漫色彩,给人以轻松、愉快的感觉。走廊有廊式与巷式之分。廊式为半开放式走廊,一面是墙壁,另一面为栏杆或矮墙,绿化装饰多在栏杆一侧或矮墙上设种植槽、种植箱进行布置。巷式走廊为封闭式走廊,两侧皆为墙壁,光线暗淡,一般辅以人工光照。进行绿化装饰时,要尽量体现韵律的原则,使人在走廊内行走,可随着植物有韵律地摆放,产生起伏变化的动感,令人愉悦。地面可摆放盆栽耐阴植物,如八角金盘、洒金桃叶珊瑚、棕竹等,或在墙壁上装饰耐阴观叶植物。

4.2.6　酒吧、咖啡厅

酒吧与咖啡厅是人们休憩、会友之处,应力求创造一种轻松、亲切的感觉。植物配置要与酒吧、咖啡厅的主题和室内环境相协调。一般在吧台、服务台上用艺术插花或瓶花作装饰;为了更好地渲染环境气氛,可在顶部设置一个葡萄架,配置绿萝、常春藤等藤本植物,让其茎蔓自由下垂,点缀顶部空间;也可应用人造花,如仿真的葡萄、鲜花等点缀其上,让人在休憩之余可欣赏到花、果之美;周围墙壁可悬挂壁挂式盆花或花艺,并与灯具、壁画和框景融为一体。

4.2.7　美容、美发厅

美容、美发厅的植物配置应与美容美发的主题相一致。植物选择上,要求形美、色佳。美容美发厅一般空间较小,人员复杂,流动量大,绿化装饰以不妨碍服务人员的工作及客人的心理享受为主。服务台和镜台一侧可装饰艺术插花,室内角隅处配置绿萝、散尾葵、棕竹等观叶植物,壁面可用壁挂式盆花或花艺。

4.3　办公场所的室内绿化装饰

4.3.1　办公楼门前的绿化装饰

办公楼门前的绿化是室内绿化的有机组成部分,把它们作为一个整体来处理才能达到进一步美化装饰的目的。办公楼门前绿化应遵循的两个原则:一是应满足功能要求,绿化不能影响人流与车流的正常通行,也不能阻挡行进的视线;二是门前绿化应反映出建筑的特点,在形式、风格上要与建筑相协调,并尽量体现出办公楼的特性。如学校办公楼门前的绿化,可用一些不规则花坛及一些自然式配植的树丛,以表达一种轻松、愉快、活泼向上的感觉;一些国家行政单位的门前绿化可考虑用规则式、对称式绿化布局来表现庄严、严谨的气氛。

办公楼门前绿化的形式多种多样,但无论采用对比或是协调法,都应遵从美学及实用的原则,与周围环境和门厅绿化相统一,在植物种类选择上要考虑总体的环境效果。

办公楼门前的绿化可用地栽和盆栽装饰。地栽植物配置要考虑到建筑物入口的功能,如一些政府办公楼前常设一个供集散用的广场,此处地栽植物的配置一般采用规则式种植方式,从植物种类到面积上力争均衡对称,使门前绿化成为连接城市和办公楼的有机纽带。一般办公楼门前绿化面积不会太大,因此,植物种类选择上应避免过多过滥,常绿和落叶树种、乔木和灌木、裸子植物和被子植物、观花与观叶植物等要合理搭配,既要有四季季相变化,又要有艺术感染力。同时,地栽植物的配置还要满足植物生态条件的要求,科学配置,合理种植,做到适地适树,并突出地方风格。如阳性植物应配置在上层或无遮阴的地方,阴性植物应配置在下层或背阴处,并根据植物种间关系合理配置。

用盆栽植物进行办公楼门前的绿化组景具有很大灵活性,如在节日或庆典之际,可采用较大型的观叶植物,如苏铁、南洋杉、散尾葵等进行对称摆放,列于大门两边,呈现垂直形或扇形。若门前场地较大,可迎门组摆一个圆形或半圆形的小花坛或立体花坛。选择多处于生长旺盛期或盛花期的时令花卉,这种装饰层次分明,高低有致,色泽不一,起到较好的点睛效果,在发挥入口功能和美化环境方面都能起到突出作用。

4.3.2　办公楼门厅的绿化装饰

办公楼门厅一般都宽敞高大,为敞开性空间,起着空间过渡、人流集散的作用。植物选择以色泽鲜艳、明度高的暖色调为主,渲染出一种热情奔放的气氛,让人步入厅内,有一种备受欢迎的感觉。门厅绿化设计要与门厅内的墙壁、地板、天花板及家具的质地、肌理、色泽、风格以及空间大小相协调。绿化植物可与室内陈设形成细腻与粗糙、柔软与坚硬的肌理对比,同样达到很强的装饰效果。门厅大的可设花坛,种植高大乔木,形成空间共享;门厅小的可在墙四周

图 4.12　办公楼门厅的绿化装饰

简单地布置盆栽植物或在靠窗的地方悬挂观叶植物，起到锦上添花的作用。

　　办公楼人流较多较杂，绿化植物易受到人们的采摘和破坏，因此，人的行为因素不可忽视，特别像中、小学及幼儿园等单位，在人很容易到达的地方，如沙发角、门两侧可考虑布置一些硬质植物，如橡皮树、棕竹、南洋杉等。

4.3.3　办公室的绿化布置

　　办公室里的陈设通常有办公桌椅、办公文柜、办公文件等，气氛显得沉闷呆板，给工作人员带来无形的压力，使精神疲倦，影响工作效率。而植物会给人带来轻松、愉快感，使人心情舒畅。因此在办公室里进行恰当的绿化布置，是现代化办公室装饰中不可缺少的环节。办公室绿化应与整个室内布置装饰同时进行，所采用的绿化植物与办公室的空间大小，办公家具的体量、形态相协调，起到缓和柔化空间，使办公室更富生机和人情味。同时，办公室一般人流量较大，工作繁忙，故绿化布置不宜过多，一般选择易养护且维持时间长的植物种类，尤以各类观叶植物较多。植物摆放的位置不易为人们所经常碰触为度。

　　办公室绿化除了改善环境、缓解氛围外，另一个重要功能就是隔离。现代办公室面积宽大，常采用高大的观叶植物将室内各个工作区间分开，形成一个个似隔非隔、似透非透的半私密工作空间，使隔透相间，形成绿色屏障，这比单纯用玻璃或其他隔离材料要好得多。

　　办公室绿化以简洁、清新为主，突出清静幽雅、美观朴素的风格。面积较小的办公室，可合理利用窗台、墙角及办公桌等点缀少量植物，如在角落中摆放一盆中小型香龙血树或散尾葵；在窗台上摆放一两盆花叶芋、变叶木、金边虎尾兰等；也可在靠近无人走动的窗前垂吊 1～2 盆绿萝、鸭跖草、迷你龟背竹等；在办公桌上点缀一盆小型的四季秋海棠、非洲紫罗兰等；或将鲜切花、切枝、切叶等直接插在玻璃瓶中水培，摆放在书桌一角；也可将具有一定韵味和含义的插花作品或植物与山石相配的盆景点缀于办公桌一侧，起到美化空间、活化角隅的作用。面积较大的办公室，还可设立一个多层次的花架，放在沙发或窗台旁，架上摆放各种小型的观花植物、观叶植物、盆景、瓶花等，体现绿化装饰的群体美和层次美。

4.3.4　会议室和接待室的绿化装饰

会议室是工作人员制定决策、商讨事宜、洽谈业务的地方,这是开放性的空间,植物装饰以美观大方为主,植物种类不宜过于繁多,不能像门厅那样进行大手笔渲染。体量大的盆栽植物宜放在角隅、桌边,尽量不要妨碍房间的功能。小型盆栽植物可放在几架上,也可利用悬垂植物做壁挂和垂吊装饰,以扩大绿化空间。会议桌的绿化布置可以给与会者带来愉快的心情,使气氛融洽友好。会议桌在绿化布置时,以不阻挡人们的视线、不妨碍相互交流为度。一般会议桌宜放置体量小的花饰,如水平插花或线条简单的瓶花等,如带中心花池的会议桌,可在花池中摆放小型盆栽植物,以观叶植物为主;会议内容比较严肃的,不能过多使用大体量的艳丽花卉,以免影响会议的严肃性和谨慎度。

图 4.13　接待室的绿化装饰

4.4　服务性场所的室内绿化装饰

4.4.1　商场与超市的室内绿化装饰

商场与超市是人们购物和消费的地方,其环境特点是:货物贮存多,人流量大,空间拥挤;温度变化小,通气状况差;太阳光照射较少,主要以日光灯采光;空气污浊,有害气体多。针对商场与超市的环境特点,选择耐阴、耐旱、耐机械伤害、吸收有害气体强的室内绿化植物进行绿化装饰,营造休闲、愉快、喜庆的购物氛围是装饰的重点。

商场与超市的绿化装饰主要包括营业大厅、门口、门径、过道、柜台的角隅和手扶电梯中央、楼梯口角隅以及休息场所等区域的绿化。商场与超市门口绿化布置的作用在于能够突出热烈欢快的环境气氛,吸引和招徕顾客,组织与分散人流,供疲倦的顾客暂作休息之用等,因此可结合坐凳设置一些小型树坛、花坛等;也可将时令盆花与喷泉结合,增添一份动静结合的愉悦之感。每逢重要节假日,如五一节、国庆节、元旦等,可在商场入口处重点布置盆花,如一串红、瓜叶菊、菊花、月季、彩叶草、四季秋海棠、仙客来等,将盆花组合设计成花柱、花球、花篮、花塔及各种动物造型等,以渲染节日的气氛。在营业大厅,若空间宽敞,可用盆花结合喷泉、假山等组成山水立体式花坛,用于美化空间和集散人流。在各个不同卖场的过道中,可摆放一盆中型观叶植物,如棕竹、绿萝、橡皮树等,以作为区分的标志物。在各卖场中,可在衣架或鞋架中间用小型的瓶花或插花点缀于其间,增添一份生机。手扶电梯中央、下方、转角平台等处也是绿化的重点,如南京中央商场,在上下电动扶手的下部空间,用盆花与跌水瀑布组景,形成园林式的绿化景观,使在上下行电梯的人享受到自然的气息。

图 4.14　商场的绿化装饰

图 4.15　商场扶梯的立体绿化

4.4.2 图书馆的室内绿化装饰

图书馆作为全民终身教育的公共场所,长年累月吸引着大量的读者,具有广泛性、开放性、流动性和直观性的特点。图书馆室内环境特点一般为通风较差,采光不足,光照不够充分,但四季温度变化不大,适于喜阴性植物生长。现代图书馆室内植物装饰是室内环境艺术中一项非常重要的领域,它通过植物尤其是活体植物在图书馆内部的巧妙配置,与室内各种要素达成和谐统一,进而产生美学效应,给工作人员和读者以美的精神享受。图书馆也可结合图书内容而加以区分,根据区域特点进行绿化装饰,如笔墨纸砚区,可采用中国传统的古典式布置,采用对称式的协调以及几架等手法。

4.4.2.1　出入口处植物装饰设计

出入口植物装饰设计,要根据图书馆总体的环境效果来确定植物种类。此处光线比室外明显暗,因此,一般应选择耐阴植物,如棕竹、旱伞草等,或花色明度高、暖色的植物,这样会给人以热烈欢迎的气氛。

4.4.2.2　大厅中庭植物装饰设计

图书馆大厅中庭是读者品评图书馆建筑文化、休憩购物、驻足交谈等较为宽阔的共享空间,应满足审美艺术与使用功能的和谐,要与图书馆的文化格调相一致。大厅内的植物装饰可以形成典雅古朴、轻松活泼等特点,用于装饰的花草、盆栽轮廓要自然,形态要多变,高低、疏密、曲直配搭得当。植物不仅能减弱建筑实体的生硬感和单调感,还增加了一种平易近人的气氛,无形中平添了空间的表现力。可供大厅中庭绿化装饰选择的植物有万年青、海芋、一叶兰、吊兰、绿萝、铁线蕨、银粉背蕨、肾蕨、龙血树、棕竹、秋海棠、报春花、紫罗兰等。

4.4.2.3 走廊的植物装饰设计

图书馆走廊是分隔与联络各个建筑空间的通道，人们在此停留驻足的时间少，通常以对景、邻景、借景和壁景之植物来装饰走廊空间。走廊的植物装饰要特别注意不能妨碍通行和保持通风顺畅。较宽的走廊，可分段放置一些观花或观叶植物，可利用不同的植物种类突出每段、每层走廊的特色。对于一些走廊局部空间突然放大的地方，可配之以一些较大型的植物，如橡皮树、龟背竹、龙血树、棕竹等，以改善单调的环境，起到点缀和补白的作用。

4.4.2.4 书库和阅览室植物装饰设计

现代图书馆书库和阅览室功能日益趋近，并向藏借阅一体化方向发展，书刊、书架、桌椅，配以墙上的字画，具有浓厚的文化韵味。植物装饰以雅为主，雅中求静，着力突出清新明快的特点。书架、桌椅刻板的形体，单调的颜色和书刊卷帙浩繁的静态，都可以通过恰如其分的植物装饰有效地改善。适宜的室内植物装饰，不但可以使静谧的空间充满活力，还可以调节视觉。选用的植物应体态轻盈、文雅娴静，如观叶植物的吊金钱、文竹、万年青、蕨类等；观花植物宜用偏冷色的梅、水仙等，以利于形成静穆、安宁的气氛，创造良好的环境。

4.4.3 银行的绿化装饰

银行的绿化装饰以简洁、素雅为主，其装饰重点在于大门两边、休息区、大厅四周、办理业务的柜台等。由于银行环境具有四季温度恒定、空气干燥、光照条件差、通气状况差等特点，加上人员流动量大，绿化装饰以改善室内环境特点、点缀美化环境和不堵塞交通为主。一般的装饰方法有：在大门两边摆放两盆大中型的盆栽观叶植物，如橡皮树、散尾葵、巴西铁等，呈对称布置；大厅中央由于人流量大，一般不作摆设，但对于空间较大的银行，可在大厅中央靠门处组合摆放中小型盆栽、观叶和观花植物相结合，形成热烈欢迎的气氛；大厅四周以角隅摆设大型盆栽观叶植物为主；业务办理柜台，在不影响工作的情况下，可在柜台上放置小型盆栽植物，也可用人造花作点缀；大堂经理的办公桌上常用艺术插花或小型盆栽作装饰；休息区或等待区可在座凳的两侧摆放观叶植物，让人在焦急和烦躁的等待中得以放松。

4.5 室内外临时性会场、会展与婚庆的绿化装饰

4.5.1 会场

会场是商讨、议事的地方。根据会议的性质、内容及场地的大小不同，会场的绿化装饰应采取不同的艺术处理方式和风格。各种不同性质的会场主要有以下几种：

4.5.1.1 节日庆典会场

包括大型的节日，如五一节、国庆节、元旦及春节，还有像庆功会、庆祝会、表彰会、颁奖等大型的庆典大会等，这都是欢乐庆贺性质的大会，其主要装饰特点应表现出一派热情洋溢的气氛，显现出一片万紫千红的大好景象。植物选择上，宜大量运用色彩艳丽、格调明亮、品种丰富的时令花卉，将整个会场装扮得五彩缤纷，让人们沉浸在一片欢腾、喜庆的海洋之中。

4.5.1.2 迎来送往会场

即平时的欢迎和欢送会，应重点突出一个"欢"字，表现一种愉快并具有怀念、崇敬之情。这种会场既有热烈的气氛，又有庄重的特点。会场的绿化装饰应紧扣主题，植物选择除采用色

彩艳丽的盆花外,也可布置一些精致的艺术插花和摆放友谊长存、欢乐为怀的花篮以表达崇敬之意。

4.5.1.3 各类工作会场

工作会场由于会议内容、性质不同,有报告会、代表会、科技会以及演讲会等,对这种会议的植物装饰要体现出严肃认真和充满活力的气氛,可选用高大挺拔、健康向上的观叶植物种类。同时,可适当配置一些低矮的盆花作为点缀,调节气氛,增添一份活力。绿化植物的摆放还要注意排列整齐、对称,以示其稳重、庄严、肃穆,切不可乱摆、乱放,破坏会场的气氛。

4.5.1.4 殡仪吊祭会场

这是人们向逝世的亲朋好友、烈士、战友、同志等永远告别的场合,气氛必须是悲痛、庄严、肃穆的,除放置一些花篮、花圈外,也可用常绿的观叶植物在会场四周作装饰。切忌选用大红大紫、体态妖娆的种类,更忌乱摆乱放、满地琳琅。所采用装饰植物的色调要以青、蓝、黄、白为宜,用以寄托人们的悼念和哀思之情。

会场有大、中、小之分,这是由会议的内容、性质所决定。小型会议的会场,一般桌椅以椭圆形排成一圈,中间留有低于台面的花槽或留出空的地面。低于台面的花槽中可以摆设花卉或观叶植物,也可进行插花布置,高度一般不高于台面10cm,以免影响与会者的视线穿透。中型会议将会议桌排列成"口"字形,中间留出空地,空地上用盆花排列成图案式或自然式,盆花高度应不能阻挡会议桌上就座人的脸,也可用大堆头式的西方花艺布置。这种布置方式不但充实空间,缩短了人与人之间的距离,还可活跃气氛,充满生机,宛如置身于自然之中。大型会议的会场重点是主席台的布置。根据会议的主题和气氛需要,用中小型盆栽多层或双层布置主席台台口。双层布置一般用于台上没有会议桌的台口,大多直接选用色彩艳丽的观花或观叶植物成排放置,前面再放一层绿色的悬垂植物。多层布置则用于台前有成排会议桌的台口,后排盆花高于前排、低于台口1/3,前排盆花低于后排,中间层大多用观花植物,下面用低矮观叶植物或茎叶下垂的观花植物作烘托,以不暴露花盆为佳。主席台上所用鲜花高度不超过20cm,宜作下垂形的插花作点缀。主席台的后排摆放高大整齐的观叶植物作背景,如棕竹、散尾葵、南洋杉、小叶榕等。若会标在后排而又需要显露,则应在后排两侧对称摆放植物。在主席台一侧的独立讲台上,可用鲜花作弯月形或下垂式的装饰。有的特大型会场,可在主席台后排用鲜花作大型花艺布置,并在主席台的两侧摆放高大的观叶植物作对称布置,同时还要考虑会场四周和会场背后的植物布置,使之整体呼应,以显示会议隆重、壮观和热烈的气氛。

4.5.2 会展

会展就是通过展览、展示,让人参观、鉴赏。会展的内容很多,一般有五金交电、农副产品、时装、工艺、书画、摄影、家具、科技、建筑材料、生活用品、花卉树木等展览,这些展览会上的植物装饰可起到点缀空间、烘托气氛的作用。其中,花卉展览是自身的展示,包括盆景艺术展、插花艺术展、园林景观展、花卉博览会等主题形式。

花卉展览首先要考虑场地的大小、室内或室外及地形的起伏。场地大,花卉规格要大,数量要多;场地小,规格小,数量要少。展览在室内或室外举行要根据季节变化和温差变化选择,春、秋宜在室外,冬季宜在室内,夏季室外布展要有遮阳。地形的起伏要因地制宜或予以改造,才能达到较好的效果。花卉展还要考虑展台、展板、几架、节木块、景点的设计以及水电的配套和灯光效果的配备。布局上主景和配景的安排要强调错落有致、层次变化的艺术手法,追求色彩配置的和谐。在布置时,传统的名花或景点要以东方形式展示,外来洋花一般以西方欧美图案形式展示;制作的作品可东方式,可西方式,也可现代自由式展示。花展时间短的可用盆栽布置,展出时间长的应以栽为佳。

由于观花的植物色彩较观叶植物丰富,在配置中要尽量追求和谐,或主色调的配置,或对比色的配置,或调和色的配置,切忌杂乱。运用不同的色彩表现意象和环境气氛,才能达到柔和、舒适、愉悦的美感。

图 4.16 会展入口绿化装饰

4.5.3 婚庆

婚庆宴请大多是在高级宾馆、饭店、酒家等场所进行的庆祝、宴会活动。由于场面较大,规格要求较高,既要显示富丽堂皇,又要使人感到高雅与温馨。在绿化装饰时以大型花艺布置为主,选用较大的观叶植物,增加空间层次,以烘托豪华、庄重、热情、典雅的环境氛围。

婚庆宴请场合装饰的重点在于餐桌的装饰。餐桌的布置分自助餐桌和圆台餐桌。圆台餐桌的布置可参考宾馆餐厅餐桌花的布置。而自助餐桌的布置变化就更多,因为自助餐桌的排列大多为长条形或长方形,桌面上除了美味佳肴和瓜果雕塑陈列外,花艺就是点缀的艺术品。如特大的桌面可用蕨叶、沙巴叶或武竹叶等作图案的勾边,并用玫瑰、蝴蝶兰、虎头兰或百合等花朵作点睛装饰。色彩的配置要与台布、围裙和椅套的不同色彩相吻合,或对比或和谐。还要考虑不同灯光的效果,使之交相辉映,给人以轻松、舒适的感觉。

除餐桌外,主席台的装饰是另一个重点。植物选择上尽量用花大色艳的花卉种类和枝叶自由活泼的观叶植物,如蝴蝶兰、大花蕙兰、红掌、百合、散尾葵、短穗鱼尾葵、垂叶榕、变叶木、朱蕉等。将大型盆栽观叶植物置于主席台后侧两旁,用大型艺术插花作背景,主席台前方以摆放观花盆栽为主,或成两排或多排摆放,前排高度低于后排,让新人与宾客置于花团锦簇的氛围中,体现出热烈、欢快、祝贺、百年好合的主题意境。婚庆场合其他部位的绿化装饰也要与宴会的主题及环境氛围相融合。如顶部可结合灯具吊挂悬垂植物,四周及角隅以大型观叶盆栽为主,迎新过道可用大型花篮成排摆放,以表达欢迎、祝福、热情及典雅的环境氛围。

另外,宴会入口处的装饰体现整个宴会的绿化装饰风格,起到先入为主的作用。因此,入口的绿化装饰同样很重要。中间多用花艺拱门做装饰,拱门上的花材多为月季、百合、扶郎(非洲菊)等有着美好花语的鲜切花,两侧摆放大型花篮或枝叶婆娑的观叶植物或新人的巨幅照片。

4.6 中庭的绿化装饰

中庭泛指由楼层小空间或围廊等环抱的带有半光天棚的内庭。现代建筑的中庭一般被认为是有顶盖,可垂直跨越多层空间的公共空间,并且是建筑的中心部分。中庭最大的特点是形成具有位于建筑内部的"室外空间",是建筑设计中营造一种与外部空间既隔离又融合的特有形式,或者说是建筑内部环境分享外部自然环境的一种方式。由于其大小空间渗透,视野气氛共享,故又称"共享空间"。中庭是多用途的公共活动场所、人群汇聚之地,具有特殊的功能和意境需求。

中庭一般见于大型的办公楼、超市、商场、饭店、图书馆等建筑中。例如,近几年国内许多大型饭店中都设有中庭,饭店中庭的绿化不仅能改善室内生态环境,还使人产生置身于厅堂之上,纵情于山水之间的感觉。

4.6.1 中庭的景物组成

室内自然景观的景物组成是多种多样的,概括起来常可分为植物、动物、水体、山石及辅助类设施等。

4.6.1.1 植物

中庭室内绿化用的植物包括乔木、灌木、草花、藤蔓类和水生植物等。其中高大的常绿观叶乔木运用在高大的空间内,树冠能形成一系列伞形小空间,从而有效地弥补大尺度空间的空旷感,并提高内部环境的自然化效果。但高大乔木的数量不宜多,以免造成空间拥挤,设计时需考虑留有一定的观赏距离,以保证观赏效果。灌木是室内绿化中使用最多的植物,中庭中经常使用的有观赏竹类、棕榈类、龟背竹、橡皮树、蕨类等,灌木的高度较接近人的视点,不仅丰富了下层空间,而且具有较强的亲和性,较受人们喜爱。藤蔓类和水生植物常和假山石、水池、建筑小品等配于一起,动静结合,如诗如画。观叶植物是中庭室内植物配置的重点,特别是具有优美的色彩和形状的观叶植物,是室内极好的装饰材料;同时也可筛选出一部分优秀的观花植物如三角花、龙船花、珊瑚花、地涌金莲、鹤望兰等栽植于中庭中,起到画龙点睛的作用。关于植物的配置方式,既可采用单独设置以发挥单株植物形、色、质、味俱佳的特色,又可采用同种植物的组合配置来加强某种植物的自然特性,亦可采用多种植物的混合配置,起到丰富景观的效果。

4.6.1.2 动物

常用于内环境中的动物有鸟、鱼、龟和昆虫等。鸟类常用笼子关养,挂于树上,营造鸟语花香的意境;观赏鱼类放养于水池中,水池中可种植水生花卉如睡莲、王莲等,达到"鱼莲共赏"之效果。

4.6.1.3 水体

室内环境中的水体一般都需人为处理后才能形成。明镜似的水池有平和宁静之感,若加上丰富的倒影则变幻莫测;蜿蜒的小溪,气氛欢快;喷珠吐玉的喷泉千姿百态;奔泻的瀑布则气势雄伟。如果水体与灯光、音响设备结合,其效果更加动人。水池一般可分为两类,即规则形与自然形,这是区分东西方风格的重要特征。西方偏爱规则形的水池,东方偏爱以自由曲线为主的自然形水池。我国还特别注重水体与山石的关系,强调两者的相辅相成,所谓水池因池岸而成,瀑布与崖壁有关。设计中应把两者结合在一起,以达到"水得山而媚"的境界。

4.6.1.4　山石

常用于室内的山石以湖石、黄石、英德石、黄蜡石和石笋为主。当然,此外还有大量使用的普通山石,以及用于水池砌边和铺底的卵石等等。

4.6.1.5　辅助类设施

中庭室内自然景观中最常见的辅助类设施有花坛、花盆、小品和书画等。

4.6.2　中庭景观绿化方式

中庭绿化要与建筑出入口、各功能分区相结合,组成一个统一的整体,使景观相互渗透、相辅相成。因此,中庭绿化多设在交通的主要路线上,使人一进门就产生置身山水、别有洞天的感觉,使人进入房间之时犹如刚从景点游览归来。"坐井"犹可"观天",无舟车之劳顿,亦可欣赏大自然美景,这是中庭景观设计的要求。

图 4.17　中庭景观

4.6.2.1　中心装饰与边角点缀

中心装饰是把室内植物作为主要陈设并成为视觉中心,以其形、色的特有魅力来吸引人们,是许多厅室常采用的一种布置方式。植物在中庭中位于中心和焦点位置,整个中庭以植物造景为主,形式上可以是孤植或丛植,也可以是植物组合造景,植物景观处于主导地位。处于中心装饰的植物要求形态、色泽、质地、大小等均符合造景原理;可选用观叶植物、观花植物或观果植物;根据中庭空间通常较大的特点,可适当选用一些体量较大的观叶种类,如竹子、榕树、国王椰子、棕榈、象脚丝兰等,避免大尺度空间带给人的荒凉感。此外,中心景观装饰还要注意植物和其他景观材料如假山、水池、喷泉、建筑小品、灯饰、雕塑等的配合;如条件允许,可完全模仿室外庭园景观设计方法进行中庭中心景观设计。

边角点缀是指植物在中庭中位于边角位置,形式上以丛植、群植、行列式为主,也可以是植物组合造景,植物景观处于辅助地位。同时,边角点缀可用来填充死角、空隙等难以利用的中庭空间,使这些空间富有生气,成为室内空间的有机组成部分。用绿化装饰剩余空间,可使空间景象焕然一新,生机盎然。

4.6.2.2 景观季相特点

植物的生长发育因受四季气候的影响而呈现出季节性的变化。季节性的景观体现在植物上,就是植物的季相变化。在冷、暖或干、湿交替明显的地区,植物群落的季相变化更为显著,它已成为园林景观中最为直观和动人的景色,也是能使人们感受到生命变化的风景。中庭设计者不仅要会欣赏植物的季相变化,更要能创造出丰富的季相景观。首先要认识到季相的主体是植物,应对植物有全面的了解;其次要对植物在不同地域的物候习性及生态特点有充分的认识;最后,按照美学的原理合理配置,充分利用植物的形体、色泽、质地等外部特征,发挥其杆茎、叶色、花色等在各时期的最佳观赏效果,尽可能做到一年四季有景,充分体现季节的特色,增加景观的丰富度。如在中庭的四季景观设计中,可选用优良的花灌木和丰富多彩的草本花卉组合造景,营造百花争艳的春季景象;选用常绿观叶植物和彩叶类植物组景,体现枝叶浓荫的清凉夏季景观;秋季可选用色叶树种,如红枫、元宝枫、俏黄栌等;冬季可选一些观果植物,如观赏橘、佛手、五指茄、观赏辣椒、朱砂根等。

4.6.2.3 景观的渗透与分隔

将绿化引进中庭,使室内空间兼有自然界外部空间的因素,有利于内外空间的过渡,还能借助绿化使室内外景色互渗互借,扩大室内空间感。用绿化作为过渡形式比采用建筑材料更为活泼、生动。如宾馆大堂是宾馆内外的过渡空间,在此盆栽一些高大耐阴的观叶植物,或在地面、墙面上利用一些固定的花池、壁花、插花等,可使门厅显得富有情趣;在中庭的顶棚上或墙上悬吊植物,在进口处布置花草树木,都能使人从室外进入建筑内部时有一种自然的过渡和连续感。借助绿化使中庭内外景色通过通透的围护体互渗互借,可以增加空间的开阔感和变化感,使室内有限的空间得到延伸和扩大。

4.6.2.4 景观视线引导

中庭的焦点景观具有很强的装饰性,能强烈地吸引人们的注意力,故能巧妙而含蓄地起到视线引导作用。绿化在中庭的连续布置,从一个空间延伸到另一个空间,特别在空间的转折、过渡、改变方向之处,更能发挥空间整体效果。绿化布置的连续和延伸,如果有意识地强化其突出、醒目的效果,那么,通过视线的吸引,就能起到暗示和引导作用。

4.6.2.5 运用障景手法

利用植物材料创造一定的视线条件可增强空间感、提高视觉和空间序列质量。通过障景手法,可以挡住不佳的景色和暂时不希望被看到的景物内容。可用于障景设计的材料有

图4.18 饭店中庭

植物、假山、照壁、园墙等。为了封闭住视线，应使用枝叶稠密的灌木和小乔木分层遮挡。在中庭空间造景时，为了使空间不要一览无余，创造更加丰富的景观，常使用不同程度的通透植物，进行局部视线遮挡。

5 室内绿化装饰的空间表现技法

室内绿化装饰的理念、思维要转化成现实,设计师必须运用设计专业的特殊绘画语言把想象表现在图纸上,充分地表现空间地形、色彩和质感,并用简单的语言阐述创意内容,引起人们感觉上的共鸣。因此,设计师在具备一定的室内绿化装饰理论和一定植物学基础外,还必须具有绘画基础、空间想象能力和绘图技能,提高自己设计表现的表达能力。

5.1 空间表现的主要内容

室内绿化装饰设计是在建筑空间内进行设计,室内表现图必须表达出这种空间的设计效果。因此,室内效果图必须建立在一种缜密的空间透视关系的基础之上。对透视学知识的运用是掌握室内表现图技法的前提。

透视图是室内设计所有图纸、资料中最具表现力、最引人注目的一种视觉表达形式,它能逼真地表现设计师的创意和构思,直观、简便、经济,比制作模型快,而且携带方便。

5.1.1 透视的基本原理及常用名词

我们观察自然界中物体的形象如同照相,从照片中可见如下现象:

①等高的物体,距我们近的则高,远的则低,即近高远低。②等距离间隔的物体,距我们近的物体间隔疏,远的较密,即近疏远密。③等体量的物体,距我们近的体量大,远的体量小,即近大远小。④物体上平行的直线,如与视点产生一定夹角后,延长后交于一点。

通常在透视学中常用到的名词见图 5.1。

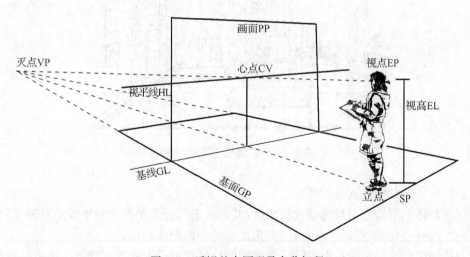

图 5.1　透视基本原理及名称解释

（1）立点（SP）　观察者所站立的位置点（也称足点）。

（2）视点（EP）　观察者眼睛高度的位置点。

（3）心点（CV）　视点在画面上的投影点。

（4）视高（EL）　立点到视点的高度。

（5）视平线（HL）　通过心点并与视点同高的线。

（6）画面（PP）　观察者与物体间的假设面或称垂直投影面。

（7）基面（GP）　放置物体及观察者所处的平面。

（8）基线（GL）　假设的画面（垂直投影面）与基面的交接线。

（9）灭点（VP）　与基面相平行但不与基线平行的若干条线在无穷远处汇集的点，也称消失点。

（10）测点　求透视图中物体尺度的测点，也称量点。

（11）真高线　在透视图中能反映物体空间真实高度的尺寸线。

5.1.2　透视图的分类及特征

5.1.2.1　一点透视（平行透视）

空间或物体的一面与画面平行，其他垂直于画面的诸线将汇集于视平线中心的灭点上，与心点重合。

一点透视表现范围广，纵深感强，适合表现庄重、严肃的室内空间，缺点是比较呆板，与真实效果有一定差距。

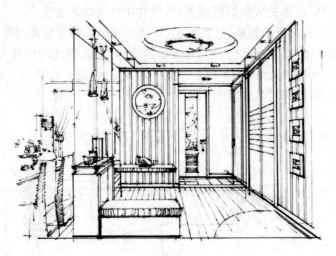

图 5.2　一点透视（周云　绘）

5.1.2.2　两点透视（成角透视）

空间或物体的所有立面与画面成斜角度，其诸线条均分别消失于视平线左右两个灭点，其中，斜角度大的一面的灭点距离心点近，斜角度小的一面距离心点远。

两点透视图面效果比较自由、活泼，反映空间比较接近于人的真实感觉。缺点是若角度选择不好，易产生变形。

图 5.3　两点透视（陈红卫　绘）

5.1.2.3　俯视图

俯视图是将视点提高的画法，便于表现比较大的室内空间、植物景观和建筑群体，可采用一点、两点或三点透视作图。

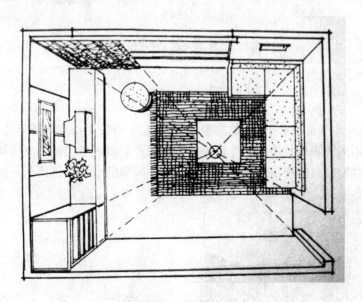

图 5.4　俯视图

5.2　空间表现形式

5.2.1　草图表现

草图设计是一种综合性的作业过程，也是把设计构思变为设计成果的第一步，同时也是各方面的构思通向现实的路径。无论是从空间组织的构思，还是色彩设计的比较，或者是装修细节的推敲，都可以以草图的形式进行。对设计师来说，草图的绘制过程实际上是设计师思考的过程，也是设计师从抽象的思考进入具体的图式的过程。室内绿化装饰设计初期的植物布置可先用文字表示，最后再在正图中表现。

徒手绘画的草图是一种工作性的图纸，没有条款限制，可以随意勾画，它既可以是一点一线，也可以是纷繁复杂的透视图，只要对方案有帮助的图示都可以在纸面上表示。

图 5.5　草图表现（方丽娟　绘）

5.2.2　正图表现

正图表现是一个作品完善、汇报的阶段，可以在这个阶段用细致的展示性表现手段进行效果表现，可以使用多种表现技法。这个过程中的思考是经过艺术绘画的语言将其完美地物化，表现出美感和意境，使之呈现出缤纷多彩的形式——具象的平、立、剖面和三维透视图，加入适

计算机绘图

综合技法（赵康银　绘）

图 5.6　正图表现

当的配景、色彩、光影等,让其产生富有感染力的展示性效果。人们通过该阶段各种表现图可以看到经过设计后的空间造型、色彩,并对未来空间产生系列印象。室内绿化装饰设计正图应突出装饰植物的观赏姿态、造型及色彩。

5.2.3 快图表现

快图表现可以反映出设计者的综合专业素质,包括设计水平、表现技巧、思维广度,甚至应变能力和心理素质等。

快速设计是一种特殊的设计工作方式,通常在工程前期,设计师需要表达自己的设计构想、推敲方案,或者在较短的期间里表达出稍纵即逝的设计灵感,在短时间里高效地拿出优质的设计方案。在这种快速的设计工作中,设计者需要在很短的时间内理解透设计任务要求,完成简炼的方案构思、比较、决策,同时对设计成果表现形式要求有良好的手绘图效果。一般使用马克笔和彩色铅笔,这样图面表现不仅上色快,且不易弄皱纸面。快图表现通常不必面面俱到,而是有重点地进行刻画,营造出大的空间感和气氛即可。

图 5.7 快图表现(陈红卫 绘)

5.3 空间表现手法

室内效果图的表现技法很多,每个人都可以根据自己对不同技法掌握的熟练程度来灵活运用。现在许多透视图的表现往往是多种材料、工具与技法的综合运用。由于室内环境的功能不同,设计师对空间环境与家具的设计一般要根据构思的繁简及选用装饰材料的不同,选择适当的工具、材料和表现手法来表现。例如,表现舞厅的灯光和气氛效果,运用喷笔就显得得心应手;如果表现复杂的装饰结构,运用钢笔淡彩则更能详细地表现出结构关系。室内效果图的表现,除了要准确反映设计师的设计构思以外,还要追求画面的环境效果、光影效果,直观地将不同物体的使用材料充分表现出来,让装饰结构与使用材料的表述一目了然,这种效果图更具有使用价值。另外,在画室内画效果图时,还要考虑室内布局的主次,特别是重点表现对象,比如植物材料、墙面、顶棚、家具等,需要通过不同的视高、视距和视角来调整。室内空间的布局处理要得当,避免有的角度拥挤,有的角度空置,可以用绿化、小品适当调整或补充画面。室内空间的线角处理要有层次感,突出主要部分,避免乱、散的画面。

室内效果图的表现,需要设计师对设计进行整体把握,在掌握了相应作画技法的同时,还应更加注意效果图的个性表现,使作画手法更加丰富多彩。

室内效果图的表现手法与材料(工具)多种多样,每个人都有自己的惯用用法,在此仅以常规的表现手法做一般性介绍。

图 5.8　素描表现(大海　绘)

5.3.1　素描表现

素描是用单一的线条来表现物体的透视、体积、三维空间的一门学科,它是一切造型的基础。素描又称单色画,即用单一色表现对象的形体结构、质地以及明暗关系。素描的表现方法包括:线条表现方法、明暗表现方法、线条与明暗结合的表现方法。

5.3.1.1　材料与工具

(1)铅笔　芯为石墨和胶泥混合制成,软硬以字母H、B来区分,H 硬,B 软。铅笔易着色又易擦易改,柔和细润,能刻画出深浅和不同层次的丰富调子,易掌握。

(2)炭笔　芯为炭粉与黏合剂制成,分为软、硬、中性3 种。炭笔质地较铅笔松脆,颜色深重,画出的效果强烈,表现力丰富,着色强,但难擦改。

(3)炭精笔　为炭粉加胶合剂混制而成,有黑色、棕色、白色等。它比炭笔更为松软,色浓重细润,用笔可粗可细,表现力强,但着色强难擦改。

(4)木炭条　细木枝密封燃烧炭化而成,质地松脆,色调柔润丰富,但附着力差,易掉色,难深入刻画。

(5)钢笔　水之色,表现有局限性,深浅色调由不同疏密的线条排绘而成,组织线很讲究。

(6)橡皮擦　涂改、擦浅、柔滑色调。

(7)纸笔　用毛边纸、宣纸卷裹而成,将其前端削尖如笔状,用以擦、揉色调,也可借助黏着的颜色,划出细腻丰富的色调效果。

(8)纸　专用素描纸,也可根据个人爱好来选择不同薄厚、不同粗细面的纸。

5.3.1.2　素描步骤

(1)构图　确立构图,推敲构图的安排,使画面上物体主次得当,构图均衡而又有变化,避免散、乱、空、塞等弊病。

(2)打轮廓　务求形准,用笔用线也要有轻重、虚实,有节奏,以产生整体和谐、统一的效果。

(3)涂明暗色调　通过线条的疏密或不同方向的排列,产生有变化的明暗色调,通过点密度的变化排列,产生明暗色调。

5.3.1.3　素描绘画中应注意的问题

素描中的线条表现是设计常用的表现形式,它强调用线表现形体结构,通过表现物体本质结构,表现出物体空间立体感和质量感。在线条表现中需注意以下问题。

①准确把握物体的比例关系及透视关系。②从整体出发交代物体的结构关系,注意形体的穿插,防止单调和空洞。③深入塑造形体,强调空间关系,表现要准确,主次要分明。④整理归纳,调整统一,层次清晰,画面完整。

5.3.2　线描淡彩表现

线描淡彩是以线稿为主、颜色为辅的一种效果图表现技法。其区别于其他表现技法的主要特征为施色便捷、单纯,多数只起到强调气氛和划分区域的作用。

淡彩的种类很多,如铅笔淡彩、炭笔淡彩、钢笔淡彩、粉笔淡彩。多数淡彩画是以素描或速写加淡彩,往往在收集创作素材时使用,先完成速写或素描,然后薄涂淡彩。

5.3.2.1　材料与工具

(1)笔　钢笔、铅笔、中性笔,以及吸水量大、弹性好的毛笔和尼龙笔。

(2)颜料　水彩、水粉。

(3)纸　要求选择吸水性适中的白纸或浅色纸。

5.3.2.2　技法介绍

线描淡彩使用的色彩一般以透明或半透明的颜色为首选,但不像水彩技法那么注重施色技巧,比如光影、色调、质感、冷暖等。它对线稿的要求比其他技法更为严格,可以说线描淡彩就是在一张完整的素描线稿画上略施色彩。

淡彩表现宜透明、爽朗,用笔简练、轻捷,不可过于重叠、皴擦,以保护画面结构与色彩的清新明晰。尤其是炭笔和粉笔上淡彩,还须先喷一层黏着胶液,待胶干后方可涂淡彩。如着淡彩后画面对比减弱,可在淡彩上再用线条加强结构与对比关系。

还有一种淡彩素描,是先画淡彩,然后加铅笔、钢笔线以加强画面,衬以明暗,增添节奏与神韵。

图5.9　钢笔淡彩表现(宋曙华　绘)

5.3.2.3　线描淡彩需注意的问题

①铅笔稿由于橡皮擦的太多,直接上色效果不理想,可以复制后再上色。②尽量使用水彩颜料,水粉颜料的不透明性往往会破坏线条的完整性。③尽量不使用白色颜料,利用水多少来表现深浅。④淡彩颜色不宜过多,一般不超过2到4种颜色。⑤铅笔线条或钢笔线条不宜过密。

5.3.3　彩色铅笔表现

彩色铅笔是表现图常用的作画工具之一,具有使用简单方便、色彩稳定、容易控制的优点,常常用来画效果图的草图、平面、立面的彩色示意图和一些初步的设计方案图。通常彩色铅笔不会用来绘制展示性较强、画幅比较大的效果图。彩色铅笔的不足之处是色彩不够紧密,不宜画得浓重,并且不宜大面积涂色。

5.3.3.1　材料与工具

彩色铅笔分为水溶性与蜡质两种。其中水溶性彩铅较常用,它具有溶于水的特点,与水混合具有浸润感,也可用手指擦抹出柔和的效果。含蜡较多的彩色铅笔不易画出鲜艳的色彩,容易打滑,而且不能画出丰富的层次。

彩色铅笔不宜用光滑的纸张作画,一般用素描纸、水彩纸等不太光滑、有一些表面纹理的纸张作画比较好。

5.3.3.2　技法介绍

(1)平涂排线法　运用彩色铅笔均匀排列出铅笔线条,达到色彩一致的效果。

(2)叠彩法　运用彩色铅笔排列出不同色彩的铅笔线条,色彩可重叠使用,变化较丰富。

(3)水溶退晕法　利用水溶性彩铅溶于水的特点,将彩铅线条与水融合,达到退晕的效果。

5.3.3.3　注意事项

彩色铅笔不宜大面积单色使用,否则画面会显得呆板、平淡。在实际绘制过程中,彩色铅笔往往与其他工具配合使用,如与钢笔线条结合,利用钢笔线条勾画空间轮廓、物体轮廓,运用彩色铅笔着色;与马克笔结合,运用马克笔铺设画面大色调,再用彩铅叠彩法深入刻画;与水彩结合,体现色彩退晕效果等。

彩色铅笔有其特有的笔触,用笔轻快,线条感强,可徒手绘制,也可靠尺排线。绘制时注重虚实关系的处理和线条美感的体现。

彩色铅笔的混色主要靠不同色彩的铅笔叠加混色的,反复叠加可以画出丰富微妙的色彩。

图 5.10　彩色铅笔表现

5.3.4　马克笔表现

马克笔因具有作画快捷、色彩丰富、表现力强等特点,被认为是一种商业的快速表现形式。作为传达感官信息的表现图,马克笔表现对作者的观念及其被描绘物体的形态塑造、质感、色彩等的把握和表现上都有极高的要求。

5.3.4.1　材料与工具

（1）马克笔　马克笔一般分油性和水性两种。油性马克笔的颜料可用甲苯稀释，有较强的渗透力，尤其适合在描图纸（硫酸纸）上作图；水性马克笔的颜料可溶于水，通常用在较紧密的卡纸或铜版纸上作画。在室内透视图的绘制中，油性的马克笔使用更为普遍。马克笔的色彩种类较多，通常多达上百种，且色彩的分布按照常用的频度分成几个系列，其中有常用的不同色阶的灰色系列，使用非常方便。马克笔的笔尖呈方形或圆锥形，方形适于大面积上色，圆锥形适于细部刻画。

（2）纸张　大多数纸张都适合马克笔的运用，且不同的纸张在着色后会产生不同的效果。但因马克笔的挥发性与渗透性很强，一般不宜选用吸水性过强的纸张，而应选择一些纸质结实、表面光洁的纸张作画，比如马克笔专用纸、卡纸、硫酸纸、复印纸等，因为不吸水的光面纸更能体现马克笔的色彩原貌与魅力。

5.3.4.2　马克笔基础技法

（1）并置法　运用马克笔并列排出线条。

（2）重叠法　运用马克笔组合同类色色彩，排出线条。

（3）叠彩法　运用马克笔组合不同的色彩，达到色彩变化，排出线条。

5.3.4.3　绘制方法

（1）先用绘图笔（针管笔）勾勒好室内表现图的主要场景和配景物，然后用马克笔上色。油性的色层与墨线互相不遮掩，而且色块对比强烈，具有很强的形式感。要均匀地涂出成片的色块，需要快速、均匀地运笔；要画出清晰的边线，可用胶片等物作局部的遮挡；先浅色，后深色。

（2）如用马克笔在硫酸纸上作图，可以利用颜色在干燥之前有调和的余地，产生出水彩画退晕的效果；还可以利用硫酸纸半透明的效果，在纸的背面用马克笔作渲染。

（3）要画出色彩渐变的退晕效果，可以采用无色的马克笔作退晕处理；马克笔的色彩可以用橡皮擦、刀片刮等方法做出各种特殊的效果。

（4）马克笔也可以与其他的绘画技法共同使用，如用水彩或水粉画大面积的天空、地面和墙面，然后用马克笔刻画细部或点缀景物，以扬长避短，相得益彰。马克笔与彩色铅笔结合，可

图 5.11　马克笔表现（陈红卫、潘俊杰　绘）

以将彩铅的细致着色与马克笔的粗犷笔风相结合,增强画面的立体效果。

(5)马克笔色彩较为透明,通过笔触间的叠加可产生丰富的色彩变化,但不宜重复过多,否则将产生"脏"、"灰"等缺点。着色顺序先浅后深,力求简便,用笔帅气,力度较大,笔触明显,线条刚直,讲究留白,注重用笔的次序性,切忌用笔琐碎、零乱。

(6)水性马克笔修改时可用毛笔蘸水洗淡(难以彻底洗净),油性马克笔则可用笔或棉球蘸甲苯洗去或洗淡。着色过程需要注意着色顺序,如果发现笔误,可采用色彩叠加或用粉色、涂改液遮盖的方法加以修改。

5.3.5 水彩表现

水彩是以水为媒介调和专门的水彩颜料进行艺术创作的绘画表现形式。水彩表现是室内外表现画法中的传统技法,具有明快、湿润、水色交融的独特艺术魅力。

5.3.5.1 材料与工具

(1)水彩 多指透明水彩。

(2)纸张 吸水性较好,表面具有肌理,这样画纸不易变形,画面效果较好。

(3)水彩笔 毛层厚而软,蓄水、蓄色量大,可根据具体绘图情况选用不同型号的笔。

5.3.5.2 基本技法

(1)干画法 在前一色块干透后再加下一遍色。它不会像湿画法那样出现很多笔触或水渍。干画法是一种多层画法,分层涂、罩色、接色、枯笔等具体方法。

① 层涂:即干的重叠,在着色干后再涂色,一层层重叠颜色表现对象。在画面中涂色层数不一,有的地方一遍即可,有的地方需两到三遍或更多一点,但不宜过多,以免色彩灰脏失去透明感。

② 罩色:实际上也是一种干的重叠方法。罩色面积大一些,譬如画面中几块颜色不够统一,得用罩色的方法,蒙罩上一遍颜色使之统一。某一块色过暖,罩一层冷色改变其冷暖性质。应以较鲜明的颜色薄涂,一遍铺过,一般不要回笔,否则带起底色会把色彩搞脏。在着色的过程中和最后调整画面时,经常采用此法。

③ 接色:干的接色是在邻接的颜色干后从其旁涂色,色块之间不渗化,每块颜色本身也可以湿画,增加变化。这种方法的特点是表现的物体轮廓清晰、色彩明快。

④ 枯笔:笔头水少色多,运笔容易出现飞白;用水比较饱满在粗纹纸上快画,也会产生飞白。表现闪光或柔中见刚等效果常常采用枯笔的方法。

干画法不能只在"干"字方面做文章,画面仍须让人感到水分饱满、水渍湿痕,避免干涩枯燥的毛病。

(2)湿画法 湿画法是指在湿的状态下进行着色。湿画法可分湿的重叠和湿的接色两种。

① 湿的重叠:将画纸浸湿或部分刷湿,未干时着色和着色未干时重叠颜色。水分、时间掌握得当,效果自然而圆润。表现雨雾气氛、湿润水汪的情趣是其特长。

② 湿的接色:临近未干时接色,水色流渗,交界模糊,表现过渡、柔和色彩的渐变多用此法。接色时水分使用要均匀;否则,水多向少处冲流,易产生不必要的水渍。

水彩表现大多干画、湿画结合进行,湿画为主的画面局部采用干画,干画为主的画面也有湿画的部分,干湿结合,表现充分,浓淡枯润,妙趣横生。

5.3.5.3 注意事项

（1）水分的掌握 水分的运用和掌握是水彩技法的要点之一。水分在画面上有渗化、流动、蒸发的特性，画水彩要熟悉"水性"。充分发挥水的作用是画好水彩画的重要因素。掌握水分应注意时间、空气的干湿度和画纸的吸水程度。首先，进行湿画时，时间要掌握得恰如其分，叠色太早太湿易失去应有的形体；太晚底色将干，水色不易渗化，衔接生硬。一般在重叠颜色时，笔头含水宜少，含色要多，便于把握形体，又可使之渗化。如果重叠之色较淡时，要等底色稍干再画。其次，潮湿的雨雾天气下水分干得较慢，作画用水宜少；在干燥的气候情况下水分蒸发快，必须多用水，同时加快调色的作画速度。最后，画纸的吸水程度也影响着色，纸吸水慢时用水可少；纸质松软吸水较快，用水需增加。另外，大面积渲染晕色用水宜多，如色块较大的天空、地面和静物、人物的背景等，用水饱满为宜；描写局部和细节用水适当减少。

（2）"留空"的方法 与油画、水粉画的技法相比，水彩技法最突出的特点就是"留空"的方法。一些浅亮色、白色部分，需在画深一些的色彩时"留空"出来。水彩颜料的透明特性决定了这一作画技法，浅色不能覆盖深色，不像水粉和油画那样可以覆盖，依靠淡色和白粉提亮。在欣赏水彩作品时留意一下，会发现几乎每一幅都运用了"留空"的技法。

恰当而准确的空白或浅亮色，会加强画面的生动性与表现力；相反，不适当地乱留空，易造成画面琐碎花乱现象。着色之前把要留空之处用铅笔轻轻标出，关键的细节，即或是很小的点和面，都要在涂色时巧妙留出。另外，凡对比色邻接，要空出地方，分别着色，以保持各自的鲜明度。

（3）控制好物体的边界线 上色水彩画在作图过程中必须注意控制好物体的边界线，不能让颜色出界，以免影响形体结构。留白的地方先计划好，按照由浅入深、由薄到厚的方法上色，先湿画后干画，先虚后实，始终保持画面的清洁。色彩重叠的次数不要过多，否则色彩将失去透明感和润泽感而变得模糊不清。

（4）颜色种类和叠加次数 水彩颜色的渗透力强，覆盖力弱，所以叠加次数不宜过多，一般两遍，最多三遍。同时混入的颜色种类也不能太多，以防止画面色彩污浊。可以利用针管笔稿做底稿，也可以充分利用自身的色彩特性独立地表现物体。

图 5.12　水彩表现——湿画法（李翔　绘）

5.3.6 水粉表现

5.3.6.1 材料与工具

（1）水粉 是水粉颜料的简称，属于水彩的一种，即不透明水彩颜料，又称广告色、宣传色等。

（2）笔 有羊毫、狼毫及尼龙毛笔等种类。羊毫的特点是含水量大，醮色较多，优点是一笔颜色涂出的面积较大；缺点是由于含水量太大，画出的笔触容易浑浊，不太适合于细节刻画。

狼毫的特点是含水量较少,比羊毫的弹性要好,适合于局部细节的刻画。尼龙毛笔要特别注意它的质地,要软且具有弹性,切忌笔锋过硬。不同的种类都选择一些,如扁头、尖头、刀笔等,以备不同场合、不同题材的作画之需。

(3) 纸张　可用水粉纸、水彩纸、卡纸、高丽纸等,纸张的吸水性不宜太强。

5.3.6.2　表现方法

(1) 干画法　就是水少粉多的画法。挤干笔头所含水分,调色时不加水或少加水,使颜料成一种膏糊状,先深后浅,从大面到细部,一遍遍地覆盖和深入,越画越充分,并随着由深到浅的进展,不断调入更多的白粉来提亮画面。

干画法运笔比较涩滞,而且呈枯干状,但比较具体和结实,便于表现肯定而明确的形体与色彩,如物体凹凸分明处,画中主体物的亮部及精彩的细节刻画。这种画法非常注重落笔,力求观察准确,下笔肯定,每一笔下去都代表一定的形体与色彩关系。干画法也有它的缺点,过多地采用此法,加上运用技巧不当,会造成画面干枯和呆板。

(2) 湿画法　此法与干画法相反,用水多,用粉少。它吸收了水彩画及国画泼墨的技法,也最能发挥水粉画运用"水"的好处,用水分稀释颜料渲染而成。

湿画法也可以利用纸和颜色的透明来取得像水彩那样的明快与清爽,但它所采用的湿技法比画水彩要求更高。由于水粉颜料颗粒粗,就要求湿画时必须看准画面,湿画部位一次渲染成功,过多的涂抹或多遍涂抹必然造成画面灰而腻。这种画法运笔流畅自如,效果滋润柔和,特别适于画结构松散的物体和虚淡的背景以及物体含糊不清的暗面,如发挥得当,它能表现出一种浑然一体和痛快淋漓的生动韵味。它的色彩借助水的流动与相互渗透,有时会出现意想不到的效果。为制造这种湿的效果,不但颜料要加水稀释,画纸也要根据局部和整体的需要用水打湿,以保证湿的时间和色彩衔接自然。

5.3.6.3　注意事项

图 5.13　水粉表现(姚松　绘)

(1) 水粉覆盖力强,不透明,所以画面着色前一般不需要用针管笔画线稿,只需要用铅笔画出简单的透视及轮廓即可。复制和裱纸时不要损伤画面,如果直接用铅笔起稿,线条要轻,尽量少用橡皮,以免影响着色效果。

(2) 上色时,先整体后局部,控制画面的整体色调,一般先画深色,后画浅色,色彩要有透气感,不沉闷,大面积宜薄画,局部细节可厚涂,暗面尽量少加或不加白色,亮面和灰色面可适当增加白色的分量,以增加色彩的覆盖能力,丰富画面的色彩层次;水粉颜色调配的次数不要太多,否则色彩会变灰、变脏,颜色失去倾向。如果画脏必须洗掉,重新上色时可厚些。

(3) 深入了解水粉颜料的特性。水粉颜料中透明色彩种类较少,只有柠檬黄、玫瑰红、青莲等少数几种颜色,深红、玫瑰红、青莲、紫罗兰等颜色极不稳定,容易出现翻色,不易覆盖,尽可能慎用。

(4) 水粉色在画面湿润时会呈现出强烈的明暗关

系,在画面干后可能会变灰,在颜色运用的过程中,最好不要添加太多的白色来调整色彩的明度,否则画面易粉气。对于浅色部分的表现可直接利用色彩自身的明度,或用浅色相的颜色加以调和,颜色尽量一步到位,避免厚重。同理,尽量避免用黑色来降低画面的色调,可以与深红、深褐、深蓝、深绿等带有色彩倾向的颜色混合来表现画面的暗部,最好一遍完成,否则容易使暗部色彩失去透气感,色彩变脏。

5.3.7　喷绘表现

喷绘是利用空气压缩机把有色颜料喷到画面上的作画方法,是一种现代化的艺术表现手段。喷绘具有其他工具所难以达到的特殊效果,如色彩颗粒细腻柔和,光线处理变化微妙,材质表现生动逼真等。但是喷绘操作过程复杂,技术要求高,作画周期长,一般只在设计比较成熟的阶段或房地产商做广告宣传时才采用这种方法绘制表现图。

5.3.7.1　材料与工具

(1) 喷泵　喷泵一般选用小型的,最好有储气室,这样可以有比较稳定的供气气压。

(2) 喷枪　绘制效果图时一般需要两支喷枪,一支比较细小的,喷头口径为 0.2mm,主要用来绘制精细部分;另一支稍大,喷头口径为 0.3mm 或 0.4mm,用来喷绘大面积的色彩。

(3) 纸　喷绘用纸要紧密光滑,一般可选用优质白卡纸,而且在复制墨线稿时尽可能不用橡皮或其他硬物揉擦纸面。

(4) 颜料　喷绘颜料一般选用颗粒细腻的水粉色或水彩色,也有专用的喷绘颜料。

(5) 遮挡模板　模板遮挡是为了喷出所需要的图形。用来作遮挡模板的材料很多,纸、尺子、胶片,甚至连自己的手都可以。用纸做模板,寻找方便,容易制作,但不能反复使用;用胶片做模板,材料透明,容易制作,不吸水,不变形,可反复使用。目前市场上也有专业的遮挡膜,一般为进口,遮挡效果好,但价格较贵。使用时把遮挡膜贴在需要遮挡的部位,用刻刀按图形轻轻滑过,用力不可太重,刻透膜即可。正负膜都要保存好,要喷绘的地方揭开遮挡膜对其喷色,每喷完一处就要将遮挡膜重新盖好,再依次喷绘其他部分。

5.3.7.2　技法介绍

用喷绘的方法绘制室内表现图,画面细腻、变化微妙,有独特的表现力和现代感。利用喷绘微妙的色彩过渡效果,绘制大面积的背景或局部,然后运用水粉或其他方法描绘景物和其他局部;也可以利用喷笔的技法来表现光感、质感和空气感。

喷绘的另一个特点是采用遮挡的办法,制作出各种不同的边缘和退晕效果。常用的方法有采用专门的覆盖膜,预先刻出各种场景的外形轮廓,按照作画的先后顺序,依次喷出各部分的色彩变化,然后再用笔加以调整。也可以在作画的过程中,局部采用覆盖、遮挡的方法,制造出特殊的喷绘效果。

用喷绘的方法虽然能表现出细腻和微妙的画面效果,但其绘制的过程比较麻烦、费时。因此在实际使用中,常常结合几种技法共同使用,取长补短,来提高绘制表现图的效率。通常与喷绘技法结合应用的是水粉画表现技法,两者的材料基本一致,能够很好地融合在一起。

5.3.7.3　注意事项

(1) 检查喷笔是否能正常喷水和控制其喷量。

(2) 调色时调制颜色水分不能太多,宜稍稠些,并且要调均匀,如有杂质和颗粒应除去,以免堵塞喷笔。

（3）正式喷绘前，应在废旧纸上先试喷，调试好喷量、距离和速度后即可正式喷。

（4）灵活应用模板遮挡技术。如有的直边可用直尺代替，把尺的一头抬起喷绘时，喷样就会有虚实变化，很适合表现室内的灯光等。

图 5.14　水粉喷绘表现（建筑中国网）

5.3.8　计算机表现

计算机表现是以计算机为平台，由二维、三维和四维（时间一维）图形、图像以及音频等要素组成，按照一定的视觉艺术设计规律形成静态的、动态的或动静态交互的，再现现实或虚拟

图 5.15　计算机表现（水晶石）

现实的视听图形和图像艺术设计。它分为为计算机静画和计算机动画两大类及二维静画、二维动画、三维静画、三维动画和视频艺术五个子项。

5.3.8.1　计算机表现图技法

计算机表现图技法的表现特点为：①着色速度快，透视及光、影计算准确；②三维模型及场景设置好后，可以很方便地变化透视角度、方向及对场景着色；③可以很方便地修改场景中的材质、灯光、背景图像等；④可以将实拍的背景图像与着色后的建筑模型图像结合，使还在方案阶段的建筑置于"真实环境"之中；⑤可以将着色后的图像以屏幕显示、打印、胶片、照片磁盘、录像带等多种方式进行输出，便于存档、复制和传输。

5.3.8.2　计算机表现绘图软件

通过计算机表现绘图，必须借助特定的绘图软件完成，常用的软件有 AutoCAD 绘制工程图、3DMAX 立体建模、Lightscape 渲染软件、Adobe Photoshop 后期处理等。

5.3.9　综合表现

综合表现技法，就是将各类技法有选择性地综合应用于一个图面。它建立在对各种技法的深入了解和熟练掌握的基础上，其具体运作及各种技法的结合与衔接，可根据画面内容效果以及个人喜好和熟练程度来决定。如，有些人习惯在水彩渲染的基础上，用水溶性彩色铅笔进行细致、深入的刻画，高光、反光和个别需要提高明度的地方，采用水粉加以表现，利用各自颜料的性能特点和优势，可使画面效果更加丰富、完美。

图 5.16　综合表现

5.4　室内各部分的立体表现

5.4.1　窗帘等立体表现

纺织品在起居室表现中是不可缺少的组成部分，如窗帘、靠垫、床上用品等，这些对居室的格调、情趣的营造都起着十分重要的作用。其共同特点是吸光均匀不反光，且表面都有材料特有的纹理,在表达软质材料时要着色均匀湿润、线条流畅、明暗对比柔和,避免用坚硬的线条,不能过分强调高光;但在描绘较挺拔的软质材料时要层次分明、结构清晰、线条挺拔明确。

在表现纺织品和软体装饰物时,首先徒手画好它的针管笔线稿。由于织物的形态线条自然、柔和多变,不适用尺类工具做辅助表现。其图案和纹路要随着织物的形态转折而变化。

5.4.1.1　窗帘的表现

(1)水彩表现

①顶端有花饰的窗帘:先根据光照关系快速铺出底色,先用略暗的颜色画出窗帘褶皱的结构,再沿此笔触边缘把暗部加深,而后提出亮面加强布褶的立体感,等颜色稍干后,注意窗帘布褶要有疏密变化。②白色纱帘:白色纱帘在居室中显得华贵高雅,它不影响光的进入,可给室外景物增添一层朦胧的诗意。其画法是:在按实景完成的画面上先画几笔竖向的深灰色(纱帘的暗影),然后不均匀地、间隔性地用白色拉竖条笔触,颜色可干一点,出现一些枯笔味的飞白,对后景似遮非遮,最后对有花饰的地方和首尾之处加以刻画,体现白纱的形体。③下垂式窗帘:这是常见的一种窗帘,在窗帘盒内设导轨,有的把滑竿直接暴露在外面,帘幕自然下垂,褶皱从上到下变化不大,花饰较小。表现此种窗帘,先按照明暗关系画出窗帘的基调色彩,再利用槽尺垂直画出窗帘褶皱,处理布褶要含蓄、自然且富于疏密变化,不可千篇一律,以防呆板。

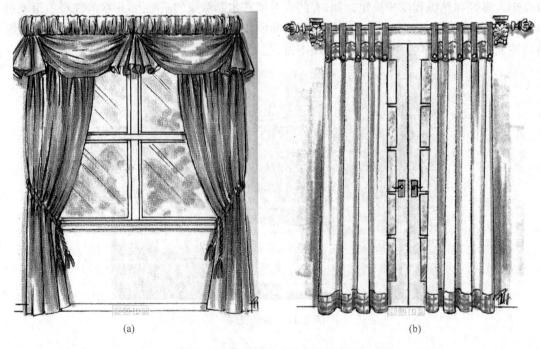

(a)　　　　　　　　　　　　　　　　(b)

图 5.17　窗帘的水彩表现(陈设中国)

(a)顶端有花式窗帘表现　(b)下垂式窗帘表现

(2)水粉表现　首先铺出上明下暗的帘幕基调,再利用靠尺竖向画出帘幕上的褶皱,趁第一道中间色未干时接着画第二道暗部里的阴影和圆筒状槽皱上的阴暗交界线,然后在受光面上提高光,并画出随帘幕褶皱起伏的灯光影子,最后画压在帘幕上的窗帘盒的边缘亮线。

(3)马克笔表现　先用马克笔或钢笔勾画形象,用浅色画半受光面和暗面,留出高光,再用深色画槽皱的影子和重点的明暗交界线。在着色时,先用透明水色从中间色调开始往亮处过渡,然后用重色画出暗部和投影关系及环境色,最后用水溶性彩色铅笔画出微妙的细部色彩关系、素描关系和松动、绵软的织物质感。用笔须果断,不要拘泥于微细之处,如要刻画窗帘花纹,可在已画好的窗帘上随褶皱起伏描绘图案,图案不必完整,有意向即可,用色和用笔要注意随转折而变化。

图 5.18 窗帘的水粉表现(红波美术)

图 5.19 窗帘的马克笔表现(张光辉 绘)

(4)彩色铅笔表现 彩色铅笔的铅芯质地不同,普通彩色铅笔铅芯比较接近于蜡笔,质地比较硬,如要加深画面色调,就需要把铅芯削得尖一些;水溶性彩色铅笔铅芯质地较软,可把削下的铅粉和水溶解后进行渲染着色,徒手排线既生动、活泼,又可以表现复杂而柔软的物体。

图 5.20 窗帘的普通彩色铅笔表现(曾海鹰 绘)

5.4.1.2 桌布及床单的表现

桌布及床单的绘画着力应在转折褶皱处。方形的转折褶皱多集中在四角,呈放射状斜下垂,圆形的转折褶皱沿圆周边缘分散自然下垂。表现时应注意强调用笔画线的方向与形体转折保持一致。

图 5.21　床单的表现（姜立善　绘）

5.4.1.3　地毯表现

地毯质地大多松软，有一定厚度感，对凸凹的花纹和边缘的绒毛可用短促的点状笔触表现。地毯表现的重点是各类地毯的质地与图案，图案的刻画不必太细，透视变化务必准确，否则会影响整个画面的空间稳定性。

首先，用透明水色的湿画法画出地毯的底色，注意在画底色时要表现出地毯的明暗和冷暖变化，颜色过渡要自然。然后，用重色画出家具在地毯上的投影以及地毯中的深色纹样。最后，用水粉颜色提亮，刻画出地毯中的浅色图案以及光影效果，用笔要放松，表现出其厚度和毛茸茸、松软的感觉。

图 5.22　地毯表现（SIMON JO　绘）

5.4.1.4　沙发的表现

沙发的表现可以根据不同的质地运用不同的画法。布质沙发面质淳朴、雅致，在画出整体基调后饰以花纹，最后进行造型调整。皮制沙发面质紧密，有光泽，可根据造型不同利用笔触的衔接加以塑造，颜色干后提出高光和缝隙。具体步骤如下。

（1）起稿　画沙发的透视要注意其尺度和比例，先从大的几何形开始，逐渐切分画小形，画小形透视时用笔要参照大几何形的透视线，勾线要流畅、生动，用线的顿挫和急缓来表现结构的虚实，可以从投影和物体的明暗交界线处往暗部排线条，加强体积关系和空间关系。

（2）着色　根据固有色选出暗部的颜色，从明暗交界线往暗部排笔触，不要涂满，要留有反光，再用较浅的颜色或彩铅上调子，这样既透气又有变化，加强了光感和体积关系。

（3）画局部和投影　画靠背和扶手都要考虑与光的联系，分大面并画出投影。物体与地面交界处，色彩要重。

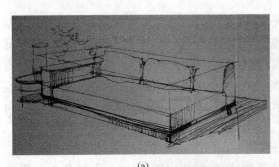
(a)

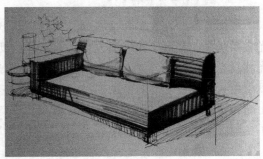
(b)

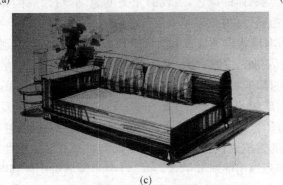
(c)

图 5.23　沙发表现（姜立善　绘）
（a）起稿　（b）着色　（c）画局部和投影

5.4.2　窗户等立体表现

　　窗户立体表现的重点在于玻璃的表现。玻璃的光影变化丰富，在表现玻璃时，要借助一个大的底色，再画出大块的明暗，加强环境对它的影响。最重要的是用灰调处理玻璃后面的大致映像，突出透明的感觉，同时要加强对高光点的刻画。玻璃上的光影应随空间形体的转折而变换倾斜方向和角度，并要有宽窄、长短以及虚实的节奏变化，同时也要注意保持所反映景物的相对完整性。

　　玻璃分为透明玻璃和反射玻璃两种。在表现透明玻璃时，先画出玻璃透过去的物体形状和颜色。反射玻璃是常用于室外的一种建筑材

图 5.24　窗户的表现（潘俊杰　绘）

料,具有强烈的反射性,犹如一面镜子,可将其周围环境折射出来,如天空、树木、人影、车辆及周围建筑等,在绘制过程中要注意反射环境的虚实变化,不可过分强调其折射效果,否则易造成喧宾夺主,影响对主体自身的表现。

5.4.3　家用电器的表现

　　家用电器的外壳多为金属,金属材料表面光滑,因此反射光源和反射色彩均十分明显。抛光金属几乎能全部反映环境色或光源色,在表现时要根据以上特点,强调明暗交界线,并将反光和高光进行夸张处理。如表现金属柱,要先画出它的固有色(如灰蓝、银白、金黄等金属固有概念色),在颜色未干时借助槽尺,运用枯笔快擦,将环境色画在暗部,再用具有光源色倾向点出高光。由于金属材料大多坚实挺直,因此要求用笔果断、流畅,并具有闪烁变幻的动感。为了在图中更好地表现其材质特点,要掌握以下几个要点。

　　(1) 不锈钢表面感光和反映色彩均十分明显,要表现出起光亮的特点及很强的折射效果。金属通常会反射周围其他物体的颜色,表现的光亮度越高,对于周围物体的明、暗反射效果越清晰;表面被打磨的越粗糙,反射效果越模糊。

　　(2) 金属材料的基本形状为平板、球体、圆管以及方管,受各种光源的影响,受光面明暗的强弱反差极大,并具有闪烁变幻的动感,刻画用笔不可太死,退晕笔触和枯笔有一定的效果。背光面的反光也极为明显,应特别注意物体转折处以及明暗交界线和高光的夸张处理。金属器具的形状决定了反射成像的形状。平坦的金属表面像镜子一样能反射出景物的本来面目;如果平坦的表面稍微有所弯曲,反射所成的像也会相应地有所扭曲;柱面以及管状表面反射的像会拉长,将物体所成的像拉成长条;半圆形的表面会将所成的像弯曲;而一个真正的球体(尤其是抛光的球面),会强烈地扭曲所成的像,在视野中间区域对比极其明显。

　　(3) 金属材质大多坚实光挺,为了表现其硬度,最好借助界尺快捷地拉出直的笔触,对曲

图 5.25　电器表现(姜立善、李梅红　绘)

面和球面形状的用笔也要求果断、流畅。

（4）抛光金属柱体上的灯光反射及环境在柱体上的影响变形有其自身的特点，平时练习要加强观察与分析，以便尽快准确地找出上下左右景物的变形规律。

5.4.4　室内装饰的表现

5.4.4.1　常见的装饰物表现

在绘图过程中，陶器、书本、花瓶、果盘、雕塑、壁挂等各种装饰物的刻画，对于渲染气氛很重要。绘制过程中，有时可以通过暗化背景的方式，使装饰物显得更为清晰。对于装饰物，可使用马克笔绘制基色，用铅笔加入细节及光照效果。

图 5.26　装饰品表现（姜立善　绘）

5.4.4.2　木材质地表现

室内装饰中木材使用最为普遍，它加工容易，纹理自然而细腻，与油漆结合还可产生不同

(a)

(b)

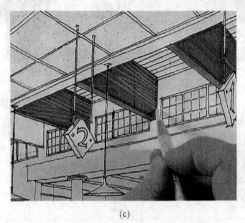

(c)

图 5.27　木质地板表现（百筑吧）

（a）绘制辅助线　（b）加入线条　（c）马克笔加彩铅表现木质（www.hvbao.com）

深浅、不同光泽的色彩效果。

　　马克笔表现木质地板的绘画方法：先用铅笔绘制辅助线，再用不同颜色的马克笔穿插绘制。在水平方向用马克笔随机加入线条，然后用浅桃色铅笔给整个地板表面上色处理，再用深棕色铅笔给座椅阴影上色，最后用白色铅笔绘制窗户反射效果。在马克笔上色的基础上，用浅色的彩色铅笔勾出木纹，可以增强木质感。

5.4.5　植物表现

　　在室内绿化装饰中，植物是主体；但在室内装饰中，植物是配景，其主要作用是衬托主体和营造氛围。植物对于调整画面效果，增强效果图的表现力、亲和力有着重要作用。

5.4.5.1　室内植物表现要点

　　（1）**构图合理**　一是布置均衡，保持整体图面的稳定感和安定感；二是比例合适，体现真实感和舒适感。如空间大的位置可选用大型植株及大叶品种，小型居室或茶几案头摆设矮小植株或小盆花木，利于植物与空间的协调。我们在绘图表现时，要按植物原本的大小比例和形状，真实地表现植物在装饰空间的构图效果。

　　（2）**色彩协调**　室内植物表现形式要根据室内的色彩状况而定。我们在绘画表现时，需要准确判断在室内真实的光、影及环境色彩的相互作用下，植物的准确色彩、色调，在绘图纸上真实地表现装饰空间的色彩分配，尤其是彩叶类及观花类花卉的色彩。

5.4.5.2　室内植物表现技法

　　在进行室内绿化装饰的植物绘画时，首先要了解植物的形态特征，抓住表现对象的主要特点，造型要求准确；其次选择入画角度，先勾勒大致轮廓，近景细化，表现植物的质感、层次、动态。远景勾出轮廓，表现出透视及明暗关系即可。先用透明水色，在已完成的针管笔线稿上画出明暗和冷暖的大色块，然后根据画面需要，用水溶性彩色铅笔刻画出细部的明暗以及微妙而

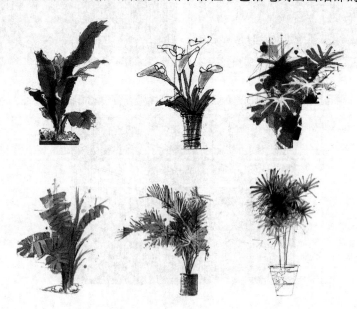

图 5.28　植物表现（华人手绘设计网）

又丰富的中间色调,从而显现出蓬松自然的植物形态。为了使画面更加逼真,植物的形态、色彩要尽量与实物接近,充分展现绿化装饰后的效果。

5.4.6　室内空间整体表现

室内空间是由地面、墙面、顶棚三部分围合而成的。这三部分确定了室内空间大小和不同的空间形态,从而形成了室内空间环境。

室内空间的结构线条多用马克笔来表现,具体的技法步骤如下。①起稿:用 HB 铅笔根据室内设计方案制图绘出透视底稿。也可以先用一张纸起稿,然后再把它复制到正稿上,并用钢笔勾线。②用蓝灰色铺出电视墙主要部位铝塑板及背景墙壁纸的色彩。用淡赭石色画出室内所有木制家具的色彩,并分出明暗面,同时强调明暗交界线向暗部过渡的笔触变化。以近似水平的笔触由远及近铺出地面远处的浅灰色。用蓝紫色画出地毯的颜色。③用深灰色和浅灰色画出音像制品的明暗面,并用浅灰色画出沙发的暗部和灰面。用浅黄色画出沙发和木隔断的局部,以及远处厨房家具的颜色并分出明暗面。然后画出墙面及凹入截面的暗部色彩。④用深色画出电视柜、沙发及远处餐桌餐椅的投影,并强调远近虚实变化,以加强家具的分量感及稳定感。⑤画出电视屏幕及玻璃隔断的颜色,然后画出沙发靠垫的光影变化及装饰纹理。加强沙发靠背、扶手的深蓝色,以衬托出沙发靠垫和坐垫。加强茶几的暗部以衬托出沙发的亮面,以略深的颜色找出客厅与餐厅木装饰的光影,以突出其体积感。以淡灰色画出墙面装饰的投影及顶棚凹入截面的色彩,再进行隔断细节的刻画。⑥进行细部刻画。对画面表现的空间层次、灯具及装饰品、家具材质和光影变化做深入细致的刻画。所有深入的表现,都要服从于整体空间的层次关系。⑦以概括生动的笔法画植物配景。配景的造型和色彩要简洁、概括。最后强调画面,点出装饰品及玻璃上的高光。

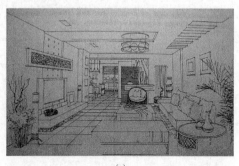

(a)

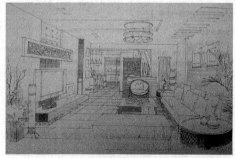

(b)

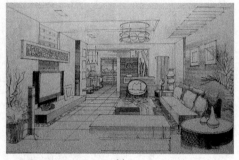

(c)

(d)

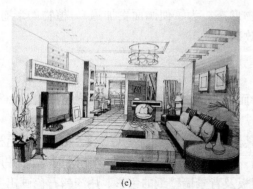

(e)   (f)

(g)

图 5.29 室内空间表现（姜立善、李梅红 绘）

（a）起稿 （b）绘墙及木质家具 （c）绘电器及沙发 （d）绘投影

（e）绘玻璃材质 （f）装饰品的细部刻画 （g）绘植物等配景

6 室内绿化装饰材料的繁殖与养护

花卉繁殖就是利用各种方式增加花卉植物的个体数量，以扩大其群体的过程和方法。室内绿化装饰材料涉及的种类繁多、范围广，其繁殖方法也各个相同，对个同花卉适时地应用正确的繁殖方法，不仅可以提高繁殖系数，而且能较快地为室内绿化提供较多的材料。

6.1 室内绿化装饰材料常用的繁殖方法

6.1.1 种子繁殖

种子繁殖又称有性繁殖，指经过减数分裂所形成的雌、雄配子的结合，产生的合子发育成的胚，再生长发育成新个体的过程。种子繁殖具有简便易行、繁殖系数大、实生苗根系强壮、适应性强、寿命长且种子方便流通等优点。但种子繁殖至开花结实或达到一定规格的商品植株所需的时间较长，如君子兰需 4～5 年。与其他观花花卉相比，种子繁殖方法在多数室内观叶植物中并不多用，因为观叶植物多为盆栽，不易开花或开花而不结果。同时，种子繁殖易产生变异，往往不能保持母本的优良特性，因此，在室内绿化装饰材料中，种子繁殖具有很大的局限性。但在无性繁殖不易成活时，或在育种上需要培育新品种时依然使用这一繁殖方法。

室内播种适合温室草本花卉及种子细小或量少的种类，多用深 10 cm、底部多孔的浅盆播种。在盆底部铺碎瓦片后，填入 1/3 的粗粒土以利排水，再填培养土，轻轻压实，并留出 1～2cm 的盆沿。一般采用点播或撒播，前者用于大粒、名贵的种子，后者用于小粒、量多的种子。浇水宜采用喷雾法或浸盆法。为了保温、保湿，也可盖上透明的玻璃或用透明的塑料袋将花盆套上，以利于出苗快而整齐。

播后管理的关键是水分控制，播种至出苗前后，土壤要保持适当的湿度，且给水要均匀，不能使盆土过干或过湿，也不可忽干忽湿。过干，种子不出苗；过湿，种子易霉烂；忽干忽湿，会使刚萌芽的幼苗枯死。播种初期，苗床的湿度应该大一些，因为种子萌发时吸收的水量大；后期，土壤湿度要适当减小，诱使萌发的根系往深处生长。种子出苗后要去除覆盖，使之接受适宜的光照，以保证其生长旺盛。如果幼苗生长过密，要及时间苗，并在间苗后浇水，以保证幼苗根系与土壤的紧密结合。待幼苗长出 4～5 片真叶时，再进行移栽，放大株行距。

6.1.2 扦插繁殖

扦插繁殖是利用植物营养器官的再生能力，切取茎、叶、根的一部分，插入扦插床中，给予适宜的条件，使其生根、发芽，并长成新植株的繁殖方法。用这种方法培养的植株遗传性状稳定，一般不会发生变异，可以保持母体植株的优良特性。与播种苗相比，扦插苗幼苗周期短，成苗快。

6.1.2.1 扦插时间

室内观赏植物以生长期扦插为主，一般多在春夏秋三季；如在温室条件下，则一年四季均可进行。

6.1.2.2　插床准备

扦插前,首先要设置好插床。插床可设置在露地或温室内,也可用盆箱扦插。插床基质要求疏松保湿、无病菌、排水和通气性良好。常用基质有河沙、蛭石、珍珠岩、泥炭和培养土等,具体选用哪一种基质要依据扦插的花卉种类而定。室内观叶植物一般用培养土与河沙、珍珠岩等量混合基质比较理想,即插床底层铺 2~3 cm 厚的粗石粒作为滤水层,其上再铺 3~4 cm 厚的培养土作为营养层,最后铺设 5~6 cm 的河沙、珍珠岩等基质。插床顶部通常搭设有支架,可根据管理需要覆盖塑料薄膜增温保湿,或在夏季铺盖网帘进行遮阴。扦插前必须对基质进行严格消毒。

6.1.2.3　扦插的种类及方法

根据选取植物器官的不同,扦插繁殖的方法有以下几种。

(1)叶插　叶插是用植物的成熟叶片作扦插材料。该方法常用于叶片肥大、叶柄粗壮、自叶上易产生不定根、不定芽的草本花卉,如虎尾兰属、秋海棠属、景天科、苦苣薹科、胡椒科的许多种类。秋海棠在叶脉部分可发生不定芽,椒草在叶柄的切口可以萌发不定芽、不定根,虎尾兰在叶片的切口处易产生不定芽、不定根。叶插须选取发育充实的叶片,在设备良好的繁殖床内进行,维持适宜的温度和湿度,从而得以壮苗。叶插按所取叶片的完整性可分为全叶插和片叶插。

① 全叶插:以完整叶片为插条,可采用平置法,也可采用直插法。平置法是将去掉叶柄的叶片平铺沙面上,加针或竹针固定,使叶片下面与沙面密接。落地生根的离体叶,可在叶缘周围的凹处发生幼小植株。秋海棠类则自叶柄基部、叶脉或粗壮叶脉切断处发生幼小植株。直插法是将叶柄插入基质中,叶片直立于沙面上,自叶柄基部发生不定芽及不定根,如大岩桐从叶柄基部发生小球茎之后再发生根,非洲紫罗兰、苦苣薹、豆瓣绿、球兰、海角樱草等均可用此法繁殖。

② 片叶插:将叶片分切为数块,分别进行扦插,每块叶片上形成不定芽的方法,如蟆叶秋海棠、大岩桐、豆瓣绿、虎尾兰等。如将虎尾兰叶片横切成长 5~10 cm 的小段,直立插在插床中,深度约为插穗长的 1/3~1/2。在一定温湿度下,经半个月左右,叶片下部切口中央部分可以长出一至数个小根状茎,继而长出土面,成为新芽,形成新的植株。

(2)茎插　茎插又称枝插,即选取植物枝条的一部分作为插穗。根据插穗的生理状态,茎插又可分为芽叶插、软枝扦插、半软枝扦插和硬枝扦插。由于硬枝扦插多用于园林树木育苗,这里主要介绍适合室内观赏植物使用的芽叶插、软枝扦插和半软枝扦插。

① 芽叶插:指以一叶一芽及其着生处茎或茎的一部分作为插条的方法。芽叶插于生长期进行,选取叶片成熟、腋芽饱满的枝条,削成每段只带一叶一芽的插穗,将插穗直插基质中,仅露出芽尖即可。此种方法主要用于叶插易生根、不易长芽的种类,如菊花、八仙花、山茶花、橡皮树、龟背竹、桂花、春羽、天竺葵等。

② 软枝扦插或嫩枝扦插:在生长季节,选取 5~10cm 的枝梢作插穗,选取的枝梢应以生长健壮的枝条为宜,枝条太嫩易腐烂,过老不易生根。软枝扦插必须保留一部分叶片;叶片较大的种类,为避免水分过度蒸腾,可将叶片剪掉一部分。多数植物宜于扦插之前剪取插条,但多浆植物必须使切口干燥半日至数天后扦插,以防腐烂。扦插深度不宜超过插穗长度的1/3,一般夏季气温高宜浅插,春季气温低宜深插。一串红、彩叶草、冷水花、月季、杜鹃、一品红、虎刺

梅、橡皮树等可采用此法繁殖。

③ 半软枝扦插：指用当年生半木质化的枝条作为插穗的扦插方法，多用于常绿、半常绿的木本花卉，如米兰、茉莉、栀子、山茶花、杜鹃、月季等。一般天南星科植物的蔓性种类、橡皮树、朱蕉、龙血树、常春藤及爵床科植物大多用带顶芽的茎，有时也用不带顶芽的茎扦插；而万年青、荷兰铁、龙血树、龟背竹、绿帝王、喜林芋等也可以切下茎段，每 2～3 节作为一插穗。半软枝扦插也在生长期进行，方法基本与嫩枝扦插相同，不同之处在于半软枝扦插的深度为插条的1/3～2/3。

（3）根插　指以根作插条的扦插方法，仅限于根上能形成不定芽的种类。龙血树、朱蕉、龟背竹等植物的地下部分易形成根茎，扦插时，将根茎切成长约 2～3 cm，待切口稍微晾干后横埋或斜插于插床，上覆盖一层 1～2 cm 基质，使其发芽生根。剪秋罗、宿根福禄考、芍药、补血草、荷包牡丹等花卉大多具有粗壮的根，于休眠期（晚秋、早春）选取粗 2mm 以上的根，切成5～15cm 的根段，直插基质中，顶端与基质平或略高，也可将插穗横埋基质中，深度约 1cm，注意保湿。由于这种方法所取扦插材料较老，所以生根长芽需要时间相对较长，有时还需要用药剂作适当处理，以提高成活率。

6.1.2.4　扦插后的管理

扦插后到插条下部生根，上部发芽、展叶，并且新生的扦插苗能独立生长时为成活期。插床管理工作的好坏对插条成活率影响很大，必须予以充分的重视。扦插后管理的中心环节是做好水分调节和光照控制。水分调节主要掌握好土壤浇水量和空气湿度，插床基质的水分含量一般控制在 60%～70% 之间比较合适。浇水过多，容易导致伤口霉烂；浇水过少，则不能维持蒸腾作用的动态平衡，往往致使插穗尚未生根就已干枯。插穗在发根之前从基质中吸收水分的能力弱，仅靠浇水是不够的，只有保持较高的空气湿度才可以减少蒸腾，使插条本身自始至终保持新鲜，做到不枯萎、不失水。插床的空气相对湿度宜保持在 85% 以上，因此，需要有喷雾条件，尤其对嫩枝扦插更加重要。在扦插初期，尽量保持较高的空气湿度，但在愈伤组织已经形成并且开始发根时，则要注意通风换气.促进发根生长。嫩枝扦插一般控制在半阴条件下较好，插穗的叶片在阳光下仍能进行光合作用，继续制造同化养分物质，有利于促发生根。但如果光照太强.插穗的蒸发量过大，反而会影响插穗的成活。

6.1.3　分生繁殖

分生繁殖是指从母本分离出小植株或小子球另行栽植成新株的繁殖方法。分生繁殖是最简单、最可靠的繁殖方法，成活率高，但产苗量少。因花卉植物的生物学特性，分生繁殖的形式很多。

6.1.3.1　分株繁殖

将根部或根茎部产生的带根萌蘖（根蘖、茎蘖）从母体上分割下来，然后单独栽植成为新株。如牡丹、棕竹、文竹、兰花、芍药、蕨类、竹芋、伞草、椒草、秋海棠等。分株繁殖主要在春季（3～5 月）和秋季（9～10 月）进行。通常结合植株换盆时进行，将母株从盆内倒出，抖去部分旧的培养土，露出伸展方向的新芽和根蘖根系，用利刀将植株分割为若干小丛种植，每一小丛必须带有幼根。切割时应顺着根系的走向，尽量少伤根，然后分别进行种植。一般植株分切后应立即上盆，浇足水，并置于较荫蔽湿润的环境养护 7～10 天，待其根系恢复正常后按常规方法进行栽培管理。分株时温度不宜太低（一般不低于 20℃），否则容易引起损伤，并且植株生长衰弱。

6.1.3.2　吸芽繁殖

吸芽是某些植物根际或地上茎叶腋间自然发生的短缩、肥厚呈莲座状短枝。吸芽的下部可自然生根,故可分离而成新株。如多浆植物中的芦荟、景天、石莲花等常在根际处着生吸芽;凤梨类的地上茎叶腋间也生有吸芽。

6.1.3.3　珠芽繁殖

珠芽为某些植物所具有的特殊形式的芽,生于叶腋间,如卷丹在叶腋处着生的黑色珠芽。观赏葱类于花序中长出特殊形式的芽,呈鳞茎状。珠芽脱离母株后自然落地即可生根,故可于珠芽成熟之际及时采收,并立即播种。采用珠芽繁殖,至开花一般需 2～3 年,比播种繁殖快,且能保持母本特性。

6.1.3.4　走茎和匍匐茎繁殖

走茎是指自叶丛抽出来的节间较长、不贴地面的茎,节上着生叶、花和不定根,能产生幼小植株,分离栽植即可成新植株。如虎耳草、吊兰等。匍匐茎与走茎相似,但节间较短,横走地面,并在节处生出不定根和芽,分离下来独立形成完整植株,如吊竹梅。

6.1.3.5　分球繁殖

大部分球根类花卉的地下部分分生能力都很强,每年都能长出一些新的球根,用它们进行繁殖,方法简便,比播种繁殖开花也早。将地下茎(美人蕉、鸢尾等)、球茎(唐菖蒲、小苍兰等)、鳞茎(郁金香、百合、水仙等)、块茎(仙客来、马蹄莲)、块根(大丽花等)自然分离后另行栽植,可长成独立个体。在春秋两季挖球时,将基部萌出的小子球剥离,大小球分别储藏,并另行栽植。

(1)球茎类　唐菖蒲、小苍兰的种球属于球茎。开花后在母球茎干枯的同时,能分生出几个较大的新球茎和很多小子球。新球茎第二年分栽后,当年即可开花,小子球则需培养 2～3 年后才能开花。

(2)鳞茎类　鳞茎是变态的地下茎,具有鳞茎盘,其上着生肥厚多肉的鳞片而呈球状。每年从老球基部的茎盘分生出仔球,抱合在母球上,把这些仔球剥离下来另行栽植,可培养成新植株。

(3)块茎类　由茎肥大变态而成块状,芽通常在块茎顶端。如美人蕉的地下部分具有横生的块茎,并发生很多分枝,其生长点位于分枝的顶端。在分割时,每个块茎分枝都必须带有顶芽,才能长新的植株。新根则在块茎的节部发生,这种块茎分栽后,当年都能开花。

(4)块根类　由地下根肥大变态而成,块根上没有芽,它们的芽都着生在接近地表的根颈部。单纯栽一个块根不能萌发新株,因此分割时每块都必须带有根颈部分才能形成新的植株。如大丽花、银莲花、花毛茛等。

(5)根茎类　一些植物具有肥大而粗长的根状变态茎,具有节、节间、芽等与地上茎类似的结构,节上可形成根,并发出侧芽,切离母体后可长成为新的植株。如马蹄莲、蜘蛛抱蛋等。

6.1.4　压条繁殖

压条繁殖是在枝条不与母株分离的情况下,将枝梢部分埋于土中,或包裹在能发根的基质中,促进枝梢生根,然后再与母株分离成独立植株的繁殖方法。这种方法不仅适用于扦插易活的园艺植物,对于扦插难于生根的种类也可采用,因为新植株生根前,其养分、水分和激素等均可由母株提供,且新梢埋入土中又有黄化作用,故较易生根。其缺点是繁殖系数低。

压条繁殖的方法很多,一般可分为普通压条法、埋土压条法和高空压条法。下面介绍的方法较适合室内或小面积栽培使用。

6.1.4.1 普通压条法

将母株基部1~2年生枝条下部弯曲并用刀刻伤埋入土中10~20cm,枝条上端露出地面。埋入部分用木钩钩住或石块压住。灌木类还可在母株一侧挖一条沟,把近地面的枝条节部多部位刻伤埋入土中,各节都可生根发芽。藤本蔓生的花卉可将枝条波浪状埋入土中,部分露出部分入土。生根发芽后可剪断枝条,生出多个新植株来。可用压条繁殖的花木很多,如石榴、栀子花、腊梅、迎春、吊金钟等。

6.1.4.2 埋土压条法

根部发生萌蘖的花木,只要在母株基部培土,枝条不需压弯即可使其长出新根。如木兰、牡丹、柳杉、海桐、八仙花、金银木等。

6.1.4.3 空中压条法

有些花木树体大或枝条不易弯曲且发根困难。如白玉兰、米兰、含笑、变叶木、山茶、金橘、杜鹃等。在生长旺盛的季节,用二年生发育完好的枝条,适当部位环状剥皮或用刀刻伤,然后用竹筒或塑料袋装上泥炭土、苔藓、培养土等包在剥刻部位,培养土需含水60%左右,待生根后切离母株,带土去包装植入盆中,放在阴棚下养护,待7~10天缓苗后即可进行正常管理。

为促进压条生根,经常在枝条被压部位采取刻痕法、去皮法、缢缚法或拧枝法处理。

6.1.5 嫁接繁殖

嫁接即人们有目的地将一株植物上的枝条或芽,接到另一株植物的枝、干或根上,使之愈合生长在一起,形成一个新的植株的过程。通过嫁接培育出的苗木称嫁接苗。用来嫁接的枝(或芽)叫接穗(或接芽),承受接穗的植株叫砧木。在室内植物中,多浆植物常采用此方法繁殖。

在多浆植物的嫁接繁殖中,一般选生长迅速、扦插易活、观赏价值不高但具有某种特殊用途的掌状、柱状和球状多肉植物为砧木,以观赏价值高、形态或颜色美丽的多肉植物为接穗。在室内嫁接不受时间限制,周年均可进行。与一般嫁接不同之处是不需形成层对齐,只需髓心对齐即可。嫁接方法又可分为平接、斜接、楔接和插接四种。以平接为例,先将砧木顶部用快刀削平,削面要大于接穗削面,然后再将四周肉质茎及皮向下30°角斜削一部分。另外,用作接穗的小球应将下部1/3左右切掉,并按上面切砧木的方法将接穗边缘向上斜削一圈,并立即放在砧木上,将髓部对齐,然后用尼龙线连同花盆一起绕紧固定,放阴处养护即成。用塑料袋保湿,成活后再除去。盆土不干不浇水,浇水时要注意勿湿伤口。

6.1.6 孢子繁殖

蕨类植物在室内观赏植物中占有重要地位,常用分株繁殖和孢子繁殖。蕨类植物的成熟叶片背面布满褐色孢子囊,孢子囊内含有大量孢子,用它繁殖一次能获得大量的植株。孢子繁殖要求严格,需要一个高温高湿的荫蔽环境。首先要掌握好孢子采收时期。孢子多在春夏间成熟,最佳采摘叶片的时期是大多数孢子刚要脱落而还没有扩散出来时,里面的孢子呈铅笔灰颜色,这时采收最佳。孢子的收集还应选择适宜的部位,一般孢子是从叶下部往上部逐渐成熟的,同一片叶上的孢子成熟度不同,宜采收叶片中下部的孢子用于繁殖,这个部位的孢子成熟度好,生活力强。将剪切下来的叶片放在一张报纸上,使孢子脱落。将收集的孢子撒在花盆中湿润的泥炭上,再把花盆用塑料袋罩起来,放在一个盛水的托盘里,置于温暖的地方,并且根据需要随时补充托盘中的水分。3～4 个月后孢子体幼苗可长至 0.5～1.5 cm,此时可将过密的蕨苗分块栽于与播种同样的基质上,当叶长到 5～6 cm 时,经炼苗移植上盆,放在半阴地方培养,保证充足的肥水条件,3～4 个月后,即可长成郁郁葱葱的、可用于室内绿化装饰的盆花。

6.2　室内绿化装饰材料的养护与管理

6.2.1　常用基质的选择及配制

6.2.1.1　常用基质的选择

基质是植物生长的基础,对植物起支撑作用,同时也是植物生长所必需的营养、水分以及氧气的传递者。不同的基质性质,对于营养、水分以及氧气的传递能力不同,而不同的植物种类对于这种能力的要求也不同。因此,我们应该根据不同的植物种类选配不同的基质,以使基质和植物的生长发育达到最佳组合。而盆栽植物根系的活动空间有限,对基质的性质要求更高。一般盆栽植物要求的培养土,一要疏松、排水和透气性好,以满足根系呼吸的需要;二要养分充足,富含有机质,保肥、保水能力好,满足植物生长和开花所需要的营养和水分要求;三要适合植物生长的酸碱度,有些植物喜欢偏酸性基质,如杜鹃花、栀子花、八仙花、山茶、凤梨、蕨类、兰科花卉等;多数植物都是喜欢弱酸性或中性偏酸的基质,只有在适宜酸碱度的基质土壤中,营养物质才是可吸收状态,否则根系吸收不到土壤中的营养物质。

对于室内盆栽植物的基质应具有“宜、洁、轻、易、廉”的特征。“宜”:选用的基质要适宜于植物的生长发育,必须具有良好的排水、保水、保肥和透气性能,以及适宜的酸碱度等。“洁”:指清洁卫生,室内观赏植物主要用于美化室内空间,不应带有任何病虫害,也不能散发异味。“轻”:基质要轻,便于盆花更换搬动。“易”:基质取材方便,容易配制。“廉”:价格便宜,成本低。这样的基质才适合用于室内植物的栽培,适应现代化室内绿化装饰材料生产的需要。常用的栽培基质有:

(1) 无机性基质

①河沙:具极强的排水性和良好的通气性,清洁卫生,但保水、保肥能力差,呈中性。②蛭石:经过高温处理状似云母的薄片,具有孔隙多,保水通气性强,质轻无菌等特点,中性,但保水、保肥能力差。③珍珠岩:经过处理的白色粗沙状小颗粒,有很强的排水和透气性,无菌,不含任何肥分。常与其他有机质配合使用。

(2) 有机基质

①腐叶土:腐叶土是由阔叶树的落叶长期堆积腐熟而成的基质。在阔叶林中自然堆积的腐叶土也属这一类土壤。腐叶土含有大量的有机质,土质疏松,透气性能好,保水、保肥能力强,质地轻,是优良的盆栽用土。它常与其他基质混合使用,也可单独使用,适于栽培多数常见花卉,也是栽培室内观赏植物的最佳土壤。②泥炭土:泥炭土又称黑土、草炭土,系低温湿地的植物遗体经几千年堆积而成。泥炭土含有大量的有机质,土质疏松,透水透气性能好,保水、保肥能力较强,质地轻且无病害孢子和虫卵,也是盆栽观叶植物常用的土壤基质。泥炭土与蛭石或河沙混合是常用的选配基质类型。③园土:园土是经过农作物耕作过的土壤。它一般含有

较高的有机质,保水持肥能力较强,但往往有病害孢子和虫卵残留,使用时必须充分晒干,并将其敲成粒状,必要时进行土壤消毒。园土作为栽培基质常与其他基质混合使用,如兰科花卉、凤梨等。④树皮:主要是栎树皮、松树皮和其他厚而硬的树皮,它具有良好的物理性能,能够代替蕨根、苔藓、泥炭,作为附生性植物的栽培基质。使用时将其破碎成 0.2~2 cm 的块粒状,按不同直径分筛成数种规格。小颗粒的可以与泥炭等混合,用于一般盆栽观叶植物种植;大规格的用于栽植附生性植物。⑤椰糠、锯末、稻壳类:椰糠是椰子果实外皮加工过程中产生的粉状物。锯末和稻壳是木材和稻谷在加工时留下的残留物。此类基质物理性能好,表现为质地轻、通气排水性能较好,可与泥炭、园土等混合后作为盆栽基质。使用这类基质时要经适当腐熟,以除去对植物生长不利的异物。

上述各种基质材料各有利弊,在应用时应根据各种植物的特性及不同的需要而加以调配,做到取长补短,发挥不同基质的性能优势。

6.2.1.2　基质的配制

室内观赏植物一般是栽植在花盆等容器中,供给其营养物质的基质有限。因此要求盆土具有丰富的营养元素,同时具有充足的腐殖质和理想的理化性状,以满足植物正常生长发育的需要,所以盆栽植物多用人工调配的培养土。

(1)基质的配制方法　根据所选基质种类的不同,配制方法可分为无机复合基质、有机复合基质和无机-有机复合基质三类。

• 无机复合基质:是用无机基质配制的,不含有机质,肥力水平低,可选用的基质有素沙土、陶粒、蛭石、珍珠岩、炉渣等。这类基质最大的特点是通透性好,无病菌孢子及有害虫卵,安全卫生,营养元素均衡,易于调整,应用较为广泛。下面是室内花卉栽培养护常用的基质配方。

蛭石:珍珠岩为 1:1,适合作软枝和半软枝扦插插床基质。

陶粒:珍珠岩为 2:1,适合种植各种粗壮或肉质根系花卉。

• 有机复合基质:这类基质总体有机质含量高,多呈酸性反应,来源丰富,价格低廉,是应用较多的一类基质。

腐叶土:黏土:沙土:草炭＝4:3:2:1,可用于杜鹃、茶花、含笑的栽植。腐叶土:厩肥土:园土＝2:1:1,适用于米兰、茉莉、金橘、栀子的栽培。腐叶土:园土:河沙＝2:1:1,适合多肉多浆植物生长。

• 无机-有机复合基质:这类基质综合性状优良,应用广泛,有机质含量适中,透水性好,成本较为低廉,是生产上应用较多的一类复合基质。泥炭:蛭石:珍珠岩＝2:1:1,适用于多数观叶植物栽培。

泥炭:珍珠岩＝1:1,用作半软枝扦插和叶插基质及大部分盆栽植物的栽培基质。

泥炭:珍珠岩＝1:2,用作杜鹃等纤细根系植物栽植。

泥炭:炉渣＝1:1,用于盆栽喜酸植物栽培。

泥炭:珍珠岩:黄杉树皮＝1:1:1,用于盆栽附生植物栽培。

(2)基质酸碱性的调节　土壤酸碱度对植物的生长发育有密切的关系。一方面,土壤的酸碱度可以影响矿物质的分化速度;另一方面它可以左右微生物的活动,影响有机物的分解。但大多数植物的生长适宜中性或微碱、微酸的土壤环境,即 pH 值在 5.0~7.5 之间,在这个范围内,植物所需营养元素大都呈有效状态,有益土壤微生物活动较强。

由于植物对土壤酸碱度要求不同,栽培时依种及品种需要,应对土壤酸碱度进行改良。如土壤为碱性或微碱性,可施用硫磺粉或硫酸亚铁,施用后土壤酸碱度会相应降低;黏重的碱性土,用量需适当增加。盆栽植物如凤梨科、蕨类、兰科、八仙花、紫鸭跖草、山茶、杜鹃、栀子等均为喜弱酸性花卉,用1kg水加2g硫酸铵和1.2～1.5g硫酸亚铁的混合溶液浇水,浇灌的频率和次数可根据植物种类而异。

当土壤酸性过高时,根据土壤情况可用生石灰中和,以提高土壤酸碱度。

(3)基质消毒　由于天然土壤中常带有病菌孢子、害虫虫卵或活体以及杂草种子等,因此盆栽植物的培养土在使用之前一定要进行消毒,以达到消灭病菌、病虫的目的。室内养花常用的消毒方法有下列几种。①日光暴晒法:将配制好的培养土放在清洁的水泥地或塑料薄膜上薄薄地摊开,在烈日下暴晒10h,中间不断翻搅,可以杀死大量病菌孢子、菌丝和害虫虫卵以及线虫等。此种方法简便易行。②高压(温)蒸煮法:粉末状或颗粒较小的土壤可用家庭蒸锅进行蒸汽熏蒸,如泥炭、珍珠岩、蛭石等,持续30～60min,就可以达到消毒的目的。但加热时间不宜持续过长,否则会杀灭能够分解肥料的有益微生物。粗质的基质,可用水煮法,如水草、树皮等,放在水中煮,或用高压锅煮,同样能达到灭菌的效果。③炒:可将配制好的培养土放入铁锅里,在火炉上翻炒20min,同样也能收到消毒的效果。④药剂闷法:常用含40%甲醛的福尔马林进行密封闷,即将培养土放在密闭的塑料袋内,在培养土中均匀撒上稀释50倍的福尔马林液,然后扎紧封口,密闭48h后解封并把土摊开,待福尔马林气体完全挥发后便可使用。操作时动作要迅速,眯起眼睛,并要戴上口罩和手套。由于甲醛对人体有伤害,密封消毒期间最好放在室外,远离儿童。

6.2.2　上盆、换盆、转盆

6.2.2.1　上盆

上盆是指将买来的花苗或自行繁殖的幼苗,栽植到花盆中的操作。上盆时间多在春季进行。上盆前,根据植株大小选择大小适宜的花盆,若花苗大,花盆小,盆土太少,根系难以舒展,不仅影响根系发育,而且影响成活后的观赏效果;若花苗小,花盆过大,盆土太多,浇水后盆土长期过于潮湿,容易导致盆土缺氧,影响根系呼吸,甚至导致烂根。

上盆时首先将花盆底部的排水孔用两块碎瓦片盖成"人"字形,使盆底的排水孔眼处于"盖而不堵、挡而不死"的状态,以利于排水;用浅盆、小盆上盆时,可在排水孔处铺塑料纱网、棕皮或泡沫。在碎瓦片上填入颗粒较大的土壤或煤渣,再铺上一层细土,这样不仅有利于排水通气,也能使植株根系伸展自如;将植株放入盆内中间位置,并使其根部向四周伸长,扶正后沿四周慢慢地加培养土,填到一半时用手轻轻压紧基质,使植株根系与基质密接,接着继续加培养土到离盆口2～3 cm位置,再把花苗往上略提一提,并摇动花盆,使土与根系密接。上盆完毕,应马上浇水,第一次浇水一定要浇透,直至盆底有水渗出;也可将盆放在盛水容器内,使水从盆底孔慢慢渗透进去,直至盆内表土湿润,但要注意盛水容器内的水不能高于盆面。将种植好的盆置于荫蔽处,避免阳光直射,养护1～2周后逐步移至正常养护区。在夏秋季,如果盆土较易干燥,可在盆面加盖一层水苔,以减少水分蒸发。

室内许多观叶植物,如黄金葛、常春藤及喜林芋类等呈蔓性生长,且有气生根,可用3～5株种于一个盆作垂吊栽培外,也经常用作攀附种植,即在中央埋一根柱状蛇木或一根竹棍,棍的四周包以棕皮、破旧遮阳网或水苔,以作为支柱。在柱的四周种植3～5株小苗,并用小铁丝绑扎牵引,使植株藤蔓沿立柱四周攀附生长。用该方法种植时,要经常向立柱喷水,使其经常保持湿润状态,以利于气生根的攀扎和植株的快速生长。

6.2.2.2 换盆

换盆是指把盆栽植物换到另一个盆中去的操作过程。通常有两种情况需要换盆:一种是随着幼苗的生长,根系逐渐布满盆内,同时从盆底排水孔伸出幼根,这时需换入较大的花盆,并填入新的培养土,以扩大营养面积,否则植物生长就会受到限制;另一种是植株已定型,因栽培时间过久,致使盆内养分缺乏,土质变劣,也需要更新培养土。

换盆前1~2天暂停浇水,以便使盆土与盆壁脱离。换盆时将花木从盆中托出,把原土坨肩部与四周外部的陈土铲掉一层,剪除枯根、卷曲根及部分老根,在新盆内填入新的培养土,并将花卉栽入其中。栽植的方法与上盆方法基本相同。换盆后,水要浇足,使花木的根与土壤密接,以后则不宜过多浇水,因换盆后多数根系受伤,吸水量明显减少,特别是根部修剪过的植株,浇水过多时,易使根部伤处腐烂。新根长出后,可逐渐增加浇水量。换盆后,为了减少叶面蒸发,将盆先置于阴凉处,7~10天后即可进行正常的养护管理。

6.2.2.3 转盆

转盆是指将花盆在原地旋转位置。有些植物在生长发育过程中因为趋光性,尤其是放在窗口或单斜面温室的植物,其枝叶常偏向有阳光的一面生长,为了使枝叶生长均匀,姿态优美,需要经常更换方向,如君子兰。但少数开花植物属于特例,如蟹爪兰等,如旋转花盆会导致落芽。

6.2.3 肥水管理

肥与水是观赏植物赖以生存和生长的物质基础。合理的肥水管理不仅可以使其快速生长,同时可以获得更高的观赏价值。

6.2.3.1 浇水

浇水是栽培观赏植物管理中的重要环节。盆栽植物的浇水原则是"不干不浇,浇则浇透",避免多次浇水不足,只湿及表层盆土,使盆内形成上湿下干的"拦腰水"现象。这种现象极易引起上层根系腐烂、中下层根系长期缺水早衰或枯死,同时上湿下干的交界处形成板结层,影响植株通气,最终导致植株死亡。

关于植株浇水次数、浇水时间和浇水量,应根据植物种类、不同生育阶段、自然气象等因子以及培养土性质等条件灵活掌握。蕨类、兰科、秋海棠类、天南星科等喜湿植物要多浇水,一般在盆土开始变干时就必须及时浇水。酒瓶兰、龙血树、朱蕉,马拉巴栗等植物,其植株本身保水、蓄水力较强,并且叶片革质较厚,叶面水分蒸发较少,这类植物浇水量不必太多,只要保持土壤湿润即可,水分过多易引起烂根。一些竹芋类观叶植物,叶片茂密且较大,对水分的反应比较敏感,缺水时易出现叶片卷缩、叶尖枯焦等不良症状,所以生长季要供其较大量水分,但其肉质根茎又不适合太湿的土壤,故需要较高的空气湿度,要经常向叶面喷水。多肉多浆植物等旱生植物要少浇水。有些植物对水分特别敏感,若浇水不慎会影响生长和开花,甚至导致死亡,如大岩桐、蒲包花、秋海棠的叶片淋水后容易腐烂;仙客来球茎顶部幼芽、非洲菊的花芽等淋水会腐烂而枯萎;兰科、牡丹等分株后,如遇大水也会腐烂。因此,对浇水有特殊要求的种类应和其他花卉分开摆放,以便浇水时区别对待。

进入休眠期时,浇水量应依植物种类的不同而减少或停止;从休眠期进入生长期,浇水量逐渐增加。生长旺盛时期,要多浇水;疏松土壤可多浇水,黏重土壤可少浇水;夏季以清晨和傍晚浇水为宜,冬季以上午 10 时以后为宜。

此外,浇水时还必须注意其水质和水温等情况。

浇花用水最好是微酸性或中性的软水。最理想的是雨水,因雨水接近中性,不含矿物质,又有较多的空气,最适宜花木的生长;河水、井水次之;自来水含氯较多,水温也偏低,不宜直接用来浇施盆花,要晾一两天再用,使氯挥发,水温和气温相近时再用于浇花比较好。

水温和盆土温度不宜相差太大,若超过 5℃便有可能伤害根系,构成对植株的威胁,尤其是在烈日高温的中午浇冷水,土温突然下降,根毛受到低温的刺激,使根系正常的生理活动受到阻碍,减弱水分吸收,产生"生理干旱",引起叶片焦枯,严重时导致全株死亡。因此,夏季忌在中午浇水,以早、晚浇水为宜。

6.2.3.2　施肥

盆栽植物生长期生长在盆钵中,根系伸展受限制,在基质条件好的情况下,施肥对生长发育至关重要。按施肥的时间分为基肥和追肥。

(1)基肥　在植物上盆、换盆或定植时施用。如果基质中有堆肥、腐叶土成分,可代替基肥。基肥大多采用经发酵过的有机肥料,肥效较慢而持久,且基肥施入量一般不超过盆土总量的 20%。常见的基肥种类有:畜禽粪、各种饼肥、骨粉;有机肥中发酵的人粪尿或肥汁,因有臭味,不在室内栽培中使用。目前,国内外根据植物对各种营养元素的需求,已生产有各种缓效性的花肥或颗粒状的裹衣肥料,含有植物生长的各种元素,肥效时间持久且使用方便卫生,在室内栽培中广泛使用。

(2)追肥　追肥在植物的生长期间施用,补充基肥的不足,以满足植物不同时期的(生长量)的需要,如苗期、花期等。追肥以薄肥勤施为原则,选用含有速效性营养化肥,并以液态进行根外追肥,或施入土壤中。沤制或带异味的粪水等不宜在室内使用,但在生产基地复壮期间,也是很好的追肥材料,且价格便宜。追肥有液肥浇灌和叶面喷施两种。叶面喷施是将肥稀释后直接喷洒在叶面上,由叶面吸收养分,对于严重缺氧的植物,采用这种办法可使其较快恢复正常。

施肥要掌握适时、适当、适量的原则,根据各个品种的需肥特点,正确把握施肥时期、施肥次数、施肥量以及施肥方法。室内观叶植物是以赏叶为主要目的,特别需要氮肥。如果氮肥缺乏,正常的光合作用受阻,叶面就会失去光泽。但是施用氮肥过多,也会引起植株徒长、生长衰弱,而且不利于一些斑叶性状的稳定,所以施用氮肥必须适量。磷钾肥也是室内观叶植物必不可少的,必须配合施用。此外,其他一些植物生长发育也需要的营养元素,如铁、钙、镁、硼、铜、锌等对室内观叶植物生长也是必需的,如缺乏容易引起缺素症,影响植株的生长及观赏性。如缺铁容易发生黄化,不利叶片翠绿光亮;缺钙容易引起植株生长纤细,导致倒伏等。

施肥要在晴天进行。施肥前先松土,待盆土稍干后再施肥。施肥后,立即用水喷洒叶面,以免残留肥液污染叶面。施肥后第二天一定要浇 1 次水。温暖的生长季节,施肥次数多些;天气寒冷而室温不高时可以少施。根外追肥不要在低温时进行,应在中午前后喷洒。叶子的气孔多,背面吸肥力强,所以喷肥应多在叶背面进行。

6.2.4　日常维护

室内观赏植物的日常维护除了上述的肥水管理外,还应注意以下几方面:

6.2.4.1 保持清洁

每隔一段时间将室内观赏植物放在庭院里,用柔软的抹布或海绵抹去叶片上的灰尘。这种简单的处理即可保持叶面光洁鲜亮,增加观赏效果,又可减少病虫害,尤其是清除螨类等喜欢干燥环境的害虫。另外,要保持花盆、器皿干净整洁,尤其是花盆底部的托盘,最易滋生杂菌,需要定期清洗。同时还要确保花盆内无杂物、垃圾,对损坏残缺的花盆、套盆要及时更换。

6.2.4.2 光照

绝大多数室内观赏植物在散射光下生长最好,不可接受直射光,尤其在夏季,一定要对植物进行遮光保护,或将其从阳光直射处移开,但仙人掌和多肉植物例外。叶色斑驳的品种通常比纯绿色的品种需要更高的光照强度。耐荫蔽环境的植物,特别是那些叶片色彩明亮的种类,可以阶段性地装饰光线黯淡的角落,但摆放2～3周后,一定要移到光线明亮的位置,以恢复其良好的生长。应在设计初期就根据环境的光照条件选择适宜的植物种类。

6.2.4.3 温度

温度是影响室内观赏植物能否正常生长的重要因素。温度过低时,植物的生长会减缓甚至停止;如果温度过高,植物会长得细长,低光照情况下这种现象更加突出。当减少浇水时,植物通常能耐受更低的温度。因此,入冬前要适当干旱,提高植物的抗寒能力。冬季,室内温度变化幅度太大(开关空调),会引起植物组织变化,严重时出现叶片萎蔫、黄化、凋落、枯死,如天南星科(绿巨人、白掌、斑马万年青等)、竹芋科(孔雀竹芋、彩虹竹芋等)、爵床科(单药花、网纹草等)和大戟科变叶木类植物等。因此,室内观赏植物冬季防寒防冻工作是正常管理中的一个重要技术环节。首先,根据各种室内观赏植物的越冬要求分门别类,加强管理,尤其对于耐寒力差的品种摆放于有增温保温措施的场所,以避免寒风的侵袭,使其度过不利的低温期。其次,进行低温锻炼。依据秋末温度的变化,让植物对低温有一过渡适应过程,即在秋冬之交温度逐渐降低时,让室内观赏植物经过稍低气温逐步锻炼,这样可明显的提高其耐寒的适应能力,使其自身抗寒潜力得到充分发挥,从而提高对低温的抵御能力。在冬季低温期,要严格控制水分,使其处于相对干燥状态。在冬季一般不施肥或少施肥,以控制其生长,免遭寒冻;另外,在冬季低温来临前一个月左右,除正常的施肥管理外,要增施磷钾肥,如每隔一周连续喷施浓度为 0.3％～0.5％ 的磷酸二氢钾 2～3 次,使植株生长健壮。冬季,适当减少水分供应,以提高植株抗寒越冬能力。

6.2.4.4 定期更换

为了充分展现植物的观赏特性,最大限度地保持室内的景观性,用于室内绿化装饰的植物需要定期更换。更换的原因主要有以下几种:第一,在室内摆放时间较长,植株生长不良。室内摆设的盆栽植物,因阳光不足、湿度不够,且室内人多,加之又有各种电器,一氧化碳增多,花木在室内长时间摆放,造成叶片黄化或脱落,特别是一些珍贵名种的花卉,如发现叶片有萎蔫、发黄、落叶或暗淡无生机等现象,应及时更换。第二,有些观花花卉的花期已过,需要及时更换新鲜的种类,如仙客来、比利时杜鹃、一品红、红星凤梨等季节性花卉,花期过后,观赏价值下降,需要更换其他花卉种类来装饰。第三,有些大型的盆栽植物,如高大的棕竹、大型的散尾葵、海芋以及一些盆景等,需要定期回到栽培基地进行恢复养护,有些中小型盆栽植物及高档的观花花卉一般不做恢复养护,而直接丢弃。因为,在植株进行恢复养护过程中,需要花费人力、运输费用及占用场地等,其恢复成本比重新购买还要高;另外,像蝴蝶兰、大花惠兰、卡特兰、红掌等高档盆栽花卉,它们的恢复养护需要专门的技术和设备,普通的园艺公司根本无法进行,因此只能做丢弃处理。

　　6.2.4.5　修剪

　　(1)摘心　通过扦插或播种繁殖的小苗大多采用摘心的方法,可促使其多分枝和多花头、多开花,使植株矮壮丰满,形成优美的株形。摘心通常用于草本或小灌木状的观赏植物,可抑制植株的过快生长,促进枝条生长充实,花和果实更大,观赏效果更好。

　　(2)摘叶与摘花　摘叶是摘除已老化、徒耗养分的叶片,即枯枝黄叶。有的植物经过休眠后,叶片杂乱无章、大小不整齐,叶柄长短也很悬殊,因此需要整理,摘除不相称的叶片;摘除残花,如杜鹃开花之后,残花久存不落,影响嫩芽及嫩枝的生长,需要摘除。另外,摘除生长过多以及残缺僵化的花朵,让营养集中供给,使花朵在树冠上分布均匀,且花大色艳。

　　(3)剥芽与剥蕾　有些盆栽花卉往往花蕾形成过多,如茶花,必须适当地剥蕾。剥蕾是在花蕾形成后,为保证主蕾开花的营养,而剥除侧蕾,以提高开花质量。有时为了调整开花速度,使全株花朵整齐开放,分几次剥蕾,花蕾小的枝条早剥侧蕾,花蕾大的晚剥蕾,最后使每个枝条上的花蕾大小相似,花期一致。

　　剥芽是将枝条上部发生的幼小侧芽于基部剥除,以减少过多的侧枝,使株冠通风透光,留下的枝条生长苗壮,提高开花质量。

　　(4)疏剪　生长过于旺盛的植株,往往枝叶过密,就应适时地疏剪植株内的过密枝条、病虫枝、重叠枝、细弱枝、徒长枝或摘除过密的叶片,使其保持健美的株型。室内观叶植物,还应经常将植株上的枯黄枝条及时摘除,以保持清洁和减轻病虫危害。对叶片、叶尖存有少许黄尾的,要合理修剪,保持株形美观自然;剪切口用消毒药剂涂抹,减少病虫害发生。

　　(5)短截修剪　短截修剪应根据种各种植物的习性进行。对于在当年新生枝条上开花的花木,如扶桑、倒挂金钟、叶子花等,可于休眠期于枝条基部短截,以降低次年新枝的起点,使植株矮化。如在花谢后立即修剪,可能再次开花。对二年生枝条上开花的花木,如梅花、杜鹃、山茶花等,因其花芽在前一年形成,故修剪应紧接开花之后进行,以使其及早萌发新枝,为次年生长开花做准备。

　　(6)抹头　许多观叶植物栽种数年后,植株过于高大;有些在室内栽培有一定困难,或下部叶片脱落、株形较差,失去观赏价值,这时候需要彻底更新,进行重新修剪或抹头,如大型乔木状植物橡皮树、大灌木状的千年木、鹅掌柴、朱蕉等,生长到一定程度时均需进行重修剪。通常的做法是在春季新梢萌发之前抹头,将植株上部全部剪掉,留主干的高低视不同种类而定。抹头后的植株根部亦需相应调整,应清理掉腐朽的老根和旧土,用新培养土重新栽植,剪下的枝条可用作扦插繁殖材料。

　　(7)去异　在室内观赏植物中,有许多花叶品种是绿叶植株芽变形成的,在花叶品种的栽培中常常出现返祖现象而萌发出完全绿色的枝条,这些完全绿色的枝条就称为异枝条。异枝条不具本品种的特性,同时其生长速度远远超过花叶枝条,如果不及时将绿色枝条剪掉,则花叶部分很快会全部被绿化枝叶覆盖,失去原来花叶品种的特点。因此对花叶品种的观叶植物,如花叶扶桑,应经常注意随时剪掉植株上萌生出的全绿色枝条,以保持花叶观叶植物的正常生长和具有良好的观赏价值。

6.2.5　室内绿化植物的病虫害防治

　　室内绿化植物从生产、繁殖到销售运输,各个环节都有可能受到病虫危害。病虫害不仅影响植物的正常生长,更重要的是降低了观赏价值,并且一旦造成危害即很难恢复,因此植物病虫害防治应以预防为主,及时施治。

植物的病害分侵染性病害和非侵染性病害两大类。非侵染性病害又叫生理性病害,是因植物所生长的环境条件不适而造成的非正常表现,如土壤营养元素不足造成的缺素表现;过强的光照对植物叶片造成的日灼病;或环境中的有害气体、农药或化肥使用不正当而造成的伤害,这种病害没有传染性,只要改进栽培措施,改善环境,消除有害因素就可防止该类病害的发生;另一种是侵染性病害,它是由病原性生物引起的,具有传染性。主要的病原物种类有真菌、细菌、病毒等。

家庭栽植过程中,对于室内绿化植物的病虫害防治,主要是进行综合防治。首先以预防为主,将植株用于室内绿化装饰使用之前,先用药剂进行预处理,如叶面喷、土壤浇灌等措施,待气味散发后再入室装饰。一旦病害发生,要控制在早期,在病斑还没有扩散前用局部点药法防治,即用棉签蘸取药剂,点在发病部位,每天点一次,连续点 3～4 次,一般均可治疗。其次,降低病害基数,及时剪除生有病斑的枝条或叶片,避免引起交叉感染。第三,结合叶面清洁,用适当浓度的无味药剂进行擦拭,即可起到预防的作用,也能在发病期进行治疗。

6.2.5.1　常见病害

(1)缺铁性黄化病　属于生理性病害,在室内观赏植物中最易发生,如杜鹃、山茶、米兰、兰花、茉莉、栀子及近年兴起的观叶植物等。北方地区土壤偏碱性,一般 pH 值在 7.5～8.5 之间,土壤中缺少可溶性二价铁,植株因缺铁而不能合成叶绿素,因而发病。花期用自来水浇水,水质偏碱,即使使用酸性栽培基质,时间长了也易产生黄化病。发病初期,叶肉褪绿、发黄,叶脉保持绿色,形成网状脉;随着病情加重,全叶变黄脱落,影响生长。

防治方法:将黑矾(硫酸亚铁)配成 0.2%～0.5%的溶液叶面喷洒或浇灌。

(2)日灼病　属于生理性病害,喜阴植物在强光照射下,幼嫩组织易产生灼病。易发日灼病的植物有兰花、君子兰、山茶、杜鹃、蕨类植物、喜林芋属观叶植物等。嫩叶受害后,叶面粗糙,失去原有光泽,有时叶片向光面形成褪绿的黄褐色或黄白色枯斑,严重时叶缘叶尖变白焦枯。

防治方法:避免强光直射。

(3)叶斑病　植物的叶斑病种类很多,主要有黑斑、褐斑、紫斑、白斑、灰斑等多种,是植物叶片上最常发生的一种真菌性病害,防治不及时会造成植物的早期落叶,影响观赏效果。该病以每年的夏秋季发生最严重。

防治方法:在病害发生之前用 0.5%～0.1%的波尔多液擦拭叶片表面进行预防;发病初期喷 50%代森锰锌 500～600 倍效果很好,擦拭前应先剪除病叶。

(4)软腐病　软腐病为细菌性病害,多在球根、宿根花卉及水培花卉中发生,软腐后有恶臭。常见的细菌性软腐病有君子兰根部软腐病、朱顶红球茎软腐病、马蹄莲根茎软腐病等,水培花卉根部腐烂等发生较为普遍,并且具毁灭性。

防治方法:发病初期用 1000 倍的农用链霉素浇灌,或后期用 500 倍液浸泡,可控制病害。

(5)病毒病　病毒病是花卉中最为严重的一类毁灭性病害,植株一旦感病,花的质量和产量明显下降,花朵畸形,残缺变色,且很难以用药剂防治,其传染性很强,可以通过蚜虫、土壤、种苗机械摩擦等途经传播,很多花卉的无性繁殖是病毒逐渐加重的主要原因。室内养花过程中,一旦发现此病,只好丢弃;若是非常有价值的品种,可求助于科研单位,通过微茎尖组织培养方法脱去某些病毒,恢复其原有的优良性状。

6.2.5.2 常见虫害

植物害虫种类很多,防治虫害的措施主要在预防,即加强通风,定期摘除病叶,勤施肥水,保持植株旺盛生长。常见的虫害有:

(1)蛴螬 又名地老虎,是金龟子的幼虫,也是常见的土壤害虫。主要咬食各种植物幼苗的根茎部,使受害植株地上部叶片萎蔫。蛴螬一年有两次危害高峰。早春3~4月天气转暖,地下越冬的蛴螬开始活动;7~8月当年卵所出的新一代蛴螬危害植株并逐渐严重。

防治方法:盆花上盆前,对土壤进行彻底消毒。

(2)斜纹夜蛾 斜纹夜蛾又名夜盗虫,在菊花、月季、天竺葵、百合、仙客来、香石竹、万寿菊、非洲菊等许多花卉上都有发生。以每年6~9月危害最严重。

防治方法:用针挑开叶片表面的膜,沿膜的线路用棉签蘸取药剂,每天一次,蘸3~4次即可;若发病特别严重,需将发病特别重的叶片摘除并销毁。

(3)介壳虫 介壳虫种类很多,一年发生一代,以受精雌成虫越冬,翌年5月下旬起陆续开始产卵,6月初先后孵化。

防治方法:药剂防治的最佳时期也可用人工将其刮除,而后用0.2%的高锰酸钾涂抹,防止诱发病害。若发病很严重,只好用药剂喷洒。

(4)蚜虫 蚜虫种类极多,危害极广。蚜虫繁殖力很强,在夏季4~5天就能繁殖一代。蚜虫以刺吸式口器刺入植物组织内吸取汁液,多在嫩芽、嫩叶处危害。蚜虫危害期间排泄出蜜露诱发煤烟病,使植株枝叶呈现一层污黑覆盖物,影响光合作用,并大大降低植物的观赏价值。此外,蚜虫在危害过程中,还能传播病毒。

防治方法:在初发期用棉签沾1000~1500倍的乐果或氧化乐果擦拭被虫子侵害的茎尖及幼嫩的叶片。

(5)螨虫 螨虫种类很多。成虫或若虫以口器刺吸汁液。被害叶片初期呈黄白色小斑点,以后逐渐扩展到全叶,很快枯萎脱落。螨虫危害花蕾,可造成花蕾发育不良、畸形、残缺、花瓣失色,失去观赏价值,危害严重时可造成长时间无正常花朵产出。

防治方法:①及时剥除感染螨虫的叶片、花蕾并销毁。②庭院花卉要清除杂草等,消灭越冬虫源。③药剂防治以三氯杀螨醇效果最好,浓度为800~1000倍;也可用30%克螨特乳油2000倍或20%双甲脒乳油1000倍防治。但叶螨易产生抗药性,所以使用药剂防治时,必须注意农药的交替使用。

7 屋顶绿化

7.1 屋顶绿化概述

7.1.1 屋顶绿化的概念及来源

屋顶绿化是指在各类建筑物、构筑物、城围、桥梁(立交桥)等的屋顶、露台、天台、阳台或大型人工山体上进行造园、种植树木花卉的统称。它是开拓绿化空间的一条重要途径,是绿色空间与建筑空间的有机结合和相互延续。目前在国内外旅游宾馆、办公室、商业购物中心、医院、高层公寓、工厂、学校等各类建筑中均开始进行屋顶绿化。现代建筑多向密集、多层、高层而又多为平屋顶的方向发展,更有利于进行空间绿化,延伸绿化空间。

屋顶绿化并不是现代建筑发展的产物,它可以追溯到 4000 年前古代苏美尔人建的大庙塔,就是屋顶绿化的发源。19 世纪 20 年代初,英国著名考古学家伦德·伍利爵士,发现该塔三层台面上有种植过大树的痕迹。真正的屋顶绿化是著名的巴比伦"空中花园",被列为"古代世界七大奇迹"之一,其意义绝非仅在于造园艺术上的成就,而是古代文明的佳作。巴比伦"空中花园"是在平原地带的巴比伦堆筑的土山,并用石柱、石板、砖块、铅饼等垒起边长 125m、高达 25m 的台子,在台子上层层建造宫室,处处种植花草树木。

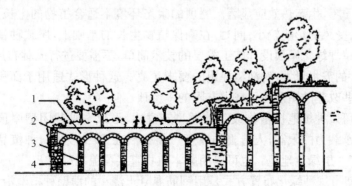

图 7.1 巴比伦"悬园"示意
1. 土 2. 石拱券 3. 承重墙 4. 房间

西方发达国家在 20 世纪 60 年代以后,相继建造各类规模的屋顶绿化和屋顶绿化工程,如美国华盛顿水门饭店屋顶绿化、美国标准石油公司屋顶绿化、英国爱尔兰人寿中心屋顶绿化、加拿大温哥华凯泽资源大楼屋顶绿化、德国霍亚市牙科诊所屋顶绿化、日本女子大学图书馆屋顶绿化、香港太古城天台花园、香港葵芳花园住宅楼天台花园等。美国芝加哥市为减轻城市热岛效应,正推动一项屋顶绿化工程来为城市降温。日本东京明文规定新建筑占地面积只要超过 1 000m²,屋顶的 1/5 面积必须为绿色植物所覆盖。

我国如深圳、重庆、成都、广州、上海、长沙、兰州、武汉等城市,已开始对屋顶进行绿化开发,如广州东方宾馆屋顶绿化、上海华亭宾馆屋顶绿化、重庆沙平大酒家屋顶绿化等。但是,多年来屋顶绿化的建设一直没有一个标准模式和规范工艺,所以暴露出了很多缺陷和不足,比如不能长时间防渗抗漏,污染严重,植物配置不合理,荷载超标,建造成本过高等。随着科学技术的发展,这些问题正逐步得到解决。

7.1.2 屋顶绿化的类型

屋顶绿化是在建筑物、构筑物上所进行的绿化布置,常见的类型有以下几种:

7.1.2.1 屋顶覆盖式绿化

屋顶覆盖式绿化主要是采用藤本植物在坡屋顶上进行绿化布置,主要特点是绿化的方法比较简单,管理粗放,不占用较大的屋顶负荷,适用的范围较小,属于屋顶绿化中最简单的一种形式。由于屋顶坡度和屋顶承重等方面的原因,植物的种植基础在屋面上不能固定,因此在坡屋顶上进行绿化的营造难度很大。绿化方法可以在房屋的墙基设种植槽,槽内种植藤本植物,利用藤本植物的吸盘、气生根、卷须等使其横向生长,直到覆盖屋顶,如爬山虎、紫藤、凌霄、薜荔、常春藤等可直接覆盖在屋顶,形成绿色的地毯。由于这种屋顶绿化方法比较简单,适宜选用对环境条件要求不高、耐粗放管理的植物种类。覆盖式绿化的效果比较单调,从园林美化的角度讲,不适合在城市中大量发展。

7.1.2.2 屋顶种植式绿化

(1)屋顶种植 即采取屋面种植或者铺设草坪的方法进行屋顶绿化的布置,是一种较简单的屋顶绿化形式。屋顶草坪不但能使城市草坪式绿化从单一的地表形式上升到空间形式,而且对室内的温度和湿度可起到一定的调控作用。屋顶植草形成的草坪昼夜向空气散热、吸热的总和几乎等于零,生态热效应显著。屋顶的生态环境不适合植物的生长,风速比地面大,而屋顶种植草坪,受风的影响较小;同时,在确保植物生长的基础上,屋顶种植层薄,减轻了屋顶的荷载。采取草坪绿化屋顶设计施工需要的技术简单,不需要进行园林布局;缺点是屋顶植草景观单一,草坪的需水量大,对灌溉提出的要求更高。这种形式适用于面积不大、楼层不太高的屋顶以及一些改建的屋顶和承载力有限的平屋顶。

平屋顶上还可以种植地被植物或其他矮型花灌木,形成一种封闭型屋顶绿化,一般不上人。由于受屋顶承载力的限制,人造土的厚度严格控制在10cm左右,种植品种简单,排列整齐,屋面就像铺了一层绿色地毯。也可以用藤本植物直接覆盖在屋面上。

(2)屋顶棚架 这种绿化布置方式是用钢筋混凝土浇注的薄壁种植池沿平屋顶的女儿墙布置,沿女儿墙及种植池设立柱,在立柱上搭设棚架。在种植池及建筑构造柱上应预埋钢筋环以固定棚架的立柱。立柱与种植池及构造柱上的预埋钢筋环固定,然后用竹竿、绳索等纵横交织形成网状棚架,供植物生长攀缘。屋顶设置的棚架高度不宜太高,这样可以为居民在阴棚下休闲提供方便。选择叶面较大且枝叶稠密的攀缘类植物,使之沿棚架攀缘生长,形成绿色阴棚,同时在绿化、美化屋顶的同时还可以收获一些产品。该种绿化屋顶的方法适合面积较小的平屋顶,且屋顶的风力不是很大。

(3)屋顶苗圃 屋顶的种植区采用农业生产通用的排行式,结合屋顶生产,种植果树、中草药、蔬菜和花木。这种绿化方式可以在发挥绿化效果的同时取得一定的经济效益。在屋面防水层上用砖或砌块砌筑床埂以形成较规整的苗床;床埂下每隔一定间距设排水孔,苗床内铺

图 7.2　屋顶种植　　　　　　　　　　　　　　图 7.3　屋顶棚架

设一定厚度的种植介质,栽种草皮、花卉、蔬果等。此种形式较适宜于大面积屋顶,以绿化种植为主,屋顶上供人们休闲活动的场地则较少。

图 7.4　屋顶苗圃

7.1.2.3　屋顶花园

屋顶花园是屋顶绿化的最高层次,不仅要绿化,而且从美化、游憩功能等园林要求出发,在屋顶上设置花坛、盆景以及水池、假山、花架、雕塑、凉亭等园林建筑小品,采用园林艺术手法布局,构成优美的景观,以供园林艺术欣赏和休闲、娱乐等活动。

屋顶花园的规划设计综合了使用功能、绿化效益、园林艺术和经济安全等多方面的要求,充分运用植物、微地形、水体和园林小品等造园要素,组织屋顶花园的空间,采取借景、组景、点景、障景等园林技术,创造出不同使用功能和性质的屋顶花园。

屋顶花园的类型和形式有多种分类。

(1) 按使用目的分类　屋顶花园按使用目的分为公共游憩性屋顶花园、家庭式屋顶小花

图 7.5　屋顶花园

园和科研、生产用屋顶花园。①公共游憩性屋顶花园:这种形式的屋顶花园除具有绿化效益外,还是一种集活动、游乐为一体的公共场所,在设计上应考虑到它的公共性,在出入口、园路、布局、植物配植、小品设置等方面要注意符合人们在屋顶上活动、休息等的需要。应以草坪、小灌木、花卉为主,设置少量座椅及小型园林小品点缀;园路宜宽,便于人们活动。建在宾馆、酒店的屋顶花园,是豪华宾馆的组成部分之一,成为招揽顾客、提供夜生活的场所。在屋顶花园上可以开办露天歌舞会、冷饮茶座等,这类屋顶花园因经济目的需要摆放茶座,因而花园的布局应以小巧精美为主,保证有较大的活动空间;植物配置应以高档、芳香为主。②家庭式屋顶小花园:随着现代化社会经济的发展,人们的居住条件越来越好,多层式、阶梯式住宅公寓的出现,使这类屋顶小花园走入家庭。这类小花园面积较小,主要以植物配置,一般不设置小品,但可以充分利用空间作垂直绿化,还可以进行一些趣味性种植,领略都市中早已失去的农家风情。另一类家庭式屋顶小花园为公司写字楼的楼顶。这类小花园主要作为接待客人、洽谈业务、员工休息的场所,应种植一些名贵花草,布设一些精美的小品,如小水景、小藤架、小凉亭等,还可以根据实力摆设反映公司精神的微型雕塑、壁画等。③科研、生产用屋顶花园:可以在屋顶设置小型温室,用于花卉品种的培育和引种以及观赏植物、盆栽瓜果的培育,既有绿化效益,又有较好的经济收入。这类花园一般应有必要的设施、种植池和人行道规则布局,形成闭合的、整体的地毯式种植区。

(2) 按高度分类　屋顶花园按高度分为低层建筑屋顶花园和高层建筑屋顶花园。①低层屋顶绿化使用管理方便,服务面积大,改善城市环境效益明显,这是应用较多的一种绿化形式。②高层建筑每层的建筑面积小,顶层的面积更小,服务面积和服务对象较小,花木的生长条件更加恶劣,因此建造难度较大。

(3) 按空间组织状况分类　屋顶花园按空间组织状况可分为开敞式、封闭式和半开敞式 3 种。①开敞式屋顶花园在单体建筑上建造屋顶花园,屋顶不与四周建筑相接,成为独立的空中花园。该类型的屋顶花园视野开阔、通风良好、日照充足,有利于植物的生长发育。②半开敞的屋顶花园的一侧或者两侧或三面被建筑物包围,光照通风不利,一般是为周围的主体建筑服务。③封闭式屋顶花园的四周都被高于它的建筑包围,成为天井式空间,这种屋顶花园的采光和通风不如前两种。

了解各种屋顶花园的特点,可以针对不同的要求,按要求规划设计不同类型的屋顶花园,丰富屋顶空间的景观,发挥屋顶花园的作用。对于条件较好的屋顶,可以设计成开放式的花园,参照园林式的布局方法,可以做成自然式、规则式、混合式,但总的原则是要以植物装饰为主,适当堆叠假山、石舫、棚架、花墙等等,形成现代屋顶花园。

为了减轻建筑物的负荷,屋顶花园应全部采用轻型材料建造。只有屋顶负荷能力在一定的范围内的建筑物才能建造屋顶花园。城市屋顶花园应少建或不建亭台楼阁等建筑设施,以植物的生态效应为主。

7.1.3 屋顶绿化的意义与功能

屋顶绿化对增加城市绿地面积,改善日趋恶化的人类生存环境空间;改善城市高楼大厦林立、道路众多的硬质铺装的现状;改善因过度砍伐自然森林或各种废气污染而形成的城市热岛效应、沙尘暴等对人类的危害;开拓人类绿化空间,建造田园城市,改善人民的居住条件,提高生活质量,以及对美化城市环境、改善生态效应等方面都有着极其重要的意义。具体表现在以下几个方面:

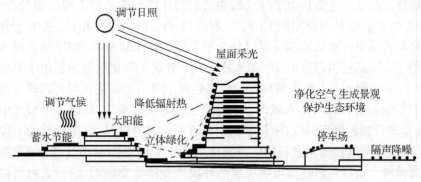

图 7.6 屋顶绿化的意义

7.1.3.1 改善城市生态环境

改善住宅的生态环境,增加住宅的绿化面积是建造屋顶花园的环境效能。城市屋顶绿化以后由于绿地面与水泥面的物理性质截然不同,改变了这些地方原有的气象场,改善了城市气候。

(1)增加绿化面积及城市绿化量 屋顶绿化的优点主要表现在提高绿化覆盖率,改善城市环境。国际生态和环境组织调查指出:一个理想的现代化城市,必须有一定的绿地面积指标来确保城市生态环境的质量。要使城市获得最佳环境,人均占有绿地面积需达到 $60m^2$ 以上。目前我国大多数城市没有达到这个要求,如北京的人均绿地只有 $5m^2$,与发达国家的人均绿地 $30\sim40m^2$ 相差甚远。

城市的高速发展,必然发生建筑与绿化争地的矛盾,解决建筑占地与绿化争地的较好办法就是建筑物的垂直绿化。建造屋顶花园使绿化向空间发展,屋顶绿化几乎以等面积绿化了建筑物所占的面积,还改变了城市绿化的立体层次,增加城市绿地覆盖率。如果将城市中大多数的建筑物布置成屋顶绿化或建成屋顶花园,则城市绿地面积的增加是相当可观的,例如成都对110 处建成屋顶进行绿化,增加了绿地面积 2 万多平方米,完全可以满足人们对城市绿地的需求。

(2)降低热岛效应 在城市中,受建筑密度大、硬化表面多、通风不良等因素影响,素面朝天的建筑屋顶受到太阳照射时间长、辐射强度大,屋顶温度最高可达 $60\sim80℃$,对周边环境造成强烈的热辐射,形成城市的"热岛"效应。而绿色屋面对阳光的反射率比深色水泥屋面大,加上绿色植物的遮阳作用以及同化作用,使绿色屋面净辐射热量远小于未绿化的屋面。同时,绿色屋顶因为植物的蒸腾作用和潮湿下垫面的蒸发作用所消耗的潜热明显比未绿化的屋面大,这样就使得绿色屋顶的贮热量以及地气的热交换量大为减少,从而使得绿化屋顶空气获得的热量少,热效应降低,减弱了城市的热岛效应。因此,屋顶绿化对改善城市生态环境具有重要意义。

屋顶绿化可以显著地改善局部小气候,降低楼房顶层室内温度。在我国南方的一些省份如广东、广西、四川、湖南等地,夏季时间长,气温较高;而建有屋顶花园的室内,夏季至少可降低 3～5℃,因而越来越受到人们的青睐。绿色屋面亦具明显的节能效果:夏季,绿化的屋顶与未绿化的屋顶的温度相差 6～8℃;冬季,绿化屋顶最高温度与最低温度差值仅为 1℃,而未绿化屋顶温差值高达 5～12℃。

(3) 增加空气湿度　主要是由于绿色植物的蒸腾作用和潮湿的土壤的蒸发,会使屋面绿化后的蒸腾量大大增加,从而增加周围的空气湿度;另外,温度降低,相对湿度也会增加。

(4) 蓄收雨水作用　建筑的屋顶可以分为平屋顶和坡屋顶两种,坡屋顶的雨水几乎都流入地下排水管道,未绿化的屋顶 80% 的雨水排入地下管网。绿化后的屋顶雨水排放量大大减少,一般只有 30% 的雨水进入地下管网。屋顶花园对于雨水的截流作用可以产生两方面的效果:首先随着屋顶绿化的增多,排入城市下水道的水量将大大减少,可以减少城市中管线的直径,从而减少市政设施的投资;其次屋顶绿化中截流的大部分雨水,将在雨后的一段时间内储存在屋顶上,并逐渐地通过蒸发和植物的蒸腾作用扩散到大气中,从而改善城市气候。

(5) 降低噪声　噪声是影响城市居民生活环境质量的重要因素之一,它对人体的危害是严重的,它可以导致人出现听力下降、头昏、失眠、心烦等症状。绿色植物通过枝叶及树干可阻挡或吸收噪声。据测算 40m 宽的林带可减少噪声 10～15 分贝,所以说绿色植物是降低噪声干扰的最好也是最普通的办法。大面积覆盖植被的屋顶也可以增加对城市噪声的反射。绿化后的屋顶与沙砾屋顶相比,可减低噪声 2～3 分贝。屋顶土层 12cm 厚时隔音大约为 40 分贝,20cm 厚时隔音大约为 46 分贝。一般地,单位面积结构物的重量越大,隔音效果就越好。绿化屋顶的结构构造越重,其隔音效果也越好,特别是比较轻的屋顶结构,在加厚土层和蓄水层之后就会大大地改善它的隔音效果。

7.1.3.2　保护建筑物的作用

屋顶绿化可延长建筑物使用寿命。由于冬夏气温的冷暖变化和干燥收缩产生屋面板体积的变化,夏季高温易引起沥青流淌和卷材层下滑,可使屋面丧失防水和使用功能。另外,屋面在紫外线的照射下,随着时间的增加,会引起沥青材料及其他密封材料老化,使屋面寿命减短。而屋面种植使屋面和大气隔离开来,屋面内外表面的温度波动小,减小了由于温度剧变而产生裂缝的可能性。种植层阻隔了空气,使屋面不直接接受太阳的直射,延长了各种密封材料的老化时间,增加了屋面的使用寿命。

7.1.3.3　美化环境作用

树木花草等植物组成的自然环境有着极其丰富的形态美、色彩美、芳香美、风韵美。屋顶绿化是以植物为主体,同城市园林绿化一样,是一种生态学的构想和回归自然的形态,它反映了一个城市的地域文化内涵,浓缩了地域文化中的精神内容。若将屋顶绿化与城市建筑融为一体,即升华为一种意境美。意境美是屋顶园林景观从自然美到艺术美的升华,所以,具有艺术美的屋顶绿化布局形式,结合建筑的艺术风格,形成了独特的城市景观。这样的城市景观,才构成了一个城市独特的风格和个性。

柔和、丰富和充满生机的屋顶绿化是现代都市一道美丽的风景。一个花园式的城市,它的城市园林景观布局与创作要充分地反映出时代性、艺术性、地域性与文化性。城市的立体绿化、屋顶花园的创作,其内容与风格,也与整个城市景观协调一致,它既是一个景观窗口,又是整个城市园林绿化的补充,是城市绿化空间再创造的可用之地。

7.1.3.4 心理释放功能

在当今经济高度发展、竞争日趋激烈的社会,现代化城市高楼大厦林立,更多的人们工作和生活在城市高空,处于极度紧张的环境,愈来愈多的高层建筑隔断了人们的交往,俯视到的多是黑色沥青、灰色混凝土等各类墙面,从而影响到人们的工作效率和生活质量。研究表明,在人的视野中,只有当绿色达到 25％时,人才会心情舒畅,精神最佳。屋顶花园能给高层楼群中居住的人们提供园林美景享受,使人们避开喧嚷的街市或劳累的工作环境,在宁静安逸的气氛中得到休息和调整,因而屋顶绿化能促进和保证人们的身体健康。

屋顶花园对居民的生活环境增添了绿色情趣,它对人们的心理作用比其他物质享受更为深远。绿色植物能调节人的神经系统,使紧张疲劳得到缓解,人们都希望在居住、工作、休息、娱乐等各种场所,欣赏到植物与花卉的装饰,而屋顶花园的绿化正好满足了身居闹市中人们的这种需求,这种社会效益应成为住宅建设的重要议题。

7.2 屋顶绿化的植物选择

7.2.1 屋顶的生态环境

屋顶由于所处位置较高,和地面相比,环境条件有很大差异。

7.2.1.1 土壤

土壤因子是屋顶绿化与平地绿化差异较大的一个因子。由于受建筑结构的制约,土壤厚度不能超出荷载标准。较薄的种植土层,不仅极易干燥,使植物缺水,而且土壤养分含量少,需要定期添加土壤腐殖质。

7.2.1.2 温度

由于建筑材料的热容量小,白天接收太阳辐射后迅速升温,晚上受气温变化影响又迅速降温,致使屋顶上的最高温度高于地面最高温度,最低温度又低于地面最低温度,且日温差和年温差均比地面变化大。过高的温度会使植物的叶片焦灼,根系受损;过低的温度又给植物造成寒冷或冻害。但是,一定范围内的温度变化也会促进植物生长。夏季昼夜温差大,土壤温度高,肥料容易分解,对植物生长有利。

7.2.1.3 光照

屋顶上光照充足,光照强,接受日辐射较多,为植物光合作用提供了良好环境,利于阳性植物的生长发育。同时,高层建筑的屋顶上紫外线较多,日照长度较地面显著增加,这就为某些植物,尤其是沙生植物的生长提供了良好的环境。

7.2.1.4 空气湿度

屋顶上方空间的空气湿度差异较大。一般低层建筑上的空气湿度与地面的差异很小;而高层建筑上的空气湿度由于受气流的影响大,往往明显低于地表。干燥的空气往往成为一些热带雨林、季雨林植物生长的限制因子,需要采取人工措施才能营造出适合植物生长的环境条件。

7.2.1.5　气流

屋顶上方空间气流通畅,易产生较强的气流,而屋顶绿化的土层较薄,植物的根系不能向纵深处生长,故选择植物时,应以浅根性、低矮、抗强风的植物为主。春季的强气流会使植物干梢,对植物的春季萌发造成很大伤害,在选择植物时需充分考虑。

7.2.2　植物选择的原则

屋顶绿化的植物配置,要根据使用要求选择植物类型和种类。无论采取哪种绿化方式,综合考虑植物生长的各种有利和不利条件,选择适合屋顶绿化的植物,或者采取各种措施创造良好的植物生长环境,方可形成良好的屋顶绿化效果。

屋顶上对于植物生长有利的因素有:①和地面相比,屋顶处光照强,光照时间长,可大大促进植物光合作用;②昼夜温差大,利于植物的营养积累;③屋顶气流通畅清新,污染明显减少,受外界影响小,有利于植物的生长和保护。

屋顶绿化不利的因素有:土温、气温变化较大,对植物生长不利;屋顶风力一般比地面大,土层薄,植物易受干旱、冻害和日灼等伤害,生态环境比地面差。

屋顶绿化植物的选择必须从屋顶的环境出发,首先考虑到满足植物生长的基本要求,然后才能考虑到植物配置艺术。植物的选择必须要依据以下的原则:

7.2.2.1　耐旱性、抗寒性强的矮灌木和草本植物

由于屋顶花园夏季气温高,风大,土层保湿性能差,应选择耐旱性、抗寒性强的植物为主。同时,考虑到屋顶的特殊环境和承重的要求,应注意多选择矮小的灌木和草本植物,以利于植物的运输、栽种和养护管理。

7.2.2.2　喜光、耐瘠薄的浅根性植物

屋顶绿化大部分地方为全日照直射,光照强度大,植物应尽量选用喜光植物,但在某些特定的小环境中,如花架下面或靠墙边的地方,日照时间较短,可适当选用一些半耐阴的植物种类,以丰富屋顶花园的植物品种。屋顶的种植层较薄,为了防止根系对屋顶建筑结构的侵蚀,以选择浅根系植物为主。屋顶绿化多处于居民住宅楼的顶层或附近,施用肥料会影响居民的卫生状况,故屋顶绿化应尽量种植耐瘠薄的植物。

7.2.2.3　抗风、不易倒伏、耐短时潮湿积水的植物品种

屋顶自然环境与地面、室内差异很大,高层屋顶风大,特别是有台风来临之际,风雨交加对植物的生存危险很大,加上屋顶种植层较薄,土壤的蓄水性能差,一旦下暴雨,易造成短时积水;夏季炎热而冬季又寒冷,阳光充足,易造成干旱,应选择一些抗风、耐移植、不易倒伏,同时又能忍耐短时积水的植物。

7.2.2.4　尽量选用乡土植物,适当增加当地精品

乡土植物对当地的气候有高度的适应性,在环境相对恶劣的屋顶花园,选用乡土植物易于成功。同时考虑到屋顶花园的面积一般在几千至几百平方米以内,在这样一个特殊的小环境中,为增加人们对屋顶花园的新鲜感,提高屋顶花园的观赏效果,可以适量引种一些当地植物精品,使人感到屋顶花园的精巧、雅致。

7.2.3 屋顶绿化植物类型、配置及选择

7.2.3.1 植物类型

屋顶绿化选配各种植物时,首先应该了解各种植物的生态习性,其次考虑植物的类型与观赏特性,另外还要充分考虑植物的生长速度,从而估计植物成长后的绿化效果。掌握了植物类型的特点,就可以在屋顶上利用各种植物特性,按照植物造景的要求,形成具有不同的观赏特点。在屋顶上应用的常见植物类型有:

(1) 花灌木 通常指具有美丽芳香的花朵或有艳丽的叶色和果实的灌木或小乔木,也可以包括一些观叶的植物材料,主要用于屋顶花园中。常用的有月季、梅、桃、樱、山茶、牡丹、榆叶梅、火棘、连翘、海棠等,观叶植物如苏铁、福建茶、黄金榕、变叶木、鹅掌柴、龙舌兰、假连翘等也可以应用;另外也采用一些常绿植物,例如侧柏、大叶黄杨、铺地柏、小叶女贞、大叶黄杨及红花檵木等。

(2) 地被植物 指能够覆盖地面的低矮植物,其中草坪是较多应用的种类,宿根的地被植物具有低矮开展或者匍匐的特性,繁殖容易,生长迅速,能够适应各种不同的环境。常用的地被植物有:在南方,可以用马尼拉草、台湾草、假俭草、大叶草、海金沙、凤尾草、马蹄金等;在北方,可以用美女樱、半支莲、马缨丹、吊竹梅、结缕草、野牛草、狗牙根、麦冬、高羊茅、诸葛菜、凤尾兰等。一些开花地被植物如红甜菜及景天科植物中的耐热、耐寒品种都可作为屋顶绿化植物。

(3) 藤本树种 可以攀缘或悬垂在各种支架上,是屋顶绿化中各种棚架、栅栏、女儿墙、拱门、山石和垂直绿化的材料,可以提高屋顶绿化质量,丰富屋顶的景观,美化建筑立面等,多用作屋顶上的垂直绿化。常用的有葡萄、炮仗花、三角梅、爬山虎、紫藤、凌霄、络石、常春藤、金银花、木香、油麻藤、胶东卫矛、蔷薇、五叶地锦、花叶蔓长春花等。

(4) 绿篱树种 屋顶绿化中可以采用分隔空间和屏障视线或做喷泉、雕塑等的背景。用做绿篱的树种一般都是耐修剪、多分枝、生长较慢的常绿植物,常用的有大叶黄杨、冬青、小叶女贞、金叶女贞、红花檵木、瓜子黄杨、雀舌黄杨等。

(5) 饰边植物 主要用做装饰为主,在屋顶绿化中属于次要的植物材料,可以用作花坛、花境、花台的配料。常用的花卉有葱兰、韭兰、美人蕉、一串红、半支莲、菊花、鸡冠花、凤仙花等。

(6) 竹子类 主要是用来丰富屋顶绿化的植物景观,可以适量配置,并达到特殊的效果。常用的有孝顺竹、凤尾竹、菲白竹、菲黄竹、鹅毛竹、紫竹、方竹、罗汉竹、井冈山寒竹等。

7.2.3.2 植物配置

植物在屋顶上具有各种不同的配置方式,采用多种绿化形式可以丰富屋顶绿化的景观效果。常见的植物应用形式是孤植、丛植、散点植和由花卉组成的花坛、花台和表现自然景观的花境应用。

(1) 孤植 在屋顶花园的植物配置中,为了突出显示树木的个体美,常常单株种植某种树种,适量选择较小植株作为构图的中心,所选用的植物应该具有较好的观赏特性和优美的姿态。孤植时不能孤立地只注意到树种本身,而必须考虑其与环境间的对比与烘托关系。对于游憩性的屋顶花园,需要考虑屋顶日照强烈的特点,树木是用来遮阴的,因此,应选择枝叶繁茂的树种,以满足人们在树下活动的要求。

（2）丛植　　由两三株甚至较多的同种类植物较紧密地种植在一起,其树冠线彼此密接而形成一个整体轮廓线称为丛植。少量株数的丛植也有孤赏的艺术效果。丛植的目的主要在于发挥植物集体的作用,在艺术上强调了整体美。树种的搭配要做到乔灌结合,不同花色的植物在一起种植。注意在屋顶上丛植的株数不能太多。

（3）散点植　　以单株在一定面积上进行有规律、有节奏的散点种植,有时可以两株或者三株地丛植作为一个点,再进行疏密有致的扩展,每个点不是以孤赏树加以强调,而是着重于点与点间的呼应关系。散点种植既能表现个体的特性,又可使之处于无形的联系之中,令人心旷神怡。

（4）花坛　　在屋顶绿化中,花坛也是应用较多的一种植物配置形式,具有较高的装饰性,可以打破高密度建筑物的沉闷感,增加色彩,还可以起到组织交通、渲染气氛的作用。可以采用单独或者连续的带状以及成群组合的类型。花坛内部花卉的纹样多采用对称图案。花坛要求经常保持鲜艳的色彩与整齐的轮廓,因此多采用植株低矮、生长整齐、花期集中、株丛紧密而花色鲜艳的种或品种。其中花丛花坛以花卉开花时的整体色彩效果为主,表现不同花卉品种间或者品种的群体及其相互配合所显示出的绚丽色彩。常用的花卉有美人蕉、三色堇、矮牵牛、香雪球、金鱼草、百日草、半支莲、紫罗兰、风信子、葱兰、沿阶草等。

（5）花境　　花境是欣赏植物自然景观的一种形式,主要是模拟自然界中林地边缘地带多种野生花卉交错生长的状态,并运用艺术手法进行设计的花卉应用形式。在屋顶上以树丛、绿篱、矮墙或建筑小品做背景。花境在形式上是带状连续构图,其基本构图单位是一组花丛,每组花丛通常由5~10种花卉构成,平面上看是多种花卉的块状混植,立面上看是高低错落。花丛内以主花材形成基调,次花材做配调,由各种花卉共同形成季相景观,每季以2~3种花卉为主。花境既表现了植物个体的自然美,又展示了植物自然组合的群体美。植物材料以可在当地越冬的宿根花卉为主,间有一些灌木和耐寒的球根花卉,或一两年生的花本花卉。常用的花卉有马蔺、荷包牡丹、鸢尾、玉竹、金光菊、桔梗、紫松果菊、宿根福禄考等。

（6）花台　　花台是将植物栽植于高出屋顶平面的台座上,类似花坛但面积要小。在屋顶上因为场地较小,多采用花台的形式。花台也可以做成钵式花台,也可以做成盆景式,以松竹梅为主,配以山石小草。花台栽植的植物做整齐式,一个花台常选用一种花卉。应该选择株型低矮紧密匍匐或者茎叶下垂于台壁的花卉。

7.2.4　屋顶绿化的植物种植

7.2.4.1　种植方式

选择种植方式时不仅要考虑功能及美观需要,还要尽量减轻非植物的重量。在种植方式上,绿篱、架栅栏和棚架不宜过高,且其每行的延伸方向应与当地常年主要风向平行。如果当地风力常大于20m/s,则应设防风隔离架,以免遭风害。常用的植物配置的形式有以下几种类型:

（1）垂挂式　　用灌木或爬藤植物覆盖,并垂挂在屋顶的女儿墙、檐口和雨篷边沿的绿化形式;也可以用屋顶棚架来进行植物景观的营造,用藤本植物缠绕藤架,或者在棚架上悬挂一些盆栽植物。

（2）装配式　　利用各种造型的容器,借助各种设施,可以在屋顶上栽植花草或搭成各种几何形或动物造型图案,布局可以根据时令及观赏要求进行变换。这种屋顶绿化形式比较灵活且管理简便。

（3）地毯式　在承载力有限的平屋顶上种植地被植物或矮型花灌木的一种封闭型屋顶绿化。其植物配植由于屋顶承载力的限制，人造土的厚度应严格控制在 10cm 左右，种植品种简单，排列整齐。

（4）花园式　屋顶花园的绿化方式是一种开放式屋顶绿化形式，有现代和古典之分，在屋顶上以植物配植为主体，并结合假山、雕塑，可以组合成美妙的屋顶景观。

（5）盆栽式　在可上人屋面上的一种种植方式。土深 30cm 左右的浅盆可以在屋顶均匀密布，土深大于 30cm 的深盆可以间隔疏布。可供选择的植物品种较丰富，草木类、木本类、瓜果类均可栽种。盆植方式安全、方便、快捷、造价低。

其他的屋顶绿化的形式还有花坛式、篱壁式等，都是因城市用地紧张而转向屋顶的绿化形式，这些形式见效快、费用低廉，并可以在屋顶上配合使用。

7.2.4.2　种植介质的选择

种植介质是屋面种植的植物赖以生长的土壤层。种植土的选择是屋顶绿化的重点。由于屋顶承重有限，要求所选用的种植介质应具有自重轻、不板结、保水保肥、适宜植物培育生长、施工简便和经济环保等性能。轻型的营养基质一般由城市垃圾经粉碎、高温杀菌、发酵后形成的有机肥和草炭土、田园土配制而成。屋顶绿化的营养基质一般用重量更轻的珍珠岩、绿宝素等无机基质配制。铺设营养基质的厚度需由植物生长习性决定，特别是轻型基质过厚、空隙过大、理化指标不合理时，还容易使整个屋顶草坪被大风卷起，造成环境污染。实践证明，种植极耐干旱的佛甲草，铺设基质厚度以 5cm 左右为佳。如果基质中几乎没有田园土，过于松疏，就会抗不住风飔，造成死苗和基质被大风刮跑。实践证明，种植多种景天属地被植物，基质厚度应在 5～10cm；建设屋顶花园使用矮生乔木、花灌木时，应按植物具体习性而定，一般基质厚度在 20～100cm 之间。为了满足个别种植需要，可采用人为堆建土坡的方法。

现在屋顶绿化专用土已有很多品种，比如腐殖土加入陶粒、火山岩、土壤等。原则上都是使用轻质的人工基质加入一些直径在 5～8mm 的轻质颗粒物，比如常见的颟土砖破碎的颗粒、膨胀珍珠岩、硅藻土颗粒等，目的就是增加基质层中的孔隙率，加快水的渗透速度，同时减轻屋顶荷载。另外，市场中有专门用于屋顶绿化的营养垫，吸水后即有保肥保水能力，也可缓释营养物质。用营养垫进行屋顶绿化，操作简单，工程进展也快。

7.2.5　屋顶绿化植物的养护管理

屋顶绿化建成后的日常养护管理关系到植物材料在屋顶上能否存活。屋顶绿化由于更新或换栽比地面上要困难得多，植物的立地条件比其原生长地要恶劣许多，所以要采取各种不同于平地绿化的管理措施。由于屋顶场地狭小，且位于强风、缺水和少肥的环境，所以管理上要求更加精心，更加细致。针对屋顶的环境特点，选择生长缓慢、耐寒、耐旱、抗逆性强、易移栽和病虫害少的植物，可以减轻养护管理的工作量。

粗放式绿化屋顶实际上并不需要太多地维护与管理。在其上栽植的植物都比较低矮，不需要剪枝，抗性比较强，适应性也比较强。如果是屋顶花园式的绿化类型，屋顶绿化作为休息、游览场所，种植较多的花卉和其他观赏性植物，需要对植物进行定期浇水、施肥等维护和管理工作。这项工作要求有园林绿化种植管理经验的专职人员来承担，主要的养护管理工作有：

7.2.5.1　浇水

屋顶上因为干燥、高温、光照强、风大,植物的蒸腾量大,失水多,夏季较强的日光还使植物容易受到日灼,造成枝叶焦边或干枯,必须经常浇水或者喷水,产生较高的空气湿度。一般夏季应在上午9点以前浇一次水,下午4点以后再喷一次水,有条件的应在设计施工的时候安装喷灌。但屋顶花园也不能浇水太多,为了防止水堆积在种植床里,造成土壤中养分的流失,可在种植床内安装能够为土壤的干湿程度提供指示的湿度感应器,在土壤湿度达到上限值时发出信号,以阻止过度灌溉。

浇水可以采用人工方式,也可用滴灌的方式。若采用滴灌,应把水管预埋入基质层中,设置必要的自动喷淋或手动浇水设备。对于屋顶绿化的浇水设备要经常地检查,包括植物的生长状况、配水设施的情况,尤其是落水口是否处于良好工作状态等,要进行定期的疏通和维修。

7.2.5.2　施肥

在屋顶上,多年生的植物在较浅的土层中生长,养分较缺乏,施肥是保证植物正常生长的必要手段。目前,多采用腐熟人粪尿或饼肥作追肥,但要注意周围的环境卫生,最好用开沟埋施法进行。屋顶基质中的肥料更易从疏松的土壤中流失,随着雨水和灌溉而流到排水管道。因此,为了确保屋顶绿化的景观性,必须定期添加肥料,同时要尽可能选择耐贫瘠的植物种类和品种。

7.2.5.3　补充人造种植土

由于经常浇水和雨水的冲淋,人造种植土容易流失,体积日渐减少,导致种植土厚度不足,一段时期后应添加种植土。另外,要注意定期测定种植土的pH值,不使其超过所种植物能忍受的范围,一旦超过就要进行土壤改良。

7.2.5.4　防寒、防风

冬季,屋顶上的风比较大,气温较低,加上植物栽植层浅,有些在地面能安全越冬的植物,在屋顶可能受冻害。对易受冻害的植物种类,可用稻草进行包裹防寒,盆栽的搬入温室越冬。屋顶上风力比地面上大,为了防止植物被风吹倒,对较大规格的乔灌木进行特殊的加固处理。可在树木根部土层下增设塑料网,以扩大根系的固土作用;或结合自然地形在树木根部堆置一定数量的石体,以压固根系;或将树木主干成组组合,绑扎支撑,并注意尽量使用拉杆组成三角形结点。

7.2.5.5　病虫害防治

发现病虫害要及时对症喷药,修剪病虫枝。病虫害以预防为主,综合治理。

7.2.5.6　除草和修剪

发现杂草要及时拔除,以免杂草与植物争夺营养与空间,影响植物的生长和花园的美观。发现枯枝、徒长枝,要及时修剪,可以保持植物的优美外形,减少养分的消耗,有利于根系的生长。雕塑和园林小品也要经常清洗,以保持屋顶花园的良好状态。

7.3　屋顶绿化装饰的规划设计

7.3.1　屋顶花园规划设计的指导思想

在进行屋顶花园的规划设计时,要充分把地方文化融入园林景观和园林空间中;结合屋顶对园林植物的影响来选择园林植物;运用不同的造园手法,创造一个源于自然而高于自然的园林景观;以人为本,充分考虑人的心理和行为习惯,合理地进行屋顶花园的规划设计。

7.3.2 屋顶花园的设计原则

屋顶花园成败的关键在于要减轻屋顶荷载、改良种植土、屋顶结构类型和植物的选择与植物设计等问题。设计时要做到:①以植物造景为主,把生态功能放在首位。②确保营建屋顶花园所增加的荷重不超过建筑结构的承重能力,屋面防水结构能安全使用。③因为屋顶花园相对于地面的公园、绿地等面积较小,必须精心设计,才能取得较为理想的艺术效果。④尽量降低造价,从目前条件来看,只有较为合理的造价,才有可能使屋顶花园得到普及。

7.3.3 屋顶花园设计技法

在建筑屋顶营造花园,一切造园要素受建筑物顶层的负荷和空间有限性的限制。在屋顶花园的规划设计中,很少设置大规模的自然山水、石材,如果是主题需要,也以小巧的假山石,或通过地形处理形成远山近景。水池一般为浅水池,可用喷泉来丰富水景。

屋顶花园布局设计的难点是如何突破空间的限制。因为屋顶的形状以长方形为多,非常规整、缺乏变化;同时屋顶面积也是一定的,而且都偏小,使设计者有束手束脚之感。设计师若能因地制宜地巧作处理,同样会取得小中见大、移步换景的艺术效果。屋顶花园设计主要有如下技法:

7.3.3.1 转移注意力

多数屋顶花园都是长方形的,在进行规划设计时,用植物的曲线组景方式或弯曲的通道把屋顶花园分成两个空间,既可增添情趣,还可使空间看上去更宽敞,曲线能使视野无限放大。分隔用的屏障,可由高大的植物组成,也可用植篱,或者用爬满植物的棚架。

7.3.3.2 园中园

把屋顶花园分成不同的部分,它们之间通过藤架、凉亭或拱架联系,这样从一个空间到另一个空间,给人以别有洞天的感觉。把屋顶花园分为不同的空间,安排不同的内容也就很容易了。

7.3.3.3 利用对角线

对于矩形或正方形屋顶,绝对景深最深的是其对角线,所以调整轴向也是常用的技法之一。对于正方形来说,轴间角自然是 45°;若是狭长的地块,可以连续使用 45°的对角线,这样可使花园看上去比实际大得多。

7.3.4 屋顶花园的布局形式

屋顶花园的布局形式与园林布局形式相似,仍然分为自然式、规则式和混合式。

7.3.4.1 自然式园林布局

一般采取自然式园林的布局手法,园林空间的组织、地形地物的处理、植物配置等均以自然的手法,以求一种连续的自然景观组合,讲究植物的自然形态与建筑、山水、色彩的协调配合关系。植物配置讲究树木花卉的四时生态,高矮搭配,疏密有致,追求的是色彩变化、丰富层次和较多的景观轮廓。

7.3.4.2　规则式园林布局

规则式布局注重的是装饰性的景观效果,强调动态与秩序的变化。植物配置上形成有规则的、有层次的、交替的组合,表现出庄重、典雅、宏大的气氛,多采用不同色彩的植物搭配,景观效果更为醒目。屋顶花园在规则式布局中,点缀精巧的小品,结合植物图案,常常使不大的屋顶空间变为景观丰富、视野开阔的区域。

7.3.4.3　混合式园林布局

混合式园林布局,注重自然与规则的协调与统一,求得景观的共融性。在同一个作品中,自然与规则的特点都有,但又能自成一体,其空间构成在点的变化中形成多样的统一,更多地注意个性的变化。混合式布局在屋顶花园中使用较多。

7.4　屋顶花园建造的关键技术

7.4.1　种植屋面构造

种植屋面的构造层一般包括结构层、找平层、找坡层、保温层、防水层、阻根防水层、蓄(排)水层、隔离过滤层、种植介质和植被层。每层的建造要求如下:

7.4.1.1　结构层

宜采用强度等级不低于 C20 的现浇钢筋混凝土做种植屋面的结构层。

7.4.1.2　找平层

找平层是铺设柔性防水层的基础,其质量应符合相关规定。为便于柔性防水层的施工,宜在保温层上铺抹水泥砂浆做找平层。找平层应压实平整,充分保湿养护,不得有疏松、起砂、空鼓现象。

7.4.1.3　找坡层

宜采用具有一定强度的轻质材料,如陶粒、加气混凝土等做找坡层,其坡度宜为1%~3%。

7.4.1.4　保温层

宜采用具有一定强度、导热系数小、密度小、吸水率低的材料(如聚苯乙烯泡沫塑料保温板)。

7.4.1.5　防水层

屋顶绿化为二级建筑防水。为确保屋顶结构的安全,屋顶绿化前在原屋顶基础上,宜进行二次防水处理。应采用具有耐水、耐腐蚀、耐霉烂、性能优良和对基层伸缩或开裂变形适应性强的卷材或涂料做柔性防水层。

7.4.1.6　阻根防水层

有些植物的根系具有很强的穿透能力,对建筑防水材料结构造成威胁。隔根层可以防止植物根系穿透防水层,尤其是根系发达的植物更要考虑加隔根处理,其接缝应采用焊接法施工。详见 7.4.2。

7.4.1.7　蓄(排)水层

蓄(排)水层是将过滤的水从空隙中汇集到泄水孔并排出。在阻根防水层上应铺设具有一定空隙和承载能力以及蓄水功能的塑料排水板、橡胶排水板或粒径为 20~50mm 的卵石组成的蓄(排)水层,便于及时排出多余的水分,有效缓解瞬时集中降雨对屋顶承重造成的压力。

7.4.1.8 隔离过滤层

为了防止种植基质被水带入排水层,造成水土流失和建筑屋顶排水系统的堵塞,需要设置隔离过滤层,在种植介质与排水层之间起过滤作用。隔离过滤层应采用既能透水又能过滤的无纺布或玻璃纤维材料。

7.4.1.9 种植基质

种植基质是屋顶植物赖以生长的土壤层,应具有自重轻、不板结、保水保肥、适宜植物生长、施工简便和经济环保等性能。其厚度可根据植物的种类而定。一般地被植物为 $10\sim20cm$,小灌木为 $30\sim40cm$,大灌木为 $50\sim60cm$,乔木为 $80cm$ 以上。还有一种薄层绿化,基质只有 $3\sim5cm$。

7.4.1.10 植被层

根据屋顶的种质生态条件和种植土的厚度,选用比较耐寒、耐旱和符合生态要求的花、草、树木做绿色种植层。

以上几个为基本结构层次,具体到每一个屋面,可根据屋面结构、荷载及种植屋面类型(薄层绿化式和花园式)的不同,由设计者进行适当调整。斜屋面绿化构造除以上结构外,还要在防水层上铺设防滑枕木。防滑枕木的固定要注意沿挡水方向铺设,并注意间距要求。

7.4.2 屋顶花园的阻根防水技术

一切植物的根系都是向下生长的,许多植物的根具有极强的穿透力,如竹子。因此,屋顶绿化中,修建阻根防水层成为重要的一环。屋顶花园的防水要比一般住宅防水高一级,即二级防水。耐根系穿刺防水层即可阻止植物根系的穿透,也能起到防水作用。阻根防水的材料有物理阻根材料和化学阻根材料两类。物理阻根材料具有密度大、强度高、水蒸气渗透点小的特点,能阻止水分渗透,使植物无法寻水生长,同时又不会影响植物正常生长,当植物找不到水的信息时,便会横向生长,从而有效地阻止了植物根系竖向生长,防止植物根系破坏防水层和建筑结构。化学阻根材料是在弹性沥青涂层中加入可以抑制植物根系生长的生物添加剂。由于沥青是比较柔和的有机材料,很容易与添加剂融合,当植物根的尖端生长到涂层时,在添加剂的作用下发生角质化,不会继续生长,无法破坏下面的建筑结构。屋顶绿化对阻根防水层性能的要求主要有:耐久性;阻根性;耐药性、耐腐蚀性;耐撞击性;方便维修等。

7.4.3 屋顶花园的荷载

荷载是衡量屋顶单位面积上承受重量的指标,是建筑物安全以及屋顶绿化成功与否的保障。荷载是屋顶绿化的首要条件,也是屋顶绿化与地面园林建设最根本的不同点。屋面的荷载是建筑设计师根据建筑的功能与材料精心计算、设计的。最理想的屋顶绿化是建筑设计师在进行建筑设计时就把其作为一项内容设计进去,并根据屋顶绿化的种类和功能设计适度的荷载。

屋顶绿化专业设计师依据建筑物荷载的情况进行屋顶绿化设计。如果是在老的建筑物上进行屋面绿化,一定要查到原设计图纸标明的荷载,再请工程师依据该建筑的年代、材料,计算出目前的静荷载和动荷载。这是能否进行屋面绿化和建造哪种类型屋顶绿化的前提条件。

计算屋顶荷载除考虑屋面静荷载(结构层上方物体的重量)外,还应考虑非固定设施(机器)、人员流动以及土壤的最大持水力等因素。另外,还有一个不能忽视的问题,就是植物是活的,会越长越大,重量就会越来越大。解决问题的关键在于:一是不要种植速生树种,水、肥和种植土也不要过量;二是保证成活率,选择较小的苗种;三是经 6～8 年的生长后,要给植物断根修剪,迫使它缓慢生长。

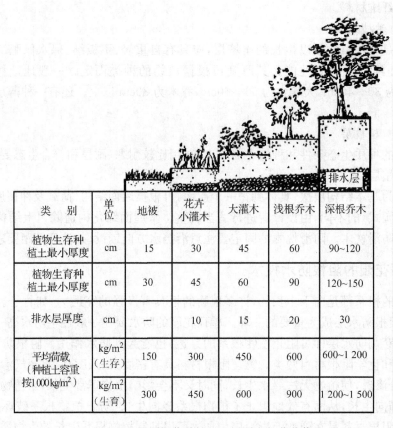

类　别	单位	地被	花卉 小灌木	大灌木	浅根乔木	深根乔木
植物生存种 植土最小厚度	cm	15	30	45	60	90~120
植物生育种 植土最小厚度	cm	30	45	60	90	120~150
排水层厚度	cm	—	10	15	20	30
平均荷载 (种植土容重 按1 000kg/m²)	kg/m² (生存)	150	300	450	600	600~1 200
	kg/m² (生育)	300	450	600	900	1 200~1 500

图 7.7　屋顶绿化种植区土层厚度与荷载值

减轻屋顶荷载的主要方法有:①采用与屋顶结构相适应的平面布局形式,将亭、花坛、树池、水池和石头等荷载较大的部位设计在承重结构或跨度较小的位置上。②采用结构找坡、分散荷载、控制种植槽高度(一般为 10～30cm)和蓄水层深度等方法。③尽量采用轻型材料,如栽培基质,要求种植土堆积面积小于 $1\,000kg/m^3$,可选用人造土壤、泥炭土、珍珠岩、蛭石、腐殖土等材料。在工程验收后,也不得自行增加或改变结构上层的材料或厚度。棚架的承重部位选用合成塑料管、竹管,亭子顶部选用竹片、PVC 塑料、玻纤仿玻璃瓦。控制假山体量,采用轻质石材或塑料石,桌、凳选用空心结构等。

7.4.4　植被的固定与防风技术

对于花园式屋顶绿化,其种植层较薄,高大树木的栽植与养护一直是个难题,特别是树木的固定与防风、防倾倒更是个棘手问题。植物的防风固定方法主要包括地上支护法和地下固定法。目前,在地上固定主要是利用圆螺丝和绳索将树木固定为稳定的三角形。地面支护简单易行,但是由于支撑物影响了树木的美观和庭园的景观效果,现多采用地下支护的方法,即先在屋面安放基座,树木较大时基座还必须与屋面固定,基座的顶端连接数根钢索将树木底部拉接固定,起到支护作用;屋面覆盖种植土层后,将基座和固定钢索掩埋,这样在地面上就看不到任何支护措施。

除了树木本身的固定外,还可以设置防风墙,以改变风向或减小风压。如果树木靠近建筑外墙,则设计时必须将女儿墙升高或增加防护栏或防护网,这样一方面可以起到防风的作用,让树木更加安全;另一方面可以防止植物倾倒、坠落。对屋顶绿化的浇灌大多采用微灌技术,灌溉管道埋于地下,直接作用于植物根部,既节约了水资源,又可以根据树木的习性进行科学调节。

7.4.5 屋顶花园的安全性问题

屋顶绿化在设计、建造之初就要考虑施工及使用过程中的安全问题。屋顶层高、风大等都是造成危险的潜在因素,防止人身伤害和高空坠物伤害是设计及建造屋顶花园的前提。因此,国内外通常要求在屋顶花园的周边设立牢固的护栏或围墙(也叫女儿墙),护栏高度要求在1.1m以上。

8　庭院绿化

8.1　庭院及庭院绿化的概念

　　《玉篇》对庭的解释是"庭者，堂阶前也"，位于厅堂之前较小的空间，四周为建筑包围，一般称天井，用来通风和采光。"不独春花常醉客，庭院常见花好开"，可以说明庭可种植花草供人赏玩，装饰点缀空间环境。

　　"院者，周坦也"，指用墙围成的外部空间，也就是现代建筑结构中的院落，例如北京的四合院。院与庭、天井相比，规模要大一些，开阔一些。"萧萧竹林院，风雨丛兰折"，院既可以种植花草树木，又可以让人欣赏景观，还可以在其中游玩、活动。

　　"园，所以种树木也"。童寯先生对"园"的解释是：四边用墙垣围起，内设花木、建筑、山石、水池供人居住、观赏、游玩。由此可见园比院空间大，并以人工的设景、组景等艺术手法创造观赏性景观。与院相比，园不依附于居住建筑，可单独一体。

　　《辞海》将庭院解释为"通常指正房的院子，泛指院子"。庭院是一种生活空间，因为有了人的存在和活动使空间有了更加具体的实际意义，如专门供人欣赏游玩或进行农事操作等。《南史·陶宏景传》中有"特爱松风，庭院皆植，每闻其响，欣然为乐"的诗句，从中可以理解庭院为用墙坦围合在堂前的空间，由外界进入厅堂的过渡空间，有植物、石景等构成元素，是一个内向型的、对外封闭、对内开放的空间。

　　本书所涉及的庭院是指专属私人独立空间的多层中的一楼或别墅住宅庭院等。

图 8.1　流水别墅（赖特）

图 8.2　拙政园 与谁同坐轩

　　庭院绿化装饰是指利用各种植物，按照其生态习性，并根据艺术和美学原理，对庭院美化的过程，主要包括屋面、路旁、围墙、花坛、阳台等部位的绿化和园林造景。庭院绿化是在有限的空间范围内，结合自然条件，经过人为设计而成，具有美化、休憩、康体、游乐等多重功能，以美化居住环境和为居民服务为主要目的。庭院绿化不是房屋的附属,而是景观的组成,更是一个主人的生活品位及情感的外现,也是庭院文化的象征。

随着社会的进步和人类物质财富的逐渐积累,住宅中对别墅的需求越来越多,紧随其后的庭院绿化成为绿化市场的一个亮点。对于家庭来说,庭院是最为理想的视觉和放松空间,在自己专属的私人空间内,将大自然的葱葱绿色、小溪流水及鸟语花香尽收其中。通过庭院绿化的设计与施工,使居者四时享有自然风光,缔造出和谐自然的视觉享受,给人们带来心灵上的抚慰。

8.2 庭院绿化的主要功能

8.2.1 庭院绿化的生态作用

庭院绿化植物作为造园最为活跃的一个因素,可以给人提供户外休闲、室内外观赏和改善生态环境的绿色空间,是提高环境质量的重要手段,它不仅可以净化空气、减少环境污染和噪声,改变居住区环境的小气候,而且能够创造优美的景观,使居者融入大自然的绿色之中,给人一种回归自然的舒畅感觉,使居住环境变得优美、活泼、丰富多彩。

庭院内种植的绿化植物,能对院内空气、土壤、水和小范围的空气湿度进行生态循环处理,吸收二氧化碳,释放氧气,从而大大改善庭院空气循环效果。

庭院中的绿色植物不仅能阻挡阳光直射,还能通过它本身的蒸腾作用和光合作用消耗许多热量,调节庭园的气温;植物进行光合作用时蒸发水分,吸收二氧化碳,排放出氧气,以此来调节庭院内的空气湿度和空气中的氧含量;部分植物还可吸收有害气体,分泌挥发性物质,杀灭空气中的细菌,例如香樟、紫薇、茉莉、兰花、丁香等具有特殊的香气或气味,对人无害,而蚊子、蟑螂、苍蝇等害虫闻到就会避而远之,并且还可以抑制或杀灭细菌和病毒。在化工区,还可利用植物吸收有害气体,如紫薇、月季、桂花可吸收二氧化硫,棕榈、天竺葵、茉莉等吸收氟化氢,苏铁、合欢吸收氯气等,在庭院内合理种植这些功能植物,可将化工区的有毒气体拒之门外。此外植物还可有效阻止尘土和噪声,庭院内的植物及植物群落还可增加空气中的负离子的浓度,有利于人体健康。据测定,人在绿色环境中脉搏跳动次数比在闹市区中每分钟减少4~8次,有的甚至减少14~18次。有的植物能散发出益于人体健康的挥发物质,并改善庭院的生态条件,促进人体健康。

另外,外墙上植物茂密的枝叶可遮挡阳光,起到遮阳和调节室内温度的作用。研究表明:在植被遮蔽90%的状况下,外墙表面温度可以降低8.2℃。植被遮蔽的方法是在西晒的方向种植高大的乔灌木组合,起到遮阴降温的作用;也可在建筑房屋外墙种植体攀缘植物,也会起到同样的效果。

植物还通过对风的阻挡与引导,调节庭院温度,改善局部小气候。如将常绿的针叶和阔叶植物组合栽植在庭院的西北方向,可在寒冷的冬季阻挡凛冽的寒风;而在南向将植物种植形成窄廊,并与建筑的门窗形成直线,则可引导夏日的凉风,为人们减少夏日的炎热。

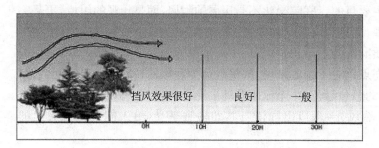

图 8.3　挡风效果与距植物组合挡墙远近的关系

图 8.4　植物的挡风
与引导风的形式

8.2.2　庭院绿化的美学功能

用于庭院绿化的植物种类繁多、形态各异,各具观赏特色,如观赏植物的叶片、枝干、花朵、果实和毛刺等,观赏植物的姿态、色泽、形状、气味等,观赏植物的配置及季相景观等,也包括人们赋予植物的各种人文内涵,表达人的思想和情感,这些都能给人带来某种心理和生理的愉悦与享受。如梅花不仅观花,其形态是"以曲为美,直则无姿",劲拙、飘逸与柔和并存的;"轻盈袅袅占年华"的垂柳,则体现了另一种艺术风格。许多具有绚烂花朵的植物如紫藤、玉兰、海棠、扶桑、杜鹃、美人蕉、百日草、天竺葵等,同样吸引人们的视线。有生命的植物存在着盛衰荣枯的生命节律,随着春、夏、秋、冬的季节变化和雨、雪、风、霜的气候变化,植物的外形、色彩、质地等特征不断发生改变,空间也呈现出不同的景象和意境,而庭院绿化追求的最高境界就是:营造因地、因时、因天象、因人文可品可赏的植物美景。

8.2.3　庭院绿化的空间构筑功能

庭院绿化可以起到界定空间、遮景、提供私密性空间和创造系列景观等作用,即空间造型构筑功能。植物可以作为建筑中的地、顶、墙来围合空间。在地面上,以不同高度和不同种类的地被植物或矮灌木来暗示空间边界,可以构成地平面。不同高度的绿篱以及与墙、栅栏等结合的绿墙则作为墙体,组成暗示性的界面分隔与围合空间。植物非常适合用于空间的围合与分隔,用植物将功能区转换成功能空间,通过它们相关的特性以及色彩、质地、形态,赋予每一空间相适的特征。比如,一块绿油油的草坪和一片乔、灌、草结合的绿地交界处,虽不具有实体的视线屏障,但却暗示着空间范围的变化。

8.3　庭院绿化的基本原则

8.3.1　室内空间的延伸

为了满足室外活动的需要,将室内室外空间统一起来,将庭院作为室内活动的外延区域。通过种植一些高度与室内屋顶高度一致的植物,可以使建筑空间自然过渡到庭院空间;或是

图 8.5　通过植物统一室内外空间

室外铺装与室内一致的材料,达到室内外空间的统一。另外将室内的家具放置在室外,也可起到相同的效果。这样可避免建筑在环境中的突兀感,使建筑作为大景观环境的一部分,融入到庭院环境景观中。

8.3.2　私密性的创造

庭院空间是一个外边封闭而中心开敞的较为私密性的空间。在这个空间里,有着强烈的场所感,所以人们乐于去聚集和交往。我国传统的庭院空间承载着人们吃饭、洗衣、聊天、打牌、下棋、看报纸、晒太阳、听音乐等日常性和休闲性活动。一定高度的植物能够阻挡人们的视线,创造私密空间。相对高度的植物对所要求的区域加以围合,在围合中产生了私密性。私密控制的程度受植物的形态、高度及种植密度的影响,可将植物合理配置与组合来创造私密空间、半私密空间和开放式空间。

图 8.6　将室内家具放置
室外以统一室内外空间

8.3.3　特色的形成

私人庭院是家庭全体人员放松心情、得以悠闲的场所,应根据家庭成员的年龄层次,结合植物的自身特色,创造不同的特色空间。老年人的空间用高大的庭阴树为主景,形成安静的空间;年轻人则可以用丰富多彩、四时变化的植物造景创造活跃的空间;年少的孩童要综合考虑平坦的草地和丰富的花卉,激发他们的活动乐趣。私人庭院也可根据植物的文化特征,配置成具有一定主题思想的景观,形成四季有景、季季如诗如画的景观特点。例如庭院一角配置松、竹、梅,形成“岁寒三友”的意境景观;将“庭园名花八品”中的玉兰、海棠、牡丹、桂花、翠竹、芭蕉、梅花、兰花合理地配置在一个庭院内,用吉祥草做地被,意为“玉堂富贵、竹报平安”的吉祥之语;若想突出“梅”字,可选用不同类型的梅花品种及不同造型的盆景,再辅以腊梅、杨梅、金缕梅、茶梅、黄素梅等带有“梅”字植物进行合理搭配,彰显“梅”主题;还有窗下植芭蕉,有“雨打芭蕉听雨声”的雅趣。

图 8.7　私密性的创造平面

图 8.8　不同的特色空间

8.3.4 精工细作的打造

一般庭院的面积不大,每个局部绿化都应该与庭园全局相和谐。因此,庭园中每个部分都需要认真对待,对庭园的园门、园墙、园路、水景、叠石、草坪、花坛、花境、花台、阳台、凉台等的绿化和景物配置,均应仔细琢磨、精心设计、细心施工和耐心养护。

8.4 庭院绿化的基本形式

8.4.1 规则式绿化

规则式又称为西方式、整形式、建筑式、图案式、几何式、轴线式或对称式,强调造型艺术美和视觉震撼。规则式绿化分为轴线对称式栽植和几何规则式栽植。轴线对称式栽植一般是以庭院主要建筑的轴线为室外植物栽植轴线,在轴线两侧,植物的种类、形状、栽植形式完全相同,例如法国凡尔赛宫庭院。几何规则式栽植主要是植物在平面构图和植物形状上形成几何形状或一定的图案。西方古典庭园沿袭了古埃及和古希腊的规则式庭园思想,意大利和法国等国家的园林及私人别墅庭院均采用这种模式。规则式绿化布局不仅用对植、行列植体现在绿化的构图上,也可以表现在绿化植物的修剪上,利用植物的耐修剪性和绿化工人的操作技术将植物修剪成抽象的流线、具象的几何或惟妙惟肖的动物造型。在入口、大门、道路和建筑物附近,多用规则式植物造景。

规则式绿化形式具有严谨的几何秩序,中轴对称、均衡和谐,尽显开朗、华丽、宏伟和高贵,但有时过于呆板,且过重的修剪抑制了植物生长,使之无法充分展现其自然的姿态和生态效应。

图 8.9 法国凡尔赛宫庭院

图 8.10 意大利台地园林

8.4.2 自然式绿化

自然式绿化与规则式相对应,又称为东方式、风景式、不规则式或山水式,以体现自然和联想意境美。通过自然的植物群落设计和地形起伏处理,在形式上表现自然,将自然缩小后加以模仿运用。自然式绿化常运用植物的自然姿态进行自然式造景。18世纪的英国出现了乡村风光式的自然绿化,人工园林绿化与自然景观浑然一体,代替了规则式绿化形式,并且影响了美国等地的园林形式,著名的纽约中央公园就是其影响的一例。在庭院及别墅中自然式绿化更为普遍。美国第一代景观设计师托马斯·丘奇设计的玛丽亚别墅花园和唐纳别墅花园就是完全的自然式风格。而我国在"崇尚自然,师法自然"的原则下,造园就是"模山范水",将"虽有人作,宛自天开"的自然缩影在园林中,与英国自然式园林相比则是有"意境"在其中,景是"因情设景"、人是"见景生情"、人与物是"情景交融",足不出户尽享山水之趣。

图 8.11　乡村风光式自然绿化

图 8.12　美国玛丽亚别墅花园

图 8.13　苏州留园

在自然式庭院内,园林要素(地面铺装形式、水景、植物等)均以自然形式造景。植物的绿化配置采用自然林、丛团和散落的单株相组合,模拟自然景观,配置疏密有致,表现为"密不透风"或"疏可走马"。在竖向视觉上注意树冠的天际线,即树木组合的高低错落、层次有致和形态的彼此和谐,使得人们对植物的欣赏既有季相的变化之美,又可观察枝、花、叶、果的细部形态,体现植物的个体美和群体美以及自然动态美。正如美国近现代景观园林先驱唐宁(Andrew Jackson Downing)所述,自然风景园就是"在自然界中选择最美的景观特征进行精心重构"。

8.4.3　抽象式绿化

　　抽象式又称为自由式、意象式或现代景观式,以体现自由意象和流动线条美。这种园林绿化的形式是由巴西艺术家、造园家——马尔克斯(R. B. Marx)所创造的一种设计手法,这些灵感来自于对自然界"堤岸的形状、蜿蜒的河谷、低地的景观以及叶片上复杂而漂亮的脉络的升华认识的,利用纯艺术观念和本地植物、乡土艺术相结合,并运用曲线和艳丽的色彩组合,给人们强烈的视觉感受"。抽象式园林绿化是将植物以大色块、大线条、大手笔地勾画,成为一种具有自由有序、简洁流畅并具有鲜明时代感的植物布局形式。

　　抽象式绿化布局形式采用动态均衡的构图方式,它的线条比自然式的流畅而有规律,比规则式的活泼而有变化,形象生动、亲切而有气韵,具有强烈的时代气息和景观特质,在现代园林设计中得到了广泛应用,对东西方的传统园林做到了扬长避短,使之结合成为一个有机整体,达到雅俗共赏的景观艺术效果。

8.4.4　混合式绿化

　　混合式绿化又称为折中式、交错式园林,以体现折中融和美为布局宗旨,有机运用前面几种绿化形式,创造完美的庭院绿化景观。这种绿化形式在现代庭院中运用很多。

图 8.14　抽象式绿化　　　　　　　　　　　　图 8.15　混合式绿化

8.5　庭院绿化空间的艺术构图

　　庭院绿化是以植物造景为主体,形成一定的意境空间,体现以人为本,充满文化艺术气息,各种植物种植应高低错落,主次分明,注重色彩配置,考虑质感虚实对比、科学合理规划,并具一定的艺术性,达到虽由人做、宛自天开的意境,满足人们休闲观赏、回归自然之心理。

8.5.1　空间

　　空间是用来形容由环境元素中的边线和边界所形成的三维空处、场所或空洞。例如,室内空间存在于所有建筑的地板、墙体和天花板之间。同样,室外空间可以看成是由诸如地面、灌木、围墙、栅栏、树冠等有形元素围成的空间。有用的空间具备的特点是足够的空间、充分的私密性、一定的装饰和适当的家具。

绿化空间中草坪的不同纹理可以作为地面要素,采用小乔木、栅栏或矮墙加藤类植物等构成垂立面的墙,顶面则采用硕冠的乔木、凉亭、棚架等。色彩、质地、纹理等方面采用不同的素材,并加以适当的安排可以成功地营造出人性化的庭院空间。

8.5.2 构图

构图是将不同形态、质地、色泽和随季节而变的植物品种,按照美学的观念组成一个和谐、优美的景观。

8.6 庭院绿化的类型

本书所涉及的庭院是专属私人空间,也可称私人庭院。私人庭院绿化可以形成一个食、住、赏为一体,以劳作为活动乐趣的庭院,让每户都能充分利用房前屋后有利的庭院土地和空间。根据种植植物种类的不同将庭院分为园林景观型和园艺型。

8.6.1 园林景观型庭院绿化

8.6.1.1 花卉型庭院绿化

以栽种花卉为主,间种几株乔木,如香椿、广玉兰,或间种几丛竹子。此类型庭院适宜于面积特别狭小的庭院。花草可选取高、中、矮种类搭配,还可选取一些奇花异草,如月季、栀子、牡丹、玉簪、长春花、宿根福禄考、矮牵牛等,在庭院一角可建一个专用于育苗的小苗床,供庭院内四季之用花,再结合小品景观并将花文化糅合进去,可产生季季有主题、季季如诗如画的园林意境。

8.6.1.2 林木型庭院绿化

对于较宽敞的庭院,可选取多类树种,如厨房附近宜种植可吸附油烟及灰尘的梧桐、刺槐、臭椿、杨树等种类;在正门两边可栽植白玉兰、桂花、海桐、茶花等,同时注意树形的高矮搭配。此类庭院可根据主人的爱好,配置出具有一定意境的庭院,如"玉堂富贵,竹报平安"、"岁寒三友"、"富贵吉祥"、"雨打芭蕉听雨声"、"兄弟和睦"等主题。

8.6.1.3 芳香型庭院绿化

园林植物芳香宜人,能使人产生愉悦的感受,如桂花、腊梅、丁香、兰花、月季等。在庭院设计中可以利用各种香花植物进行配置,营造成"芳香园"景观,如在盛夏种植茉莉花,夜晚纳凉时微风送香,沁人心脾。

8.6.2 园艺型庭院绿化

园艺型庭院绿化以能种植可食的瓜、果、蔬菜等产品为主,用于满足庭院主人嗜好田园的雅趣。这类庭院的沟渠及给排水布置非常精准,结合绿化分隔,使庭院的整体布局具有一定的艺术美感,区别于以经营为主的大田生产。

8.6.2.1 蔬菜型庭院

在庭院中种植形态、色泽良好的食用蔬菜也是相当漂亮的。在花镜中根据生态习性栽植一年生蔬菜植物,如红花菜豆攀爬花架,红花和摇摆的豆荚煞是好看;胡萝卜、茄子、花菜以及粗放管理的土豆都可以种植在庭院中,让人尽享田园耕作的快乐及劳动收获的喜悦之情。

8.6.2.2　果树型庭院

可用于庭院栽培的果树品种较多,如葡萄、杏、桃等,选早、中、晚熟品种合理搭配,使各季节都有果实成熟。同时,有些果树的花果俱佳,既可观花,又可赏果,还可以品尝,例如桃、苹果、杏、李、梨等。庭院到大门的通道可栽葡萄或树冠较大的柿树;门旁、墙角、后院可栽大枣;窗台、矮墙上可配置盆栽葡萄、无花果、矮化桃、梅等。

8.6.2.3　药材型庭院

庭院药材栽培不仅增加经济收益,而且有利于净化、美化居住环境,有助于家人的健康。适宜庭院栽植的药材有金银花、白芍、连翘、白术、红花、黄连、平贝母、天麻、牡丹、板蓝根、人参、黄连、党参、菊花、杜仲、枸杞等,有些药材的花也具有很高的观赏价值,本身就是很好的庭院美化品种,如菊花、金银花、芍药等。干旱地区庭院宜栽耐旱药材,如木瓜、柴胡、黄芪、黄芩、知母等;水湿地区可选择喜湿润、不耐寒的药材,如附子、北沙参、薏苡等;山区则应选择套种喜湿怕热的黄连、党参、三七等。

图 8.16　园林景观型庭院绿化

图 8.17　花卉型庭院绿化

图 8.18　蔬菜型庭院绿化

8.7　庭院地面铺装

地面铺装是指在庭园环境中运用天然或人工的铺地材料,按照一定的方式铺设于地面而形成的地表形式。庭园不论大小,铺装是必不可少的。铺地以线和面的形式贯穿全院的交通网,它既可以划分空间,又可以形成空间的联系,是组成庭院的主要造景要素。地面铺装在满足使用功能的前提下,采用线性、流行性、拼图、色彩、材质搭配等方法,引导人们到达某个既定地点的通道,为人们提供必要的活动休息场所,并在视觉上创造艺术性和趣味性。

8.7.1　铺装的材料

用于庭院铺装的材料很多,有无机的铺路材料,如砾石、天然石头、小鹅卵石、石板、砖块、水泥、柏油砾石或沥青等;有机的材料,如草地、木屑、树皮、椰子壳的碎片、橡胶、防腐木等。选择铺地材料时,应结合小庭院的整体气氛、房屋和墙壁等的特征,与周围环境相配合,达到室内外空间构图的协调,使庭院真正成为室内绿化的延伸。

8.7.1.1　松软材料

如沙砾、碎砖等。沙砾小径能给人一种自然、轻松的感觉,而且耐踩性好,渗水性强,整洁干净。在绿树浓阴的小径上,选择大小均匀的沙砾铺设院路,可使人感到舒适、心情放松。

8.7.1.2　硬质石材

硬质石材有着各种不同的颜色、形状和质地,可以融入古典或现代风格的景观设计中,因此用石材美化庭院景观受到人们的喜爱。石材主要有大理石、花岗岩、水磨石、合成石四种。

8.7.1.3　黏性材料

利用其黏性可塑的特点,既可以自身形成多样的图案,又可以与不同的材料配合。如在水泥上镶嵌圆卵石,用不同大小或不同颜色的圆卵石铺成具有不同形状的图案,在中国古典私家园林中常采用此种铺装形式,现代的私人庭院同样可以使用。

8.7.1.4　裂纹铺装

裂纹铺装以片石为主要材料。片石是多面体,大小不一,但一般在 $25\sim50\mathrm{cm}$ 之间,它的颜色取决于母岩的颜色。铺设的技巧在于随意性,片石之间的缝隙尽量自然,要形成"冰裂纹"的效果。

8.7.1.5　沥青或柏油路面

采用沥青或柏油粘结的细小石粒,其装饰性不强,但能适应于地面上的任何形体。

8.7.1.6　砖

砖是一种传统的铺路材料。它是一种很和谐且具有多用途的材料,当用多个花纹混合在一起时,常选用砖做分隔铺路材料,因它的颜色和质地能起到很好的调和作用。

8.7.1.7　防腐木

木材给人一种温暖的感觉,在庭院景观铺地中用得很多。木材存在的问题是时间久了会腐朽、碎裂或被白蚁侵蚀,长期使用存在安全隐患。而新型的园林用材防腐木具有天然木材的纹理和质感,强度高、耐水性强,兼具有木材和石材的性能及优点,同时避免了传统木材的缺点。因此,防腐木在庭院铺装中运用很多,不仅在铺地中运用,也可制作成花盆、防腐木餐桌椅、防腐木立体花架等建筑小品,通过色彩和纹样的协调,很容易与室内景观统一起来。

8.7.1.8　嵌草铺装

把天然或各种形式的预制混凝土块铺成冰裂纹或其他花纹。铺筑时在块料间留 3～5cm 的缝隙,填入培养土,然后种植草坪,如冰裂纹嵌草路、花岗岩石板嵌草路、木纹混凝土嵌草路、梅花形混凝土嵌草路。或在较大面积的硬质铺地中,留出一定形式和数量的绿地,种植草坪等等,所有这些均可减弱环境的生硬度,同时又增加了铺地图案的美感及趣味性;在生态方面,有利于庭院小环境的创造。

8.7.1.9　压模地坪

这是一种新的含特殊矿物骨料的环保材料,具有较强的艺术性和特殊装饰要求,把线条、色彩、图案和建筑理念,经过彩色压印或喷涂,具有混凝土工艺的一种艺术铺地形式,给人以耳目一新、回味无穷的观赏特性。彩色压模地坪具有耐磨、防滑、不易起尘、易清洁、色彩和款式可塑性强等特点,是目前园林铺地材料的理想选择。

图 8.19　沙砾材料

图 8.20　硬质石材

图 8.21　沥青或柏油路面

图 8.22　卵石铺装

图 8.23　砖铺装

图 8.24　嵌草铺装

图 8.25　压模地坪

8.7.2　铺装纹样

铺装作为庭院的一个要素,其纹样形式应从属于庭院建筑及绿化风格,因而受庭院风格的影响,形成了变化丰富、形式多样的铺装纹样。良好的铺装纹样能给人带来强烈的形式美感、精神享受和意境体会。

我国自古对庭院铺装就很讲究,最早的园林理论著作《园冶》(明计成著)写道“惟厅堂广厦中铺……八角嵌方,选鹅卵石铺成蜀锦”;“鹅子石,宜铺于不常走处”,正是铺装进行研究并运用到庭院园林中。根据铺地的纹样形状,庭院铺装常展示如下特色:

8.7.2.1　艺术性

私人庭院人员较少,庭院铺装的功能性与公共场所相比要求较低,但对艺术性要求比较高。铺装的艺术性由铺装材料的形状、色彩、质感和尺度等要素组合产生变化,从而形成了变化丰富、形式多样的艺术性铺装。艺术性铺装图案较常用的有圆形、方形、条形等。

　　　圆形　　　　　　　　　　　方形　　　　　　　　　　　条形

图 8.26　艺术性铺装图案

图 8.27　文化性铺装（蝙蝠铺装）

8.7.2.2　文化性

　　庭院铺装纹样可与文化相结合，通过联想的方式，来表达庭院的意境和主题，烘托庭院空间的气氛，也常运用谐音、双关等设计手法，赋予一种吉祥的象征。如选择细腻、较小的鹅卵石或易分割的材料，利用不同颜色铺成蝙蝠、梅花鹿、仙鹤等图案，寓意"福禄寿"。铺装设计中运用文化的物质要素，能唤起欣赏者的某种共鸣，达到表现地方文化及地域风格的作用。

8.7.2.3　形象性

　　园林铺装图案有些具有写实性，提炼自然要素的特色形状，利用铺装材料进行反映。例如，自然曲折流线是波浪、海或水的形式；植物的花或叶用在铺地上，既可以具有形象的观赏作用，也可以形成象征的作用，如梅花、荷花、兰花、菊花等，根据居住风格和主人的喜好，可形成惟妙惟肖的图案。

　　波浪水铺装　　　　　　　　梅花铺装　　　　　　　　荷花铺装

图 8.28　形象性铺装

8.8　庭院绿化的分隔设施

　　庭院绿化通过分隔设施，可以形成不同的特色空间。分隔设施包括软质材料和硬质设施。

8.8.1　软质材料分隔设施

软质材料在园林中指有生命的植物材料,可以作为分隔设施的有绿篱、混栽树丛和树篱。

8.8.1.1　绿篱

由灌木或小乔木以近距离的株行距密植,植物通过在一个方向种植,形成规则的几何式、笔直或流畅的线条作为边界,称为绿篱或绿墙。绿篱及绿墙根据高度可分为绿墙(160cm 以上)、高绿篱(120~160cm)、绿篱(50~120cm)和矮绿篱(50cm 以下);根据功能要求与观赏要求可分常绿绿篱、花篱、观果篱、刺篱、落叶篱、蔓篱与编篱等。

8.8.1.2　混栽树丛

密植在一起的乔木和生长在其下的灌木可组成一道"绿墙",形成空间的分隔线。这种分隔要求植物的组合符合生态的要求,不能植在一起造成植物生病,例如梨树和蜀桧种植在一起,很容易产生梨桧病菌。另外丛生植物的组合要注意其形状的和谐和天际线的优美。

8.8.1.3　树篱

树篱起源于农业生产的观赏树木的种植形式,属于围墙。将成活植物的树干平面交叉编织,树干的根部平齐布置,绑在栅栏或紧贴墙体,修建、固定形成横向的绿墙。景观上以植物的绿色为"纸",以枝条、花、叶、果实为"笔",随季节的不同具有各异的景色。另外乔木可以成行成列地种植,形成另一种自然的树篱,也可以起到分隔空间的作用。这种几何式种植方式,在西方古典园林中经常用到。新型、实用、生态的树篱,可以代替水泥、钢筋、砖石等的墙体,起到间隔、防护作用,维护生态环境,很适合庭院的外墙。

图 8.29　绿篱

图 8.30　混栽树丛

8.8.2　硬质分隔设施

庭院往往都有一些附加的构造物,如为保护私人空间而围合起来的围墙、木栅栏。庭院通过这些分隔设施与外界相隔,却又可经过出入口与外界贯通起来。

8.8.2.1　景墙

景墙除了划分界限之外,还有维护庭园隐私、挡风等作用,同时也是蔓藤植物最好的舞台之一。构成墙面的素材很多,其中以自然石所表现的质感最为美观,朴素的红砖也有很好的效果,水泥墙面必须经过设计技巧的处理才能达到某种效果。墙面的美化除了利用素材本身的特质来体现外,常常利用蔓藤植物或栽植于其旁的植物来柔化整个墙面的生硬感及压迫感,从而达到出色的景观效果。

图 8.31　景墙

8.8.2.2　栅栏

　　栅栏的功能与围墙相似,但它作为分隔设施可大大减少墙体对庭院所造成的封闭和压迫感,同时又可开阔视野,这对提高城市街道的园林景观具有重要的作用。栅栏的制作材料有木材、竹铸铁等。其材料的选择需要与建筑、庭院风格甚至需要与整体街道景观的要求达成一致。

9   常用的室内绿化装饰植物

选择室内绿化装饰植物时,首先应根据植物的观赏特性和生态习性进行选择。根据植物的生态习性进行分类的书籍很多,本章节为了突出室内绿化的装饰性,根据装饰植物的观赏性进行分类介绍。植物的观赏性是多方面的,观赏植物的形态常常是主要选择要素,根据枝条的生长方向,植物的株型可分为直立型、丛生型、蔓生垂枝型、莲座型和多肉圆球型。另外,还有观花和其他观赏形状的植物材料。

9.1   观形植物

9.1.1   直立型植物

9.1.1.1   海芋(*Alocasia macrorrhiza*)

【室内装饰】又称滴水观音,在温暖潮湿、土壤水分充足的条件下,便会从叶尖端或叶边缘向下滴水,好似观音菩萨向人间洒下甘露,而且开花时花蕾似张未张的形状很像观音菩萨像,因此称为滴水观音。如果空气湿度过小,渗出来的水分马上就会蒸发掉,因此一般水滴都是在早晨,被称为"吐水"现象。

海芋叶片肥大翠绿,株态优美,大型植株特别适合摆放在客厅、会议室、大厅、角落等地方,叶片不多,却能显示出优雅的静态美,置于室内颇有几分雅韵;小型盆栽郁郁葱葱,装饰方法同丛生型观叶植物相似;水培滴水观音特别容易,若容器够大,可与金鱼进行花鱼共养,摆放在茶几、餐桌等空间的焦点位置,即可观叶,又可观赏如瀑布般的根系,还可观赏鱼在根系间穿梭的动态美,构成一副无声的诗、立体的画;盆景滴水观音既有造型的艺术美,又有观叶植物的葱郁美;华南地区庭院的水景边可少量种植,在阴雨季节常有"吐水"现象发生。

【科属及习性】天南星科海芋属多年生常绿草本植物,原产亚热带地区,在中国的广东、福建、广西、云南、贵州、江西、湖南等地的山谷及水沟边常有野生,性喜温暖湿润及半阴的环境,不耐寒,生长适温为 25~30℃,在我国长江流域以北的地区均作盆栽,入冬前搬入室内,冬季温度保持在 8~10℃才能安全越冬。

【形态特征】茎粗壮,高可达 3m。叶柄长达 1m,具宽大叶鞘,叶片肥硕盾状,聚生茎顶。花梗长约 30cm,佛焰苞下部筒状,上部稍弯曲呈舟形,肉穗花序稍短于佛焰苞。雌花在下部,雄花在上部。

【繁殖技术】用分株、播种方法繁殖。每逢夏、秋季节,海芋块茎都会萌发出带叶的小海芋,可结合翻盆换土

图 9.1   海芋

进行分株。秋后果熟时,采收橘红色的种子,随采随播,或晾干贮藏,在翌年春后播种。

【栽培形式及养护要点】

盆栽形式:用腐叶土、泥炭土、粗沙的混合土作基质。栽培比较粗放,喜温暖湿润及半阴的环境,生长季节保持盆土湿润,每月施1～2次稀薄液肥。夏季将其放在半阴通风处,并经常向周围及叶面喷水,以加大空气湿度,降低叶片温度,保持叶片清洁。入冬停止施肥,控制浇水次数。海芋生长快,在其生长过程中,肥水一定要适量,避免造成茎部下端空秃,影响观赏价值。

水培形式:海芋属湿性花卉,水培很容易。选取具有3～4片叶的盆栽植株(若是分株获得,可将茎段直接用于水培,不管带根与否),轻轻从花盆中磕出,洗掉附着在植株上的所有泥土,去除老根,只保留部分幼根,将洗好植株的根系浸入装有0.5%的高锰酸钾溶液中,每天换水一次,随时去除腐烂的根系,直至在水中有新的根系长出(水中新长出的根是洁白的),再纳入正常的水培养护管理。

9.1.1.2　棕竹（*Rhapis excelsa*）

【室内装饰】也叫观音竹、棕榈竹、筋头竹,株丛挺拔,枝繁叶茂,叶色浓绿,叶形隽秀而有光泽,是室内常见的观叶植物。中小型盆栽用于装饰客厅、卧室、办公室、会场、宾馆;小巧的盆景或水培供案头、茶几、桌面欣赏;大型盆栽犹如威武的战士,常守卫在大门口的两侧;有些耐寒的品种也可丛植在江南的庭院,郁郁葱葱,常年翠绿,株丛周围众多的萌蘖更加体现了庭院的生机盎然。

图9.2　棕竹

【科属及习性】棕榈科棕竹属观叶植物,产于我国广西、广东、海南、云南、贵州等省区。江南温暖地区长生在山坡、沟旁等阴湿及通风良好的地方,畏烈日,不耐寒,在贫瘠、干旱的土壤中生长不良。

【形态特征】常绿丛生灌木。高1～2m,茎圆柱状,细而有节,上部具褐色粗纤维质叶鞘。叶绿色掌状,4～10裂,裂片条状披针形,或宽披针形,边缘和中脉有褐色小锐齿。肉穗花序腋生,多分枝,花单性,雌雄异株,淡黄色。花期4～5月,果熟期10～12月,浆果球形。

【繁殖技术】分株或播种繁殖。分株繁殖结合盆栽换土时进行,每个株丛5～8苗为一丛栽植较好,否则生长缓慢,观赏效果差。播种繁殖,要即采即播。

【栽培形式及养护要点】

盆栽形式:盆土选用排水良好、富含腐殖质的沙壤土。在生长旺盛的季节,要根据土壤的干湿情况多浇水,每月施追肥1～2次,使植株更粗壮,叶色更浓绿;叶面经常洒水保湿。冬季不施肥,少浇水,越冬保温5℃以上。随时修剪掉残、老、黄叶。随时保持室内通风,否则易遭受介壳虫危害。

小盆景栽培:管理与盆栽形式相似,为了保持盆景的造型,可减少浇水和施肥。

水培形式:在气温达到25℃以上时,通过一定的洗根、诱导水生根系的过程,将已经诱导出水生根系的棕竹苗养在造型容器内,20天更换一次营养液,夏季10天更换一次清水,冬季40天更换一次。若是透明容器,再配以鹅卵石、金鱼等,增加观赏效果。

9.1.1.3 散尾葵（*Chrysalidocarpus lutescens*）

【室内装饰】散尾葵植株高大,株丛错落有致,叶片披垂碧绿,姿态洒脱,四季常青,给人以轻松愉快、柔和舒适的感觉,是著名的观叶植物。盆栽布置会场、厅、堂,格外雄壮,体现出热带风光;常用于沙发两侧、角落或做背景,用以填充空间、柔化空间;如在门厅、走廊、楼梯口处布置摆放,更显得生机盎然,好似步入大自然;在大厅中间设计中心花坛时,散尾葵也是中心花坛主景材料之一;也可将叶片剪切下来,插制成规整的盆栽造型,既飘逸又整齐,可在短时间内装饰环境;同时也是插花的良好材料。本种在华南地区是公园、庭院绿化的好材料;在港澳等地,还因其叶片向四面呈放射状生长,被视为事业"四面腾达"的象征。

【科属及习性】散尾葵是棕榈科散尾葵属常绿灌木。原产于非洲马达加斯加岛,我国各地多盆栽。散尾葵性喜温暖湿润的环境,喜光也较耐阴。生长缓慢而冠幅发育较快,自然整枝良好。要求微酸性透气良好的沙质壤土,忌碱性土。

【形态特征】常绿灌木,丛生,株高 3～4m;茎自地面分枝,有环纹;叶扩展拱形,小叶线形,先端柔软,黄绿色,叶柄平滑,黄色,背面主脉 3 条,隆起;花小,成串,金黄色,花期 3～6 月。浆果金黄色,成熟紫黑色。

【繁殖技术】播种、分株繁殖。一般盆栽多采用分株繁殖,每年 4～8 月,结合换土脱盆分株,一般有 3 株以上相连为一丛栽植。初定植的植株,因根系尚未发育好,应避免在强光下长时间照射;播种繁殖,每年 8～11 月从南方引进种子。播种前浸种,条播到苗床内,上加 1cm 厚的河沙覆盖,保温 10℃以上越冬,次年 4～5 月,苗高 3～5cm 时,即可分植于小盆或育苗袋内养护。

图 9.3　散尾葵

【栽培形式及养护要点】室内盆栽散尾葵应选择偏酸性土壤,北方应注意选用腐殖质含量高的沙质壤土。浇水应根据季节,遵循"不干不浇,浇则浇透"的原则,干燥炎热的季节适当多浇水,低温阴雨则控制浇水。

每年的春季和秋季是散尾葵的旺盛生长季节,每月施 2～3 次全素营养液肥水。夏季环境干燥,光照过强,易发生叶面干涩、无光泽、干尖等症状,应定期向叶面喷雾。室内用散尾葵要加强通风,定期到阳台等处接受日照,否则叶片易黄化,尤其是通风不良,易发生红蜘蛛和介壳虫危害。

9.1.1.4 苏铁（*Cycas revoluta*）

【室内装饰】又称铁树、凤尾蕉、凤尾松,被称为"植物活化石"。苏铁茎干粗壮直立,体形优美,叶片坚挺浓绿,四季常青,是室内绿化装饰的优良观叶品种。大型盆栽摆在办公室、会场、宾馆、展馆、酒店、商场等大型室内空间,或摆放在门厅两侧,给人以庄严、刚毅、浑厚挺拔、欣欣向荣、长盛不衰之美感。中、小型盆栽可放在书房、客厅内,显得优雅高贵、古朴典雅。有些耐寒的品种也可丛植在庭院,郁郁葱葱,常年翠绿,体现了庭院的生机盎然,给人以庄严肃穆及热带风光的美感。其羽状叶片是现代艺术插花最常用的配用材料,可保持长久不凋。

【科属及习性】苏铁科苏铁属常绿观叶植物。原产于我国南部、印度、日本等地,现各地多

图 9.4　苏铁

盆栽。性喜温暖湿润,不耐严寒;喜阳,但半耐阴;喜排水良好、疏松肥沃的沙质土壤。其生长适温为 20～30℃,越冬温度不宜低于 5℃。

【形态特征】茎干圆柱形,由宿存的叶柄基部包围。大型羽状复叶簇生于茎顶;小叶线形,初生时内卷,成长后挺延刚硬,先端尖,深绿色,有光泽,基部少数小叶成刺状。花顶生,雌雄异株,雄花尖圆柱状,雌花头状半球形。种子球形略扁,红色。花期 7～8 月,结种期 10 月。

【繁殖技术】通常用播种和分株繁殖。种子播种于红壤土中,2～3 年后分苗种植。多年生植株在茎基部或茎干上生出蘖芽,当芽体生出 3～5 片叶后切割下来,并晾干伤口,若已生根,可直接上盆种植。

【栽培形式及养护要点】

盆栽形式:培养土可用园土、泥炭土和河沙混合配制,基肥可用腐熟的豆饼等。苏铁喜微酸性土壤,浇水掌握"见干见湿"的原则。生长季每月追施全素营养肥 1～2 次,追施 500 倍的硫酸亚铁溶液 1 次,以调节土壤的酸碱度。夏季常向茎叶洒水,保持湿润。秋末冬季一般不施肥或少施肥。喜阳光充足,最好四季均放在阳光较强的地方,尤其在春秋季抽长新叶时应放在阳光直射处养护,待新叶长成老熟后再移入室内观赏。若冬季不加以保护,很容易受冻;夏季温度过高,光线过强,会引起灼伤,导致叶片表面有枯黄的斑点。如发现植株的叶片在夏季或冬季有黄斑,失去观赏价值,千万不要放弃,仍然给以适当的保护,停止施肥,待第二年的春天,将所有的叶片沿基部剪掉,给以适当的温度、光照、湿度、肥水、酸碱度等条件,在茎尖处还会萌发出整齐一致的叶片,依然会展现它原有的风姿。

盆景栽培:根据培养的时间,苏铁盆景造型有高达 1m 以上的大株,可摆放在入口处,也常用于庭院的主景;也有不超过 50cm 的小盆景,多用于室内做焦点摆放。管理与盆栽形式相类似,过密过大的羽叶或影响美观的叶片,可适当进行修剪加工。为了保持盆景的造型,可减少浇水和施肥。

9.1.1.5　南洋杉（*Araucaria cunninghamia*）

【室内装饰】又称鳞叶南洋杉,叶色浓绿,株形塔状,层次分明,优美而庄重,潇洒而简洁,犹如少女亭亭玉立、楚楚动人,是室内常见的常绿观叶植物。大型植株常用于布置会场、厅堂及大型建筑物的门庭,也常被选作圣诞树;中小型植株适用于美化客厅、书房和居室、阳台。由于栽培容易,粗放管理可获得较好的观赏效果,所以在室内与庭院绿化装饰中得到较广泛的应用。

【科属及习性】南洋杉科南洋杉属常绿乔木。产于大洋洲的诺福克岛及澳大利亚东北部诸岛,在世界各地分布很广,我国广东、海南、福建和云南南部等地也有栽培。喜阳光充足、空气湿润,忌烈日直射,不耐寒,适宜生长在排水良好的肥沃砂质壤土。

【形态特征】盆栽株高在 50～200cm,幼树大枝平展,树冠阔塔形;主干直立,主枝轮生于主干上,分层清晰,成金字塔形;幼树和侧生小枝的叶排列疏松,平展为披针形,鲜绿色。雌雄异株,雄球花单生枝顶,圆柱形。球果卵形,长 6～10cm。

【繁殖技术】以播种或扦插繁殖。播种时用新鲜种子,可繁育苗木。扦插一般于 6 月进行,2 个月左右可以生根。

【栽培形式及养护要点】

盆栽形式:可用泥炭土或腐叶土加少量有机肥作为

图 9.5　南洋杉

基质,也可用细沙土栽植,喜"间干间湿"的水分供应。生长期一般每月施肥 2～3 次,以保证叶片浓绿。它喜阳,必须给予充足的光照,要防止烈日暴晒;其他季节也必须给予明亮的散射光。高温干燥时要对植株及周围环境喷水,以降温增湿,平时盆土保持湿润即可。

9.1.1.6　橡皮树(*Ficus elastica*)

【室内装饰】又称印度榕、印度橡皮树、缅树,叶片肥厚而绮丽,宽大美观且有光泽,红色的顶芽状似伏云,托叶裂开后恰似红缨倒垂,颇具风韵,观赏价值较高,是著名的盆栽观叶植物。橡皮树虽喜阳但又耐阴,对光线的适应性强,所以极适合室内美化布置。中小型植株常用来美化客厅、书房、会议室;中大型植株适合布置在大型建筑物的门厅两侧、宾馆、商场、大堂中央,显得雄伟壮观,体现热带风光。

图 9.6　橡皮树

【科属及习性】桑科榕属常绿木本观叶植物。原产印度及马来西亚等地,我国各地均有栽培。其性喜高温湿润、阳光充足的环境,也能耐阴,但不耐寒。

【形态特征】常绿乔木,树冠大而开展,树皮灰白色,平滑。叶片较大具长柄,互生,厚革质,有光泽,圆形至长椭圆形;叶面暗绿色,叶背淡绿色,初期包于顶芽外,新叶伸展后托叶脱落,并在枝条上留下托叶痕。其花叶品种在绿色叶片上有黄白色的斑块,更为美丽悦目。

【繁殖技术】常用扦插和高压繁殖。扦插繁殖一般于春末夏初结合修剪时进行。盆栽中使用高空压条比较方便,成功率高,即在 6～8 月生长适宜的季节,用二年生发育完好的枝条,适当部位环状剥皮或用刀刻伤,让白色的汁液流出,然后用竹筒或塑料袋装上湿润的泥炭土、苔藓、培养土等包在剥刻部位,约 1 个月后即可生根并切离母株,带土包栽植入盆,放在阴棚下养护,即成独立植株,这种方法也是老树重新焕发青春的有效方法。

【栽培形式及养护要点】

盆栽形式:宜用腐叶土、园土和河沙加少量基肥配成培养土。在高温潮湿的环境中生长甚快,此期间需充足的肥料和水分。每月施1～2次液肥或复合肥,同时保持较高的土壤湿度。喜强光,从春季到秋季是整个生长季,应放在阳光下栽培,冬季应放在较强光线处;但它也能耐阴,在室内低光照下栽培也较好。

9.1.1.7　变叶木(*Codiaeum variegatum* var. *pictum*)

【室内装饰】又称洒金榕,是自然界中颜色和形状变化最多的观叶树种之一,其奇特的形态、绚丽斑斓的色彩招人喜爱。中型盆栽,陈设于厅堂、会议厅、宾馆酒楼,增添一份豪华气派;小型盆栽也可置于卧室、书房的案头、茶几上,具有异域风情,全年可供观赏。南方适合于庭院布置,其叶还是极好的花环、花篮和插花的装饰材料。

图9.7　变叶木

【科属及习性】大戟科变叶木属观叶植物,产于印度尼西亚、澳大利亚及印度等热带地区。其性喜高温高湿,夏天可适应30℃以上高温,对光照适应范围较宽,不耐寒,怕干旱。冬天气温要求保持15℃以上,低于10℃容易发生脱叶现象。

【形态特征】常绿灌木,株高1～2m。单叶互生,全缘或分裂,厚革质;叶形多变,自卵圆形至线形,有的扭曲微皱,有的呈螺旋状,有的大叶顶端又生小叶,具有长叶、母子叶、角叶、螺旋叶、戟叶、阔叶、细叶等类型;叶色为深淡绿,有红、黄、紫、褐、橙、青铜等不同深浅的斑点、斑纹或斑块,变化大,鲜艳夺目。花小,不显著,单性,黄白色,没有观赏价值;蒴果球形,白色,我国极少见到结果。

【繁殖技术】多用扦插繁殖与高压繁殖。扦插于5～9月气温较高时进行,一般25℃左右2～3周可以生根。当新叶长出后即可上盆种植。对于难以生根的品种,可采用高空压条繁殖。

【栽培形式及养护要点】

盆栽形式:可用园土、堆肥、河沙混合作为基质。变叶木喜高温多湿和光照充足环境,不耐寒,生长适温25～35℃,气温低于10℃会引起植株落叶。低温期要防寒保暖减水停肥,越冬保温15℃以上。5～10月生长期间应给予较充足的水分,每天向叶面及地面喷水,以保持较高的空气湿度和叶面光洁。每两周施一次腐熟液肥。施肥时注意氮肥不可太多,否则叶片变绿,暗淡,不艳丽。对光线适应范围较宽,但充足的阳光对其生长及获得较高观赏价值的性状十分有利。喜温暖,怕寒冷,叶色如保护不好极易以生冻害而引起落叶。喜高温高湿环境,养护时,应经常向枝叶喷洒叶面水,如叶面喷施0.2%磷酸二氢钾,则可使叶面色斑更加鲜艳,而且可减少不正常落叶。

9.1.1.8　马拉巴栗(*Pachira macroca*)

【室内装饰】又称瓜栗、中美木棉,俗称发财树,叶片油亮,树形似伞状,树姿优美,树干苍劲古朴,风格独特,茎基部膨大肥圆,其上车轮状的绿叶辐射平展,枝叶潇洒婆娑,极具自然美,观赏价值很高。尤其用其打编后栽培利用,更提高了观赏价值,增强了装饰效果。中、小型盆栽种植,既可用于商场、宾馆、办公室等室内绿化美化装饰,也用于会场、厅堂、楼梯拐角、走廊过道等处摆设装饰,又可装饰家庭客厅、书房、餐厅、卧室转角等处,均可取得较为理想的艺术效果,堪称室内美化的植物新秀,富有南国海滨风光,并且寓意"发财"给人以美好的祝愿。

【科属及习性】木棉科瓜栗属热带观叶植物。原产于墨西哥,国内也已引种,且多以盆栽种植观赏。喜高温和半阴环境,膨大的茎能贮存养分和水分,具有较强的抗逆性、耐旱、耐阴,对土壤要求不高,容易栽培。

【形态特征】为常绿乔木。茎的基部自然膨大如鼓槌,甚为奇特。掌状复叶互生,叶柄长 10～28cm;小叶4～7 片,椭圆状披针形,全缘,先端尖,长 9～20cm、宽 2～7cm,羽状脉,小叶短柄;新叶淡绿色,成熟叶墨绿色并有革质。花单生叶腋,花期7～8月,小苞片 2～3 枚,花朵淡黄绿色;子房上位,蒴果长圆形,5 瓣裂。

图 9.8　马拉巴栗

【繁殖技术】用播种繁殖与扦插繁殖。播种宜用新鲜种子,将壳去除即播下,放置在半阴处且保持一定的湿度,1 周左右即可发芽。春季可利用植株截顶时,剪下的枝条,扦插在蛭石或粗沙中,保持一定的温湿度,约 1 个月左右,可生根成活,但扦插苗的基部不会膨大。

【栽培形式及养护要点】

盆栽形式:一般用疏松的园土加少量复合肥作为基质。马拉巴栗喜光又能耐阴,入夏时予以遮阴,保持50％的光照即可。在室内栽培观赏宜置于有一定散射光处。其生长适温为 20～30℃,温度低至 10℃也能适应。生长期要保持盆土湿润,不干不浇;晴天空气干燥时须适当喷水,以保证叶片油绿而有光泽。生长季每月施饼肥水或复合肥 1～2 次,同时追施适量磷钾肥,以促进茎干基部膨大。盆栽马拉巴栗,多把树干"编辫"种植。

9.1.1.9　鹅掌柴 (*Schefflera octophylla*)

【室内装饰】又称鸭脚木、小叶手树,株形丰满优美,枝条紧密,叶色碧翠,呈掌状复叶,适应能力强,是近年来流行的盆栽观叶植物。小型盆栽置于客厅、书房、门廊和窗台案头作装饰,别有风味。大中型盆栽摆设宾馆大厅、图书馆的阅览室、博物馆展厅、车站、空港等等公共场所,呈现自然和谐的绿色环境和豪华富丽的气派,也可装饰庭院庇荫处、楼房阳台等较大空间。

图 9.9　鹅掌柴

【科属及习性】五加科鸭脚木属常绿木本观叶植物,原产澳大利亚等地,分布于热带亚热带地区,现我国华南华东等地有大量栽培。其性喜阳光充足、温暖湿润的环境,有一定的耐阴抗旱能力,耐寒力较强,越冬温度为5℃,但花叶品种越冬温度 8～10℃,喜疏松、肥沃、透气、排水良好的砂质壤土。

【形态特征】为半蔓生灌木或小乔木,多分枝,节间短。叶为掌状复叶,似鸭掌,叶柄上生有 6～9 片小叶,革质,深绿色,有光泽。幼期植株,茎绿色,后期转为褐色。花序伞状总状排列,全缘呈圆锥状,生二枝顶;花小绿白色,后变为淡桃色、白色,有香气。目前栽培的大多是放射叶鹅掌柴,常见栽培的还有其变种花叶鹅掌柴,其叶上有不规则黄色斑块,观赏价值更高。

【繁殖技术】可用扦插和高空压条繁殖。扦插多于春季和秋季温度较高时进行,保持较高的空气湿度,供给充足的水分。温度 25℃ 左右时 1 个月左右可生根上盆。亦可选择健壮的成熟枝条环剥,并包以水苔,进行高空压条繁殖。

【栽培形式及养护要点】

盆栽形式:用泥炭土、腐叶土加珍珠岩和少量基肥作为培养土。生长季每 1～2 周施一次液肥。对于花叶品种施肥不宜太多(尤其氮肥),否则叶片变绿,失去原有品种特征。要保持土壤湿润。喜稍明亮光线,夏季要防止烈日暴晒,以免叶片灼伤、叶色暗淡。最适宜半阴条件,尤其对于斑叶品种,光线太强或太弱,都会使叶片的斑块不明显,失去应有的观赏价值。

水培形式:选取插穗置于室内明亮处,温度保持在 15℃ 以上,约 45 天左右水插的基段便生出 6cm 以上的根,并且长出白色根毛,这时即可进行正常的管理。将已生根的插穗植于存有清水的透明玻璃瓶内(自来水需存放 2～3 天),瓶内的水 2～3 天需换 1 次,温度需保持在 15℃ 以上,有适当的光照,就可养成一株瓶外观绿叶、瓶内观赏白根的水培花卉,高雅、洁净、卫生,十分诱人,洋溢着一片绿意。

9.1.1.10　垂枝榕(*Ficus benjamina*)

【室内装饰】又称垂叶榕、小叶榕、细叶榕,叶片较小,叶色浓绿,枝条下垂且茂密,树姿优美,是著名的喜阳但较耐阴观赏植物。大型盆栽植物常摆放在机场的候机厅、银行的接待厅、酒店的大堂,中型的点缀高速公路的服务站、音乐茶座、小型礼品店、商场、宾馆、办公室等室内绿化美化装饰;也用于会场、厅堂、楼梯拐角、走廊过道等处摆设装饰;又可装饰家庭客厅、书房、餐厅、卧室转角等处取得较为理想的艺术效果,一般在室内观赏 1～2 个月后移至光线较强的地方,待其恢复一段时间再用。也可较长时间放在明亮室内栽培欣赏。小型的布置居室的窗台、书房和客室,十分清新悦目,应用范围非常广泛。

【科属及习性】桑科榕属木本观叶植物。原产印度、中国南部及南亚、东南亚各国,为典型的热带观叶植物,在我国引种栽培广泛。阳性,喜高温多湿气候,耐湿,耐瘠薄,抗风耐潮,抗大气污染,耐修剪,忌低温干燥,越冬温度不得低于 5℃。

【形态特征】原产地为乔木,盆栽高度一般为 0.5～0.3m。其茎幼时为淡绿色,成熟时为灰白色或棕褐色;枝条细而下垂,茎枝上有气生须根;叶革质,光亮,卵圆形,长 5～10cm、宽 3～5cm。其园艺品种很多,如斑叶小叶榕、斑叶垂榕、银边垂榕、金叶垂榕等。

【繁殖技术】通常用扦插和高空压条繁殖。扦插一般于春末夏初及秋季气温较高时进行。保持插床湿润,并注意喷雾,在 25～30℃ 温度及半阴条件下,1 个月左右可以生根盆栽。与扦插繁殖相比,高空压条繁殖苗成型快,但繁殖系数较低。

【栽培形式及养护要点】

盆栽形式:以普通园土为主,掺和腐叶土及少量河沙,配以少量

图 9.10　垂枝榕

农家肥作基肥。垂枝榕生长速度较快,一般生长季每月施1～2次液肥,以促进枝叶繁茂。垂枝榕喜光,平时应使其接受充分的阳光,以保证正常生长及叶面浓绿,尤其斑叶品种,若光线太弱容易使斑纹不清晰,甚至造成落叶。

盆景栽培(人参榕):人参榕盆景有高达1m以上的大株,可摆放在大厅做主景,也常用于南方的庭院;也有不超过50cm的小盆景,多用于室内做焦点摆放。管理与盆栽形式相类似,过密过大的羽叶或影响美观的叶片,可适当进行修剪加工。为了保持盆景的造型,可减少浇水和施肥。

9.1.1.11 伞树(*Schefflera macorostachya*)

【**室内装饰**】又称昆士兰伞木、昆士兰遮树、澳洲鸭脚木,叶片宽大,且柔软下垂,形似伞状;枝叶层层叠叠,株形优雅,姿态轻盈又不单薄,极富层次感,耐阴,管理养护方便,可在室内长时间连续摆放,大中型盆栽既适于宾馆、会场、商场、客厅、展厅、走廊过道等处摆设装饰,中小型是理想的家庭客厅、书房、卧室转角等处的点缀植物。

【**科属及习性**】五加科澳洲鸭脚木属木本观叶植物。产于澳大利亚及太平洋中的一些小岛屿,我国南部热带地区亦有分布。适合于温暖湿润及通风良好的环境,喜阳也耐阴,在疏松肥沃、排水良好的土壤中生长良好。

【**形态特征**】为常绿灌木,茎干直立,少分枝,初生枝干绿色,后逐渐木质化;表皮呈褐色,平滑。叶为掌状复叶,小叶数量随成长而变化较大,幼年时3～5片,长大时9～12片,有时多达16片。小叶长椭圆形,先端钝,有短突尖,基部钝;叶缘波状,革质;幼时密生星状短柔毛,稍大时干净无毛,叶长15～25cm、宽5～10cm,叶面浓而有光泽,叶背淡绿色,叶柄红褐色。伞状花序,顶生小花,白色,花期春季,盆栽极少开花。

图9.11 伞树

【**繁殖技术**】可用播种和扦插繁殖。播种时最好种子采后要立即播下,这样发芽率高。春、夏、秋三季均可扦插,一般扦插与整形结合起来;保持一定的基质湿度和空气湿度,并注意遮阴。一般1个月左右可生根。

【**栽培形式及养护要点**】

盆栽形式:可用园土和腐叶土混合作为基质。3～10月是旺盛生长期,每月施一次肥,同时保持土壤湿润,保证水分充足,经常进行叶面喷雾,以免空气干燥,叶片褪绿黄化。夏季切忌阳光直射,注意适当遮阴,以免烈日暴晒而使叶片失去光泽或灼伤、枯黄。室内摆设应置于有一定漫射光处,并注意通风。可于秋末喷施磷酸二氢钾等磷钾肥,进行叶面施肥,以促进枝叶老化,提高冬季抗寒力。

9.1.1.12 巴西铁(*Dracaena fragrans*)

【**室内装饰**】又称香龙血树,株形整齐优美,叶片宽大,富有光泽,苍翠欲滴,是著名的室内观叶植物。中小型盆栽点缀书房、客厅和卧室等,显得清雅别致;大中型植株布置于会议室、办公室、大型宾馆、商场等处,可以长期欣赏,颇具异国情调;尤其是高低错落种植的巴西铁,枝叶生长层次分明,还可给人以"步步高升"之寓意。

【**科属及习性**】龙舌兰科龙血树属多年生木本观叶植物。原产美洲的加那利群岛和非洲几

图 9.12　巴西铁

内亚等地,我国近年来已广泛引种栽培。其性喜高温高湿及通风良好的环境,较喜光,也耐阴,怕烈日,忌干燥干旱,喜疏松、排水良好的沙质壤土。生长适温为 20～30℃,休眠温度为 13℃,越冬温度为 5℃。

【形态特征】为常绿乔木,在原产地可高达 6m 以上,一般盆栽高 50～100cm。树干直立,有时分枝。叶簇生于茎顶,长椭圆状披针形,没有叶柄;叶长 40～90cm、宽 6～10cm,弯曲成弓形,叶缘呈波状起伏,叶尖稍钝,鲜绿色,有光泽。穗状花序,花小,黄绿色,芳香。

【繁殖技术】多用扦插繁殖。一般于春至夏季进行,插后置于半阴环境中,注意保湿。在温度 25℃ 左右时,3～4 周即可生根长芽。

【栽培形式及养护要点】

盆栽形式:可用园土、泥炭土和河沙混合配制作为基质。对于用粗大枝干种植的基质多用椰糠、泥炭土和河沙等量混合作为基质;并且多以 3 根不同长度的茎干高低错落地植于高桶盆中培养。生长期注意浇水,保持盆土经常湿润,同时还要经常向叶面喷水,以提高周围环境湿度。生长旺盛期每月施液肥或颗粒复合肥 1～2 次,以保证枝叶生长茂盛。此外,在通风不良情况下会有介壳虫、蓟马、红蜘蛛等为害。

水培形式:在 25℃以上条件进行水插繁殖,把茎干插条 1/3 浸在水中,3～5 天换水一次,并加少量多菌灵水溶液防腐消毒,可促快生根、长芽。

9.1.1.13　兰屿肉桂(*Cinnamomum kotoense*)

【室内装饰】又称平安树、红头屿肉桂、红头山肉桂、芳兰山肉桂、大叶肉桂、台湾肉桂,树形端庄大方,叶面亮绿色,有金属光泽,大中型盆栽可装点在机场、火车售票厅、商场、银行、邮局等大堂中,富有平安吉祥之意;小型盆栽可在较宽阔的客厅、书房、起居室内摆放,格调高雅、质朴,并富有南国情调,是一种株形优美、规整的室内观叶植物

【科属及习性】樟科樟属常绿小乔木,原产台湾兰屿地区,性喜温暖湿润、阳光充足的环境,喜光又耐阴,喜暖热、无霜雪、多雾高温之地,不耐干旱、积水、严寒和空气干燥。栽培宜用疏松肥沃、排水良好、富含有机质的酸性沙壤土。

【形态特征】为常绿小乔木,树形端庄,树皮黄褐色,株高可达 10～15m,小枝黄绿色,光滑无茸毛。叶片对生或近对生,卵形或卵状长椭圆形,先端尖,厚革质。叶片硕大,长 10～22cm,宽 5～8cm,表面亮绿色,有金属光泽,背面灰绿色,离基三出脉明显,上凹下凸,侧脉自叶基约 1cm 处伸出,有时近叶缘一侧各有一条小脉,网脉两面明显,呈浅蜂窝状。叶柄长约 1.5cm,红褐色至褐色。果卵

图 9.13　兰屿肉桂

球形,长约1.4cm,径1cm。果托杯状,边缘有短圆齿,无毛。果梗长约1cm,无毛。

【繁殖技术】用播种法繁殖。华南地区可于9～10月使用成熟的紫黑色果实进行播种,播种需将种子进行湿沙贮藏,放在阴凉处,待种粒裂口露白后,再下地播种或袋播。

【栽培形式及养护要点】

盆栽形式:宜采用疏松透气、排水通畅、富含有机质的肥沃酸性培养土或腐叶土。需要较好的光照,但又比较耐阴。它的需光性随着年龄的不同而有所变化,幼树耐阴,3～5年生植株,在有庇阴的条件下,株高生长快;6～10年生植株,则要求有比较充足的光照。盆栽植株进入夏季后,可将其移放于树阴下或遮光40％～50％的遮阳棚下,则生长比较快。应经常保持盆土湿润,为其创造一个相对湿润的局部空间小环境,促进其健壮生长。

9.1.1.14　朱蕉(*Cordyline fruticosa*)

【室内装饰】又称红竹、红叶铁树、千年木,株形美观,色彩华丽高雅,盆栽适用于室内装饰。中小盆栽幼株,点缀客室和窗台,优雅别致,摆放于会场、公共场所、厅室出入处,端庄整齐,清新悦目,数盆摆设橱窗、茶室,更显典雅豪华。朱蕉在室内布置形式比较灵活,可单盆摆放,也可多盆群体排列,还可以与其他素色植物如垂枝榕、棕竹等配合布置,体现群体效果,增添欢乐气氛。栽培品种很多,叶形也有较大的变化,是布置室内场所的常用植物。

【科属及习性】龙舌兰科朱蕉属多年生木本观叶植物,原产我国南部和华南及越南、印度等地。性喜温暖湿润,喜光也耐阴,但不耐寒,冬季室内保持10℃以上才能越冬。朱蕉能忍耐黑暗状态15天,贮运时应保持温度16～18℃,相对湿度80％～90％。

【形态特征】常绿灌木,高1.5～2.5m,茎直立,细长,地下块根能发出萌蘖,丛生,单叶旋转聚生于茎顶,剑状,革质,叶柄长,具深沟,原种为铜绿色带棕红色,幼叶在开花时深红色。栽培种具有不同程度的紫、黄、白色,总苞,花小,淡红或淡紫色,偶有黄色。花期6～7月,浆果。

图9.14　朱蕉

【繁殖技术】以扦插为主,6～10月均可进行,保持25℃左右和一定湿度,3周即可生根发出新株。也可用高空压条和播种法进行繁殖。

【栽培形式及养护要点】

盆栽形式:用腐叶土或泥炭土、园土和河沙等量混合并加少量干畜粪作培养基质。生长时期每1～2周施一次液肥。肥料不足容易出现老叶脱落、新叶变小的现象。每年春季新叶大量生长之前换盆,并结合修剪进行分株和扦插繁殖。生长季节应经常保持盆土湿润,同时保持较高的空气湿度;秋季后应减少浇水量,保持盆土干燥,待盆土稍干后再浇水。朱蕉在室内长期摆放,1～2年后老株茎干基部的老叶会逐片脱落,茎干光秃,盆栽比例失调,很不美观。对此,在春季气温达到20～25℃时,在距离盆土表面10～15cm处将上部全部剪掉,伤口处涂抹草木灰,防止腐烂,给以适当的温、光及肥水条件,20天后即可在剪口下方萌发新芽,选留三个不同方位的壮芽,其余全部抹掉,当季即可生长成枝叶丰满的健壮植株。同时将剪下的枝条根据长短剪成20cm长的茎段,将茎段扦插在蛭石基质中,适当进行遮阴、保湿,2周后即可生根,生根后即可栽植到适当大小的花盆中,进行正常的养护管理。

9.1.1.15　酒瓶兰(*Nolina recurvata*)

【室内装饰】又称象腿树,酒磅兰,茎干苍劲,基部膨大如酒瓶,形成其独特的观赏性状;其叶片顶生而下垂似伞形,婆娑而优雅,是热带观叶植物的优良品种,目前在国内广为引种栽培。它可以多种规格栽植作为室内装饰,以精美盆钵种植小型植株,置于案头、台面,显得优雅清秀;以中型盆栽种植,用来布置厅堂、会议室、会客室等处,极富热带情趣;大型盆栽适用宾馆、商场等公共场所摆设,造型奇特,气派非凡。

图 9.15　酒瓶兰

【科属及习性】龙舌兰科酒瓶兰属观叶植物。原产热带雨林地区,其性喜温暖湿润及日光充足环境,较耐旱、耐寒。生长适温为 16～28℃,越冬温度为 0℃。喜肥沃土壤,在排水通气良好、富含腐殖质的砂质壤土上生长较佳。

【形态特征】为常绿小乔木,在原产地可高达 2～3m,盆栽种植一般 0.5～1.0m。其地下根肉质,茎基部膨大状如酒瓶;膨大茎干具有厚木栓层的树皮,且龟裂成小方块,呈灰白色或褐色。叶着生于茎干顶端,细长线状,革质而下垂,叶缘具细锯齿。

【繁殖技术】多用播种和扦插繁殖。播种后保持湿润,在温度 20～25℃ 及半阴环境中,经 2～3 个月即可发芽。扦插繁殖于春季进行,维持 20～25℃ 的适温,2～3 个月即可生根。

【栽培形式及养护要点】

盆栽形式:可用腐叶土、园土和河沙及少量草木灰混合作为基质。生长季,要加强肥水管理,以促进茎部膨大。因膨大的茎部可贮存一定的水分,耐旱能力较强,浇水时以盆土湿润为度,掌握"宁干勿湿"的原则,生长期每月施两次液肥或复合肥,在施肥时注意增加磷钾肥。它喜充足的阳光,若光线不足叶片生长细弱,植株生长不健壮;但夏季要适当遮阴,否则叶尖枯焦、叶色发黄。

9.1.1.16　孔雀木(*Schefflera elegantissima*)

【室内装饰】又名手树,树形和叶形优美,叶片掌状复叶,紫红色,小叶羽状分裂,非常雅致,为名贵的观叶植物。大中型盆栽适合布置于较宽敞的会议厅、餐厅等较明亮处,也可作为宾馆、大楼的门厅装饰,富有南国情趣。小型盆栽适合装点书房、客厅、办公室等处,尤其适于摆放在靠近窗台等有较强散射光处。

【科属及习性】五加科孔雀木属常绿小乔木或灌木。原产澳大利亚、太平洋群岛。喜温暖湿润环境,不耐寒,属喜光性植物,但不耐强光直射,秋、冬季光照充足,夏季适当遮阴,土壤以肥沃、疏松的壤土为好,冬季温度不低于 5℃,特别注意温度不能忽高忽低,植株易受冻害。

【形态特征】高可达 8m,茎、叶柄具乳白色斑纹。紫红色掌状复叶互生,小叶 7～11 片,线形,先端渐尖,基部渐狭,形似手指状,叶缘有粗锯齿,中脉明显,叶面暗绿色。

图 9.16　孔雀木

【繁殖技术】常用扦插繁殖，每年5～6月，剪取一年生木质化的枝条，在20℃的环境中扦插，约30多天可发根成活。

【栽培形式及养护要点】

盆栽形式：以腐叶土、园土、河沙混合制成的培养土，盆栽每2～3年换盆换土1次，换土后应加以修剪枝条。栽植多年后，若植株老化而生机转劣，春季应施行强剪，再充分给肥料，促其萌生新枝叶，树姿更美观。生长期保持盆土湿润，夏季缺水、干燥，冬季盆土过湿都会引起落叶。盛夏多在叶面喷水，每半月施肥1次。植株生长过高时，进行整枝修剪，保持优美株形。

9.1.1.17　富贵竹（*Spathiphyllum Supreme*）

【室内装饰】又叫叶仙龙血树，为龙舌兰科常绿草本观叶花卉，茎干直立，富贵典雅，茎干粗壮，高达2m以上，叶长披针形，叶片浓绿，生长强健，青翠欲滴、生机勃勃。富贵竹的美与它的吉祥名字分不开，中国有"花开富贵，竹报平安"的之语，由于富贵竹茎叶纤秀，柔美优雅，极富竹韵，故很受人们喜爱。富贵竹管理粗放，病虫害少，容易栽培，富贵竹水栽易活，多用于室内瓶插或盆栽养护，特别是从台湾流传而来的"塔状"造型，又名"开运竹"，观赏价值高，颇受国际市场欢迎。

图9.17　富贵竹

【科属及习性】龙舌兰科龙血树属观叶植物。原产加纳群岛及非洲和亚洲的热带地区，20世纪80年代初，由中国热带农业科学研究院热带作物研究所引进于广东湛江。富贵竹性喜阴湿高温，耐阴、耐涝、耐肥力强，喜半阴的环境。适宜生长于排水良好的沙质土或半泥沙中，适宜生长温度为20～28℃，可耐2～3℃低温。

【形态特征】多年生常绿草本植物。株高1m以上，植株细长，直立上部有分枝。根状茎横走，结节状。叶互生或近对生，纸质，叶长披针形，有明显3～7条主脉，具短柄，浓绿色。伞形花序有花3～10朵生于叶腋或与上部叶对生，花被6枚，花冠钟状，紫色。浆果近球状，黑色。

【繁殖技术】富贵竹以扦插繁殖为主，春季将截下的茎干剪成5～10cm不带叶的茎节，或剪取基部分生的带茎尖的分枝，插于洁净的粗河沙中，浇透水，用塑料袋罩住保湿，保持基质湿润，置室内明亮处，25天左右即可生根。或将剪下的分枝插入水中，25℃时半月左右可生根。

【栽培形式及养护要点】富贵竹常见的栽培形式有：

普通盆栽：根据花盆大小，可栽植3株或5株。

笼形栽培：是在培植时人工编织成笼状，取"富贵缠绵，猪笼入水，财源广进"之意。

开运竹：也叫富贵塔、竹塔、塔竹，其层次错落有致，造形高贵典雅，节节高升，层层吐绿，形似宝塔，数十至数百根茎干捆扎成宝塔状，再用金丝线绑扎，很有吉祥的意义。下部浸泡在水盘中，可以观赏较长时期，且每茎干基部常可以生根。宝塔形状消失后，及时转入土壤栽培，或做扦插枝条。

单枝水培：干净又清雅，非常容易养护，很适合普通家庭用来装饰卫生间。

多枝水培：干净又秀美，造型优雅，根据水培容器的形状，设计成各种造型，很适合摆放在茶几、餐桌、书房、卧室、客厅等位置。若水培容器大些，还可放几条小金鱼，增加动感，使其更具有装饰性。

弯竹：又叫转运竹，有螺旋型、心型、8字型等组合，意味着转来好运。

9.1.1.18　绿萝（*Scindapsus aureus*）

【室内装饰】又叫黄金葛，是高级的室内观叶植物。茎细软，叶片娇秀，可垂吊栽培摆放在家具的柜顶上，任其蔓茎从容下垂，或在蔓茎垂吊过长后圈吊成圆环，宛如翠色浮雕；中央加棕柱的大叶绿萝和心叶绿萝，可做直立性花卉应用于室内，可单株摆放在沙发两侧、角落，用以填充空间、柔化空间；如在门厅、走廊、楼梯口处布置摆放，更显得生机盎然；水培绿萝适合摆放在小空间的焦点位置，花鱼共养模式观赏价值更高。与绿萝装饰效果相似的同属花卉还有小叶绿萝、心叶绿萝、花叶绿萝、白金绿萝、三色绿萝以及红宝石喜林芋、绿宝石喜林芋等，它们观赏特性相似，栽培习性相同。

图 9.18　绿萝

【科属及习性】天南星科藤芋属常绿草本观叶植物，原产马来半岛、印尼所罗门群岛。喜高温多湿和半阴的环境，散光照射，彩斑明艳。强光暴晒，叶尾易枯焦。生长适温 20～28℃。

【形态特征】多年生蔓性常绿草本，茎叶肉质，攀缘附生于它物上，节有气根。叶广椭圆形，蜡质，叶面亮绿色，镶嵌着金黄色不规则的斑点或条纹。幼叶较小，成熟叶逐渐变大，越往上生长的茎叶逐节变大，向下悬垂的茎叶则逐节变小。

【繁殖技术】扦插和压条繁殖均可。每年 4～10 月进行。剪取 2～3 节枝蔓作插穗，插于蛭石、粗沙或直接插植栽盆均可。经保温保湿，极易生根成活；水插也能成活。

【栽培形式及养护要点】

柱状盆栽：对土质要求不严，但以肥沃、疏松的腐殖土为好；喜高温多湿和半阴的环境，强光暴晒，叶尾易枯焦。生长适温 20～28℃，夏季的高温和冬季的低温均会引起叶片脱落。绿萝很耐水湿，经常保持土壤的湿润，尤其在夏季，浇水量更应多些，并需经常用喷壶向叶面喷水，否则叶片卷曲，新萌发的叶片也可能会干枯；春秋两季温度适宜，是绿萝大量生长的季节，每隔 10 天左右施一次以氮肥为主的追肥，施肥时应掌握"宁淡勿浓"的原则。

垂吊盆栽：用园土和腐叶土等量混合作为基质。种植时将小苗 3～5 株直接种在盆中，使茎蔓下垂，作吊挂或悬垂栽培。除夏天阳光过强应遮阴外，其余时期应尽可能让其多接受阳光。为保持良好的株形，要截短过长的茎蔓和紊乱的枝条，使其长短有致，疏密恰当；作为攀缘栽培的要注意茎蔓的绑缚和调整,使叶片大小均匀,保证株形更趋于完美。

水培形式:绿萝原产于热带雨林,节上生有数根较细的紫红色气生根,很容易进行水培,水培植株获取的方法有。

①水插诱导生根法:只要气温达到 20℃以上,可随时剪取观赏效果好的茎段直接插在清水中,浸水深度达 5~10cm,放在室内散射光下,2~3 天换一次水,约 10 天左右即可生根,若将枝段插入不透明的容器内,或玻璃容器用黑布遮挡,可缩短生根时间。②气生根直接水培:喜林芋节上生有数根较细的紫红色气生根,可剪取带有气生根的茎段插入水中直接进行水培,气生根可直接适应水中生活,在原有气生根的基础上继续生长。③茎段扦插法:将带有嫩尖的茎段插入蛭石或河沙等干净的无机基质中(至少要有一节插入基质中),再进行必要的遮阴、保湿等措施,10 天左右即可诱导生根,待根长到 1~2cm 长时,可将扦插植株拔起,洗去附着在根及茎上的基质,即可直接插入水养瓶内进行正常的水养。

另外,也可采用洗根法,但相对不容易成活。无论是重新生长,还是在原有气生根的基础上,只要在水中有洁白的新根长出即可。

9.1.2 丛生型植物

9.1.2.1 文竹(*Asparagus plumosus*)

【室内装饰】又称云片松、刺天冬、云竹,是"文雅之竹"的意思。其实它不是竹,只因其叶片轻柔,常年翠绿,枝干有节似竹,且姿态文雅潇洒,故名文竹。它叶片纤细秀丽,密生如羽毛状,翠云层层,株形优雅,独具风韵,深受人们的喜爱,是著名的室内观叶花卉。文竹的最佳观赏树龄是 1~3 年生,此期间的植株枝叶繁茂,姿态完好。但即使只生长数月的小植株,其数片错落生长的枝叶,亦可形成一组十分理想的构图,形态亦十分优美。文竹可配以精致小型盆钵,置于茶几、卧室、书桌,或与山石相配而制作盆景,创造出清静、雅致的环境,给人以文静、幽雅的印象。清新淡雅,布置书房更显书卷气息。

【科属及习性】百合科天门冬属多年生常绿藤本观叶植物。原产南非,现世界各地均有栽培。其性喜温暖湿润和半阴环境,不耐严寒,不耐干旱,忌阳光直射。适于排水良好、富含腐殖质的沙质壤土。生长适温为 15~25℃,越冬温度为 5℃。

图 9.19 文竹

【形态特征】根部稍肉质,茎柔软丛生,伸长的茎呈攀缘状;平常见到绿色的叶其实不是真正的叶,而是叶状枝,真正的叶退化成鳞片状,淡褐色,着生于叶状枝的基部。叶状枝纤细而丛生,呈三角形水平展开羽毛状;每片有 6~13 枚小枝,小枝长 3~6mm,绿色。主茎上的鳞片多呈刺状。花小,两性,白绿色。1~3 朵着生短柄上,花期春季,浆果球形,成熟后紫黑色,种子 1~3 粒。

【繁殖技术】可用播种和分株繁殖。播后在温度 20~30℃时,一个月左右即可发芽。分株繁殖,一般在春季 4~5 月进行,用长势茂盛的 3~4 年生植株分株。先将植株从盆中倒出,轻轻除去培养土(注意不要使根须损伤太多),用利剪从根颈容易分割的地方剪割开。根据植株大小分成数丛,每丛约 3~4 株,再栽种在小盆内放阴凉处浇足水,缓苗期后即可纳入正常的养护管理。

【栽培形式及养护要点】

盆栽形式：常用腐叶土、园土和河沙混合作为基质，种植时加少量腐熟畜粪作基肥，浇水做到"不干不浇、浇则即透"。天气炎热干燥时，要向枝叶喷清水，以增加环境湿度，补偿枝叶的水分蒸发。在生长期，每月追施稀薄液肥1～2次，忌施浓肥，否则会引起枝叶发黄。适于在半阴、通风环境下生长，要注意适当遮阴，夏秋季要避免烈日直射，以免叶片枯黄。在室内应摆放于有漫射光处较佳。文竹怕烟尘及有毒气体，应放置于空气流通处，避免烟尘污染。还应经常向枝叶喷水，冲洗掉灰尘。

盆景栽培：根据文竹枝叶婆娑摇曳的特点，可对其进行浅盆盆景造型，管理与盆栽形式相似，为了保持其造型，可减少浇水和施肥。

9.1.2.2　天门冬（*Asparagus umbellatus*）

【室内装饰】又称天冬草、玉竹，植株生长茂密，茎枝呈丛生下垂，株形美观；其枝叶纤细嫩绿，悬垂自然洒脱，红果鲜艳，是广为栽培的室内观叶植物。中小型盆栽装饰客厅、书桌、阳台，也可布置会场、大厅、橱窗等大型空间，作为镶边绿化材料，同时也是切花瓶插的理想配衬材料。

图9.20　天门冬

【科属及习性】百合科天门冬属多年生常绿草本观叶植物。产于南非。性喜温暖湿润的环境，喜阳，较耐阴，不耐旱。适种于疏松、肥沃、排水良好的沙质壤土中。生长适温为15～25℃，越冬温度为5℃。

【形态特征】为半蔓性，茎丛生，柔软下垂，多分枝，下部有刺；叶状枝扁线形，有棱，叶退化为细小鳞片状或刺状。花小，白色或淡红色，通常2朵簇生于叶腋，有香气，雌雄异株，夏季开放。花后结小豆般浆果，球形，成熟后鲜红色，状如珊瑚珠，非常美丽。

【繁殖技术】可用播种和分株繁殖。播种最好采后即播，于春季2～3月播入疏松土壤。在温度20～30℃时，3～4周即可发芽。分株于春季结合换盆时进行，放置荫蔽处1～2周，待恢复生长后按正常管理。

【栽培形式及养护要点】

盆栽形式：可用腐叶土、园土和河沙等量混合作为基质。根系生长快，每年早春及时进行换盆。喜湿润的土壤和环境，生长季给予充足的水分。天气炎热时，要使盆土湿润，还需经常向叶面及周围环境喷水，以保持较高的湿度；但不能浇水过多，积水也会使植株烂根。生长旺盛期，每月追施液肥1～2次，促使枝叶生长茂密、色泽浓绿。若长期摆放在室内光照不足处的天门冬，每月应置阳光充足处养护一段时间，并加强肥水管理，以恢复长势。

9.1.2.3　白鹤芋（*Spathiphyllum kochii*）

【室内装饰】又称白掌、银苞芋、苞叶芋，因叶片与竹芋相似，花儿酷似鹤翘首，亭亭玉立，洁白无暇，故给人以"纯洁平静、祥和安泰"之美感，被视为"清白之花"。花茎挺拔秀美，清新悦目。盆栽点缀客厅、书房，十分舒泰别致。盆栽白鹤芋常成排摆放在宾馆大堂、会场前沿、车站出入口、商厦橱窗，显得高雅俊美。在南方，配置小庭园、池畔、墙角处，别具一格，其花还是极好的花篮和插花的装饰材料。

【科属及习性】为天南星科苞叶芋属，多年生常绿草本观叶植物。产于哥伦比亚，生于热带雨林，为欧洲最流行的室内观叶植物之一。性喜温暖湿润、半阴的环境。生长适温为20～

28℃,越冬温度为 10℃。

【形态特征】多年生常绿草本。具短根茎,成株丛生状,分蘖力强,叶草质,长椭圆形或阔叶披针形,端长尖,叶面深绿色,波状线,佛焰苞白色,花序黄绿色或白色,多花性。花期春末夏季。

【繁殖技术】可用分株和播种繁殖。生长健壮的植株2 年左右可以分株一次,4～9 月均可进行,以花谢后分株最好。由于白鹤芋株丛分蘖速度很快,故繁殖多用分株法。

【栽培形式及养护要点】

盆栽形式:一般可用腐叶土、泥炭土拌少量珍珠岩配制成基质;加少量农家肥作基肥。生长季 1～2 周施一次液肥;供给充足的水分,保持盆土湿润,高温期应向叶面和地面喷水,提高空气湿度。要求半阴条件,生长季需遮阴 60%～70%。但长期光线不足,植株生长不健壮,且不

图 9.21　白鹤芋

易开花。白鹤芋为喜高温性种类,长期低温及潮湿易引起根部腐烂、地上部分枯黄,冬季要防寒保温,同时保持盆土湿润。

水培形式:于春季将植株从花盆中磕出,并抖掉培养土,再将植株放入清水中,轻轻摇动,洗去附着在植株上的所有泥土,直接放入清水中,每天换水一次,随时摘除枯烂的根,直至在水中有新的根系长出,再纳入正常的水培养管理。

9.1.2.4　肾蕨(*Nephrolepis cordifolia*)

【室内装饰】又称蜈蚣草、圆羊齿、篦子草、石黄皮,株形直立丛生,复叶深裂奇特,叶色浓绿且四季常青,形态自然潇洒,广泛应用于客厅、办公室和卧室的美化布置,尤其用作吊盆式栽培,更是别有情趣,可用来填补室内空间。在窗边和明亮的房间内可长久地栽培观赏。肾蕨的许多栽培种因其观赏性优良,得到人们认可,其中由高大肾蕨变异而来的波士顿蕨极适于盆栽及垂吊栽培,是室内装饰极理想的材料,流行于世界各地。它叶片较大,叶色淡绿且具光泽,叶片展开后下垂,十分优雅,丰满的株形富有生气和美感。

图 9.22　肾蕨

【科属及习性】肾蕨科肾蕨属多年生常绿草本观叶植物。产于热带亚热带地区,我国的福建、广东、台湾、广西、云南、浙江等南方诸省区都有野生分布,常见于溪边林中或岩石缝内或附生于树木上,野外多成片分布。其生态习性是喜温暖湿润,不耐强光。

【形态特征】多年生常绿草本,地生或附生。肾蕨没有真正的根系,只有从主轴和根状茎上长出的不定根,其上着生主根茎和伏地茎,羽状叶密集丛生,边缘有锯齿,长30～50cm,宽5～8cm,长披针形,叶鲜绿色,叶背侧脉顶端整齐排列着孢子囊群,呈褐色颗粒状。为中型地生或附生蕨,株高一般30～60cm。

【繁殖技术】分株和播种繁殖,分株一般春季结合换盆时进行。还可采用孢子繁殖,但需注意孢子的采收时期,一般在肾形囊盖还没有脱落而孢子已变黑时采集孢子进行播种。

【栽培形式及养护要点】

盆栽形式:常用腐叶土或泥炭土、河沙土和蛭石或珍珠岩配制成基质;培养土中加少量骨粉、蛋壳粉等钙质养分,更有利于肾蕨生长。喜明亮的散射光,但也能耐较低的光照,可放置于室内北窗边栽培。喜温暖,但对温度的适应能力很强,从10～35℃都能良好生长。喜湿润,要求较高的土壤湿度和空气湿度。生长季,每月施腐熟液肥1～2次,以保证正常的旺盛生长。

9.1.2.5　铁线蕨(*Adiantum capillus-veneris*)

【室内装饰】又称铁丝草、铁线草、水猪毛土,茎叶秀丽多姿,形态优美,株型小巧,极适合小盆栽培和点缀山石盆景。由于黑色的叶柄纤细而有光泽,酷似人发,加上其质感十分柔美,好似少女柔软的头发,因此又被称为"少女的发丝";其淡绿色薄质叶片,搭配乌黑光亮的叶柄,显得格外优雅飘逸。喜阴,适应性强,栽培容易,更适合室内常年盆栽观赏。小型盆栽置于案头、茶几、书桌上;较大盆栽可用以布置背阴房间的窗台、过道或客厅,能够较长期供人欣赏。铁线蕨叶片还是良好的切叶材料及干花材料。

【科属及习性】铁线蕨科铁线蕨属多年生草本观叶植物。广泛分布于热带亚热带地区;我国长江以南省区、北方的陕西、甘肃和河北均有分布,是我国暖温带、亚热带和热带气候区的钙质土和石灰岩的指示植物。喜温暖湿润和半阴环境。

【形态特征】为中小型陆生蕨,株高10～40cm。根状茎横生,密生棕色鳞毛,叶柄细长而坚硬,似铁线,故名铁线蕨。叶片卵状三角形,2～4回羽状复叶,细裂,叶脉扇状分叉,叶长10～30cm,小羽片斜扇形,深绿色。孢子囊群生于羽片的顶端。

图9.23　铁线蕨

【繁殖技术】以分株繁殖为主。宜在春季新芽尚未萌发前结合换盆进行。铁线蕨的孢子成熟后散落在温暖湿润环境中自行繁殖生长,待其长到一定高度时盆栽即可。

【栽培形式及养护要点】

盆栽形式:培养土可用壤土、腐叶土和河沙等量混合而成。生长期每周施一次液肥,注意经常保持盆土湿润和较高的空气湿度。在气候干燥的季节,经常在植株周围地面洒水,提高空气湿度。铁线蕨喜明亮的散射光,忌阳光直射,光线太强,叶片枯黄甚至死亡。喜温暖又耐寒,生长适温为13～22℃,冬季越冬温度为5℃。

9.1.2.6 西瓜皮椒草（*Peperomia sandersii*）

【室内装饰】又称豆瓣绿椒草、西瓜皮，植株小巧玲珑，叶姿奇特，形似一片片西瓜皮，斜挂在叶柄上，生动活泼，十分惹人喜爱。叶片肥厚、光亮翠绿、四季常青、株形美观，给人以小巧玲珑之感，它适合于小盆种植，是家庭和办公场所理想的美化用观叶植物，若在盛夏布置窗台、书案、茶几等处，不仅观赏价值高，而且充满凉意。管理简单，适应性强，有较强的耐阴能力，在较明亮的室内可连续观赏 1～2 个月，是很有推广价值的室内观叶植物。

【科属及习性】胡椒科豆瓣绿属多年生常绿草本观叶植物。原产巴西；喜高温、湿润、半阴及空气湿度较大的环境。耐寒力较差，冬季最低温度不能低于 10℃，否则易受寒害。

图 9.24 西瓜皮椒草

【形态特征】茎短丛生，株高 20～30cm，叶近基生，叶柄红褐色。叶卵圆形，尾端尖，长约 3～4cm；厚，有光泽，半革质；叶面绿色，叶背红色，叶脉由中央向四周辐射，主脉 8 条，浓绿色，脉间为银灰色，状似西瓜皮而故名，花小，白色。

【繁殖技术】可用茎插、叶插或分株繁殖。茎插，在春夏季进行，半阴下保持 18～25℃即可生根。叶插于春夏季选取生长成熟叶片，将叶柄斜插于沙床中。分株繁殖可于春秋两季进行，注意保护好母株和新芽的根系。也可在植株长满盆时，将植株倒出分成数盆栽植。

【栽培形式及养护要点】

盆栽形式：以腐叶土或泥炭土为主掺和河沙及部分基肥，生长期应充分浇水，一般都只要保持盆土均匀湿润即可。生长季每月施稀薄液肥 1 次，使其生长健壮、叶色鲜艳，夏季避免阳光直射，应将植株置于半阴处养护。但光线太弱又会使叶片失去光泽，会降低原有的观赏价值，给予明亮的散射光。

水培形式：在约 20℃时（在晚春、晚夏和早秋）适宜，通过一定的洗根、诱导水生根系的过程，将已经诱导出水生根系的西瓜皮椒草苗养在大的盛水的容器内，20 天更换一次营养液，夏季 10 天更换一次清水，冬季 40 天更换一次。若是透明容器，再配以鹅卵石、金鱼等，增加观赏效果。

9.1.2.7 冷水花（*Pilea cadierei*）

【室内装饰】又称透明草、花叶荨麻、白雪草、铝叶草，绿色叶片脉间银白的条斑，似白雪飘落，甚为美观，是一种叶片花纹美丽的观叶植物，十分耐阴，适于中小盆栽培，在较明亮的室内可常年栽培观赏，是一种很容易栽培的观叶植物。配上淡黄色或紫红色的花盆，置于茶几、案头、会议桌、餐桌、花架以及悬吊于屋角、窗边，绿叶垂下，妩媚可爱，且秀雅别致；同时又是布置室内花园中不可多得的地被植物材料。

【科属及习性】荨麻科冷水花属多年生常绿草本观叶植物。产于亚洲热带地区，分布于热带亚热带林下。喜温暖，生长适温 15～25℃。冬季室内越冬，温度在 5℃左右。较耐阴，忌烈日，喜散射光。耐寒性不强，怕霜。

【形态特征】植株高 15～30cm，茎叶稍多汁，茎膨大，节间生根，多分枝。叶卵圆状椭圆形，

图 9.25　冷水花

先端尖,边缘上部有浅齿、下部常全缘;叶长 3～5cm、宽 2～3cm,呈十字对生;掌状三出脉,三条主脉之间有银白色纵向宽条纹,条纹部分突起,脉稍凹陷,叶背淡绿色,聚伞花序腋生,单性同株,淡绿色,不明显。

【繁殖技术】以扦插或分株繁殖。通常在春秋两季进行,在 20～25℃下两周左右发根。长出新梢后注意摘心,促其分枝,使植株更丰满。春秋季将生长茂密的盆栽进行分株亦可获得新植株。

【栽培形式及养护要点】

盆栽形式:用园土、腐叶土、泥炭土、河沙等量混合配制作为基质。生长快,每年至少在春天换盆一次。生长季每月施 1～2 次液肥或颗粒花肥,注意不要将肥料触及叶面。它需要较强的散射光,避免强光直射。喜湿润,生长季节经常保持盆土潮湿,空气相对湿度保持 60％左右,干旱季节应经常向叶面及周围环境喷水。

水培形式:在气温达到 25℃以上时,可直接剪取健壮的枝条,去除下部叶片插入水中,水插后一周即可生根。三周后就能形成发达的水生根系。在春、秋两季,也可将土培植株用清水洗去根部的泥土,洗时注意不要伤根太多,然后放在玻璃容器中水养。水培的最初阶段应每隔 2～3 天换一次清水。当植株完全适应水生环境后,用水培花卉营养液进行养护,每隔 2～3 周更换一次营养液。

9.1.2.8　花叶万年青(*Dieffenbachia picta*)

【室内装饰】又称黛粉叶、银斑万年青,叶片较宽大,其上有不同斑点、斑纹或斑块,色彩明亮强烈,色调鲜明,四季青翠,优雅美丽,是目前备受推崇的室内观叶植物。小型盆栽点缀客厅、书房、卧室,给人以恬淡、安逸之感;也可与彩叶凤梨、孔雀竹芋等彩叶植物配合装饰窗台,给人以争妍斗奇之感;若与简洁明快的家具配合,更是相得益彰,也可放在书桌、茶几及卧室台面;大型植株适宜用来布置客厅、会议室、办公室等。在较阴暗的房间可观赏 4～6 周以上;在靠近窗台、光线比较强的场合可长年欣赏。

【科属及习性】天南星科花叶万年青属热带观叶植物。原产于巴西,喜高温高湿、半阴环境,疏松透水肥沃土壤。生长适温为 18～25℃;不耐寒,越冬温度为 8～10℃。

【形态特征】多年生灌木状草木。茎粗壮,肉质,茎基伏地,少分枝;叶常聚生茎顶,叶片宽椭圆形;叶面绿色,具白色或淡黄色不规则的斑纹;叶柄粗、全绿、叶缘略波状。佛焰苞宿存。肉穗花序上部着长雄花,下部着生雌花,雄与雌之间有退化雄蕊存在,这是与广东万年青的区别点。很少开花。

【繁殖技术】以扦插繁殖为主。可于 4～5 月将带有 2～3 节的茎干剪下,母本植株仍可发芽。剪下的茎干约 10cm 长的顶部可直接作插穗,切口也可用水苔包扎,然后

图 9.26　花叶万年青

插入苗床;茎中部的 2～3 节剪成 5～6cm 的茎段,横埋于粗沙或蛭石中,保持 25～30℃温度及一定湿度,经 2～3 周,即可生根长芽。由于花叶万年青茎干多汁,扦插时剪口要稍晾干(或用草木灰等沾伤口)后插入苗床,以免插穗腐烂。花叶万年青切口分泌的汁液含有对人体有害的草酸,剪切时必须注意皮肤勿被枝汁液沾染,以免发生皮炎或过敏症。

【栽培形式及养护要点】

盆栽形式:用腐叶土、园土和河沙加少量腐熟基肥混合作为基质。为促使其旺盛生长,以"宁湿勿干"为浇水原则,给予较充分浇水,同时辅以叶面喷水。喜半阴环境,春秋季中午及夏季阳光强烈,必须遮阴,以免灼伤或变白,变得粗糙;但过阴则叶面斑纹部分减少,叶色变绿或枯黄,也会降低观赏价值,故室内栽培除冬季接受柔和阳光外,其他季节应避开阳光直射,置于明亮处。

水培形式:在气温 20℃时,可剪取枝条插于水中,10 多天后即可发出根系。也可采用盆栽洗根法水栽,约 10 多天后萌生新根。20 天更换一次营养液,夏季 10 天更换一次清水,冬季 40 天更换一次。

9.1.2.9 彩叶芋(*Caladium bicolor*)

【室内装饰】又称花叶芋、两色芋,叶形美丽,叶色及斑纹变化多样,绿叶嵌红、白斑点,似锦如霞,加上白叶绿脉、红叶白脉,更加艳丽夺目,是理想的夏季栽培观赏的室内观叶植物,适于家庭居室、宾馆、饭店和办公室美化装饰,给人以清新、典雅、热烈之美感。

【科属及习性】天南星科花叶芋属多年生草本观叶植物。产于热带美洲的圭亚那、秘鲁以及亚马逊河流域等地。性喜高温多湿,明亮的光线,忌阳光直晒。生长适温为 22～30℃,低于 12℃时地上部叶片开始枯萎。

【形态特征】多年生草本。地下具扁圆形黄色的块茎。株高 20～40cm。叶卵形三角形至心状卵形呈盾状着生,叶柄长,基部鞘状;叶面色彩变化丰富,泛布各种红、白、黄斑点或斑纹。肉穗花序,梗自叶丛中抽出,佛焰苞绿色,基部紫晕。浆果,白色。

【繁殖技术】用分球繁殖。春季新芽萌发前,将每球周围着生的子球切下,切口用草木灰或硫磺粉涂抹,放于阴凉处,待切口干燥后种植。花叶芋块茎宜于春季气温不低于 20℃时种植。

图 9.27 花叶芋

【栽培形式及养护要点】

盆栽形式:用园土、腐叶土和河沙混合作为基质。春夏旺盛生长时期应保证供给充足的水分,保持较高的空气湿度;叶面常喷雾,植株将生长得更旺盛,叶色更艳丽。生长季每月施 1～2 次稀薄速效液肥,最好氮磷钾配合均匀。要求较明亮的光照,但忌阳光直射,炎热夏季易发生日烧现象,每天早晚可接受阳光照射,中午应遮阴;如株形不匀称且叶色差,会降低观赏价值。

水培形式:在气温 22℃以上时进行栽培。球茎可直接上水盆栽,培养生根出芽;也可以先沙培,待长出新根新芽后,再改为水培。种植后 7～10 天便可生根,根为白色,十分漂亮,每盆放两株以上最好。养护期间需光照充足,宜通风良好,否则易徒长,引起叶片倒伏,影响观赏;

但在 6～8 月间应防止中午日光暴晒。

9.1.2.10　绿巨人（*Spathiphyllum Sensation*）

【室内装饰】又称绿巨叶大白掌、大叶白掌、一帆风顺，株形挺拔俊秀、威武壮观，叶片宽大气派、绿意盎然，是近年时兴的一种绿色观叶植物。它花大如掌，在绿叶的衬托下亭亭玉立，娇美动人。其耐阴性好，极适于音乐茶座、咖啡馆、宾馆、酒楼、家庭的室内装饰，其观赏价值和经济价值不断提高，深受人们的喜爱。

图 9.28　绿巨人

【科属及习性】天南星科苞叶芋属多年生常绿阴生草本观叶植物，原产哥伦比亚。其性喜温畏寒，喜阴怕晒，喜湿忌旱，对温度的适应范围较大，生长适温为 18～25℃，5℃左右的短暂低温对其没有直接影响，30℃或稍高些温度时只要不进行日晒，提供荫蔽环境，给予充足水分亦可安全生长。

【形态特征】多年生常绿阴生草本观叶植物。茎较短而粗壮，少有分蘖，株高可达 1m 以上，是鹤芋系列中的大型种。叶片宽大，呈椭圆形，叶柄粗壮，叶色浓绿，富有光泽。花苞硕大，如手掌，高出叶面，花从开到谢，可持续近一个月；初开时花色洁白，后转绿色，由浅而深，直至凋谢，花期春末夏初。

【繁殖技术】采用分株和组培繁殖。当分蘖芽长至 15～20cm 左右高度时可将其分切开，插于珍珠岩或粗沙中，让其长根。

【栽培形式及养护要点】

盆栽形式：用腐叶土、腐熟锯末、河沙、珍珠岩等混合而成的营养土作为基质，加少量骨粉、畜禽粪干和腐熟豆饼等。绿巨人对水分需求量很大，且对缺水反应敏感，稍微缺水，叶片即萎蔫；如短期缺水，灌水后容易恢复，但严重缺水时会造成脱水焦叶，且不易恢复。栽培养护时要保证土壤水分充足，保持较高的空气湿度。高温干燥的夏秋季除保持盆土湿润外，还须增加叶面喷水量，以便洗去烟尘，降温保湿。对光照反应敏感，忌阳光直射，在散射光下即可正常生长；但长期过于荫蔽也会引起植株生长不良，降低观赏价值。

水培形式：首先要经过脱盆、去土、洗根、定植、加营养液、大苗定植、固定等程序；水培一定要控制好水位，宜低不宜高，根在水中即可，甚至可以更少一些（保持一个月的适应期，以后再增加水量）。在水培过程中，当花卉叶尖出现水珠，需要适当降低水位，并且开始时要避免阳光直射。

9.1.2.11　龟背竹（*Monstera deliciosa*）

【室内装饰】又称蓬莱蕉、铁丝兰、穿孔喜林芋，株形优美，叶片形状奇特，叶色浓绿，且富有光泽，整株观赏效果较好。此外，它还具有夜间吸收二氧化碳的奇特本领，在居室有一定的净化室内空气的作用。中小型盆种植，置于室内客厅、卧室和书房的一隅；大形盆栽，装饰于宾馆、饭店大厅及室内花园的水池边和大树下，颇具热带风光。

【科属及习性】天南星科龟背竹属多年生常绿草本观叶植物。原产于墨西哥热带雨林中，我国引种栽培十分广泛。性喜温暖湿润的环境，忌阳光直射和干燥，喜半阴，耐寒性较强。生长适温为 20～25℃，越冬温度为 5℃，对土壤要求不甚严格，在肥沃、富含腐殖质的沙质壤土中生长良好。

【形态特征】为半蔓型,茎粗壮,节多似竹,故名龟背竹;茎上着生有长而下垂的褐色气生根,可攀附他物上生长。叶厚革质,互生,暗绿色或绿色;幼叶心脏形,没有穿孔,长大后叶呈矩圆形,具不规则羽状深裂,自叶缘至叶脉附近孔裂,如龟甲图案;叶柄长 30～50cm,深绿色,有叶痕;叶痕处有苞片,革质,黄白色。花状如佛焰,淡黄色。果实可食用。在栽培中还有斑叶变种,在浓绿色的叶片上带有大面积不规则的白斑,十分美丽。

【繁殖技术】常用扦插和播种繁殖。扦插多于春季进行,在温暖、半阴处,保持湿润,约经一个月左右即可生根抽芽。亦可采成熟的果实,剥取种子,随即播种于河沙中,保持湿润,1～2 个月即可发芽出苗。

图 9.29 龟背竹

【栽培形式及养护要点】

盆栽形式:通常用腐叶土、园土和河沙等量混合作为基质。种植时加少量骨粉、干牛粪作基肥。喜湿润,生长期间需要充足的水分,须经常保持盆土湿润;天气干燥时还须向叶面喷水,以保持空气潮湿,以利枝叶生长、叶片鲜艳。较喜肥,4～9 月每月施两次稀薄液肥,肥足则叶色可人。生长季遮阴,忌强光直射,否则易造成叶片枯焦灼伤,影响观赏价值。

水培形式:龟背竹对水培栽植非常适应,一年四季都可以将土栽的植株用洗根法改为水培栽植。当用水插法栽植时,应保留枝条上完整的气生根,并将气生根一并插入水中,气生根能转为营养根,并对植株起到支持作用。因龟背竹叶形硕大,茎干粗壮,水培时宜选用厚实稳重的器皿,以防倒伏。常用细孔喷壶向叶面喷水,增加环境湿度,有利于植株的生长。

9.1.2.12 春芋 (*Philodenron selloum*)

【室内装饰】又称春羽、羽裂喜林芋、喜树蕉、小天使蔓绿绒,叶片巨大,呈粗大的羽状深裂,浓绿色,且富有光泽,叶柄长而粗壮,气生根极发达而被垂,株形优美,整体观赏效果好,耐阴,是极好的室内喜阴观叶植物。中小型盆栽适于布置宾馆的大厅、室内花园、办公室及家庭的客厅、书房等处,在光线较强的室内可以放置数月之久,植株生长不会受太大影响;在较阴暗的房间中也可以观赏 2～3 周。大型盆栽,陈设于厅堂中显得十分壮观。

图 9.30 春芋

【科属及习性】天南星科喜林芋属多年生常绿草本观叶植物。产南美巴西的热带雨林中,在林中附生在大树上,其褐色的气生根从空中垂至地面或着生在树干上。其性喜高温多湿的环境,耐阴而怕强光直射。生长适温为 15～28℃,耐寒力稍强,越冬温度为 2℃左右。

【形态特征】为直立性,呈木质化,生有很多气生根;植株高大,可达 1.5m 以上。叶为簇生型,着生于茎端;叶为广心脏形,全叶羽状深裂似手掌状,长达60cm、宽40cm,革质,浓绿色有光泽;叶柄坚挺而细长,可达80～100cm。

【繁殖技术】用分株和播种繁殖。生长旺盛的植株可在基部萌生吸芽,待小芽长大并出现不定根时将其分割下来用于繁殖。播种繁殖时,用浅盆播种,播后保持湿润。在温度25℃左右时约经两周即可发芽。

【栽培形式及养护要点】

盆栽形式:用腐叶土或泥炭土、园土和河沙等量混合作为基质。春季换盆时应施足基肥。生长强健,栽培容易。生长期给予充分的浇水或从叶面喷浇,每月施一次肥料,使其生长旺盛。对光线要求不严,除了极微弱光线的环境外,在其他光线下均生长良好,特别适合室内栽培;夏秋季要避免强光直射,以免灼伤叶片。

水培形式:在气温在20℃时,土栽植株经脱盆,清洗、去除烂根烂叶,将老根全部剪掉或剪短,留下新根;用雨花石将植物固定在定植篮内(必须把根均匀穿入定植篮底孔);将定植篮放入适当的花瓶内,加水至定植篮底;大约一个星期长出水生根,要经常清理烂根烂叶;放置在阳光充足的位置,夏季不可暴晒;按比例加入营养液,同时每周用营养液喷叶面一次。生长较快,一般一年后要更换定植篮和花瓶。

9.1.2.13　鸟巢蕨(*Neottopteris nidus*)

【室内装饰】又称巢蕨、山苏花、王冠蕨,为较大型的阴生观叶植物,株型丰满、叶色葱绿光亮,潇洒大方,野味浓郁,深得人们的青睐。悬吊于室内别具热带情调;盆栽的小型植株用于布置明亮的客厅、会议室及书房、卧室,显得小巧玲珑、端庄美丽。

图9.31　鸟巢蕨

【科属及习性】铁角蕨科巢蕨属多年生阴生草本观叶植物。原产热带和亚热带地区,我国南部各省区有分布。喜高温多湿和半阴环境,常附生于雨林中的树干和潮湿的崖石上,不耐寒,生长适温20～28℃。

【形态特征】多年生常绿中型附生草本,形高80～120cm,地下根茎短,有纤维状分枝并被有条形鳞片。叶片辐射状丛生于根茎顶部,阔披针形,浅绿色,革质,两面光滑,长可达1m,叶丛中央空如鸟巢。孢子囊群狭条形,生于叶背侧脉上部。

【繁殖技术】可用孢子播种和分株繁殖。孢子繁殖作为商品化批量生产。一般的可用分株繁殖,春末将生长健壮的植株从基部分切成2～4块,并将叶片剪短1/3～1/2,使每块带有部分叶片和根茎,然后单独盆栽成为新的植株;盆栽后放在温度20℃以上、半阴和空气湿度较高地方养护,以尽快使伤口愈合。

【栽培形式及养护要点】

盆栽形式:用蕨根、树皮块、苔藓、碎砖块拌和碎木屑、椰子糠等用为盆栽基质,同时用透气性较好的栽培容器,并在容器底部填充碎砖块等较大颗粒材料,以利通气排小。亦可将鸟巢蕨直接种于假树或木段上,但须经常喷水,以保持较高的空气湿度。鸟巢蕨喜温暖、潮湿和较强散射光的半阴条件。其生长最适温度为20～22℃。不耐寒,冬季越冬温度为5℃。春季和夏季的生长盛期需多浇水,并经常向叶面喷水,以保持叶面光洁。

9.1.2.14 袖珍椰子(*chamaedorea elegans*)

【室内装饰】又称矮棕、矮生椰子、袖珍椰子葵,植株小巧玲珑,株形优美,姿态秀雅,叶色浓绿光亮,耐阴性强,是优良的室内中小型盆栽观叶植物。中小型盆栽用于装饰客厅、书房、卧室、会议室等处,显得灵巧别致,富有热带风光的情调。小型水培于透明的高脚玻璃杯内,置于案头、几案,饶有神韵,并能同时净化空气中的苯、三氯乙烯和甲醛,因此非常适合摆放在新装修好的居室中。

【科属及习性】棕榈科欧洲矮棕属观叶植物。产于墨西哥北部和危地马拉,主要分布在中美洲热带地区。喜高温高湿及半阴环境。生长适温为 20~30℃,13℃进入休眠状态,越冬温度为 10℃。

【形态特征】为常绿小灌木,盆栽高度一般不超过1m。茎干直立,不分枝,深绿色,上具不规则花纹。叶一般着生于枝干顶,羽状全裂,裂片披针形,互生,深绿色,有光泽。肉穗花序腋生,花黄色,呈小球状,雌雄异株,雄花序稍直立,雌花序营养条件好时稍下垂,浆果,橙黄色。花期春季。

【繁殖技术】用播种繁殖。播种时宜随采随播。春季时将新鲜种子播于河沙内,保持一定的温度(24~26℃)及湿度。袖珍椰子种子发芽甚慢,约需 3~6 个月才能出苗,次年春天可分苗上盆种植。

图 9.32 袖珍椰子

【栽培形式及养护要点】

盆栽形式:用腐叶土、泥炭土加河沙和少量基肥制作为基质。对肥料要求不高,生长季每月施 1~2 次液肥。每 2~3 年于春季换盆一次。浇水以"宁干勿湿"为原则,盆土经常保持湿润。夏秋季空气干燥时,要经常向植株喷水,以提高环境的空气湿度,可保持叶面深绿且有光泽。袖珍椰子喜半阴条件,怕阳光直射。

水培形式:将大小适宜的植株洗根,数天后即可发出新根。水培时不宜修剪根部,否则会影响新根萌发。袖珍椰子在株高 30~50cm 时,株形最美,过高时,因下部空旷而影响观赏;栽培时,若在下面配以小的植株,可以弥补空挡并增加观赏的层次。

9.1.2.15 一叶兰(*Aspidistra elatior*)

【室内装饰】又称蜘蛛抱蛋、一叶青,叶片较大,叶色浓绿,植株挺拔,大方明快,姿态优美且淡雅而有风度,是中小型盆栽花卉,适合装点商场、会场、展厅、办公室等大型场地,群盆摆设,也可放在客厅、卧室、走廊、楼梯等处,单盆绿化装饰,是耐阴的优秀室内绿化植物。

【科属及习性】百合科蜘蛛抱蛋属多年生常绿草本,原产于中国海南岛和台湾。性喜温暖、阴湿,耐贫瘠,不耐寒,喜疏松、肥沃、排水良好的沙质壤土。

【形态特征】为多年生常绿草本,根状茎粗壮匍匐。叶基生、质硬,基部狭窄成沟状,长叶柄,叶长可达 70cm。花单生,开短梗上,紧附地面,花径约 2.5cm,褐紫色,花期 4~5 月。

【繁殖技术】常用分株法繁殖。一般在早春结合换盆时进行。先修去老根和枯叶,然后把母株分成每 5~6 个叶片为一丛。将根状茎用利刀切割,分别上盆容易成活。

图 9.33　一叶兰

【栽培形式及养护要点】

盆栽形式:可用腐叶土、泥炭土和园土等量混合作为培养土。生长季节 10～15 天追施 1 次液肥,平时盆土要保持湿润,不要间干。经常向叶面喷水增湿,秋末后可适当减少浇水量。在叶片没有挤满全盆前不需翻盆。全年均应在有遮阴的条件下培植。生长季节若能隔 15～20 天施 1 次淡薄肥水或营养液,则叶片更加碧绿可爱。华东地区一年四季均可在室内养护,冬季在 −8℃的低温条件下也能安全越冬。

无土栽培或水培:采用无土栽培时,可用河沙、炉渣灰及珍珠岩作混合基质。水培时可采用以石子压根的盆栽方法。因一叶兰生长旺盛,叶片密集丛生,在生长过程中应 2～3 周加施 1 次营养液,并注意及时换水,经常向叶面喷水,保持良好的周围空气湿度。

9.1.3　蔓生垂枝型植物

9.1.3.1　蔓长春花(*Vinca major Linn*)

【室内装饰】又称长春蔓,夹竹桃科蔓性半灌木植物,叶片翠绿光滑而富有光泽。4～5 月开蓝色小花,优雅宜人。其变种花叶长蔓,绿色叶片上有许多黄白色斑块,是一种美丽的观叶植物。将其悬吊在高处,任其茎蔓自然下垂,随风摇动,似绿色幕帘,清新秀雅,用于布置办公室、客厅、书房或卧室的角隅、花架和书橱;也可装饰墙面、窗台、阳台等处。它耐阴性强,是美化居室的优良材料。在华东地区也可在庭院作林下地被栽培,在半阴湿润处的深厚土壤中生长迅速,枝节间可着地生根,很快覆盖地面。

【科属及习性】夹竹桃科多年生小灌木观叶植物。原产地中海沿岸及美洲,印度等地也有。喜温暖湿润,喜阳光,但更耐阴,稍耐寒,喜欢生长在深厚肥沃湿润的土境中。

【形态特征】蔓长春花为蔓生小灌木观叶植物,叶对生,心脏形,光滑浓绿,革质较厚;叶长 5～15cm、宽 3～7cm。枝叶繁茂,生长迅速。春末夏初,蓝花朵朵,单生于开花枝叶腋内。其变种花叶蔓长春花叶型稍小,叶有黄白色斑块,观赏价值较高。

图 9.34　蔓长春花

【繁殖技术】主要用扦插繁殖和分株繁殖,春、夏、秋季都可进行繁殖,成活率较高。扦插繁殖时剪 3～4 节半木质化茎作为插条。由于根芽从节长出,扦插时必须有 1−2 节埋入基质中,并压紧拍实,及时浇水保湿。一般经 1～2 周即可生根长芽。待植株长到 20～30cm 时可移栽种植。移植除严寒冬季外,全年均可进行。另外,可于生长季将生长茂密的丛生植株沿根茎分切,进行分株繁殖。

【栽培形式及养护要点】

盆栽形式:盆栽时可用园土2份、腐叶土和炉渣各1份混合使用。上盆时,一盆可栽数株,有利于快速成型。必要时,还可进行摘心,以促进其分枝,尽快形成丰满的株形。冬季较寒冷时,常造成大量脱落叶,应对老株进行短截回缩,以萌发更多的新技,使老株更新。蔓长春花宜放半阴处养护,夏季以明亮的散射光为宜,避免阳光直晒,并适当喷水降温增湿。生长期水分要充足,并在每月施饼肥2~3次。越冬温度0℃左右。

9.1.3.2 绿铃(*Senecio rowleyanus*)

【室内装饰】又称一串珠、翡翠珠、绿串珠、绿玉、绿之铃、念珠掌、柠檬千里光、项链花、项链掌,小巧玲珑,球状叶片青翠悦目。常用盆栽或吊盆栽培,摆放居室阳台、案头、书桌,清新优雅,又像一件工艺品;若悬挂走廊、点缀盆架,滴滴翠意,异常夺目。

【科属及习性】菊科喜千里光属多年生多肉草本观叶植物,原产西南非干旱的亚热带地区。喜凉爽的环境,忌高温,夏季为休眠期,应停止施肥,并控制浇水。适宜生长温度为12~18℃,不耐寒,冬季越冬温度应不低于5℃。

【形态特征】为多年生多肉草本植物。茎极细,匍匐生长,叶圆豆形,肉质,直径0.6~1.0cm,有微尖的刺状突起,绿色,具有一条透明的纵纹。花白色。

【繁殖技术】常用扦插繁殖。春秋最为适宜,插后15~20天可生根。也可将念珠掌平放在沙床上,稍加轻压,室温16~22℃,在湿润环境下,生根后剪取上盆。

图9.35 绿铃

【栽培形式及养护要点】

盆栽形式:盆栽选用腐叶土加粗沙为基质,放阳光充足处,春、秋季茎叶生长迅速,每半月施肥1次。夏季高温、强光时,适当遮阳,控制浇水以度过半休眠期。若高温多湿,球状肉质叶极易脱落腐烂。念珠掌下垂茎太长,应修剪,促使萌发新枝。2~3年后母株老化需重新扦插更新。

9.1.3.3 吊金钱(*Ceropegia woodii*)

【室内装饰】又称腺泉花、心心相印、可爱藤、鸽蔓花、爱之蔓、吊灯花,为观叶、观花、观姿俱佳植物。常作吊盆悬挂或置于几架上,使茎蔓绕盆下垂,飘然而下,密布如帘,随风摇曳,风姿轻盈。亦可用金属丝扎成造型支架,引茎蔓依附其上,做成各种美丽图案,实是极佳的装饰盆花。其形似一串串金钱,又似一条条带有心形坠子的"项链",因为叶子两两相对,故有"心心相印"的美称,又有"爱之蔓"的雅名,因而在国内外成为青年表达爱意的盆花礼品,成为传递爱情的使者。

【科属及习性】萝摩科吊灯花属多年生肉质变形草本植物,原产于南非,我国各地引种。性喜温暖向阳、气候湿润的环境,耐半阴,怕炎热,忌水涝。要求疏松、排水良好、稍为干燥的土壤。

【形态特征】多年生肉质变形草本植物。茎细软下垂,节间长2~8cm。叶腋常生有块状肉质珠芽。叶肉质对生,心形成肾形,叶面暗绿,叶背淡绿,叶面上具有白色条纹,其纹理好似大

图9.36　吊金钱

理石。花通常2朵连生于同一花柄,具花冠筒,粉红色或浅紫色,蕾期形似吊灯,盛开时貌似伞形。蓇葖果,盆栽通常不结实。

【繁殖技术】多用扦插压条和分株法繁殖,扦插易生根成苗,温度15℃以上全年均可进行,以春季为最佳。叶插、枝插均可,半阴环境下10~15天即可生根,于夏、秋两季剪取叶腋芽直接栽于盆中。分株可结合早春换盆进行。

【栽培形式及养护要点】

盆栽形式:用泥炭土、粗沙混合配制基质。适应性强,阳光充足或半阴条件下均能良好生长。春、夏、秋放在室内有明亮散射光处,冬季宜将其放置于室内阳光充足处,生长适温15~25℃,室温10℃即可安全越冬,生长旺季半个月左右施一次稀薄液肥或花肥,1~2年换一次盆,培养土底部放入少量碎骨片或缓效花肥作基肥。

水培形式:当气温在25℃时,选择一年生半木质化枝条的顶梢或侧枝,剪去插条下部2~3枚叶片减少水分蒸发。采用枝条水插法,10天左右即可生根。将已经诱导出水生根系的白粉藤苗养在适当的盛水容器内,20天更换一次营养液,夏季10天更换一次清水,冬季40天更换一次。若是透明容器,再配以鹅卵石、金鱼等,增加观赏效果。

9.1.3.4　常春藤 (*Hedera helix*)

【室内装饰】又称洋常春藤、长春藤,叶色浓绿,且花叶品种有许多不同的斑纹或斑块,色彩鲜艳清晰;茎上有许多气生根,容易吸附在岩石、墙壁和树干上生长,可作攀附或悬挂栽培,是室内外垂直绿化的理想材料。作为室内喜阴观叶植物盆栽,可长期在明亮的房间内栽培。在阴暗的房间,只要补以灯光,也能很好生长。室内绿化装饰时,作悬垂装饰,放在高脚花架、书柜顶部,给人以自然洒脱之美感;也可小盆栽植,放在茶几、书桌上,显得清秀典雅;还可作为柱状攀缘栽植,富有立体感。

【科属及习性】五加科常春藤属多年生常绿藤本观叶植物,原产欧洲、亚洲和北非。对环境的适应性很强。喜欢比较冷凉的气候,耐寒力较强;忌高温闷热的环境,气温在30℃以上生长停滞;对光照要求不严格,在直射的阳光下或光照不足的室内都能生长发育。

图9.37　常春藤

【形态特征】是典型的阴生藤本植物,全是木质茎,茎长可达3~5m,多分枝,茎上有气生根。细嫩枝条被柔毛,呈锈色鳞片状,叶互生,革质,油绿光滑。叶有两型:营养枝之叶,呈三角形状、卵形或戟形,常三浅裂或全缘,长5~8cm,宽2~3cm;花果枝之叶,椭圆状卵形,全缘,叶柄细长。花为伞形花序,再聚成圆锥花序。

【繁殖技术】以扦插繁殖为主。一年四季,只要温度适宜随时可以扦插。在温度15~20℃左右时,约经两周左右可生根。母株的走茎发根后也可剪下种植。有时将母株走茎埋压于沙土中,露出叶片,每节都可发生不定根,待节间生根后,可分段剪下种植。

【栽培形式及养护要点】

盆栽形式:用腐叶土、泥炭土和细沙土加少量基肥配制面成,也可单独用水苔栽培。盆栽一般每盆种3～5株。平时应放置于漫射光照下,才能使叶色浓绿而有光泽,特别斑叶品种在遮光的环境中,叶色更为美丽。夏季酷暑必需放置于阴凉通风的地方。当环境温度高时,采用叶面喷水浇灌。在植株生长过程中,应注意修剪,以促使多分枝,使株形丰满。

水培形式:剪取枝条水插,在气温20℃时10天左右就能生根,20天更换一次营养液,夏季10天更换一次清水,冬季40天更换一次。夏季时,宜向叶面多喷水,以降低温度和增加空气湿度。

9.1.3.5 金鱼花（*Columnea gloriosa*）

【室内装饰】又称串金鱼、袋鼠吊兰、袋鼠花,枝叶茂密,茎蔓悬垂自然;每当盛花期,朵朵红色的小花,好似一条条金鱼在碧波中跳跃,尤为奇丽。一株较大的植株,可同时开花百余朵,花色鲜艳,颇为壮观,既能观叶又可观花,适于室内垂盆或吊篮栽培,置于柜顶、几架或窗台垂吊,观赏效果极佳,是非常理想的喜阴悬垂观叶和赏花植物。适合在温室和室内花园作为附生盆栽,也可作家庭悬垂吊挂欣赏。

【科属及习性】苦苣苔科金鱼花属多年生常绿革质藤本植物,原产于美洲热带森林,在产地附生在林中的树干和岩石上。性喜温暖潮湿及高空气湿度的环境。生长适温为16～26℃,越冬温度为10℃。

【形态特征】茎攀缘蔓生,枝条细长下垂,密被棕色茸毛;节间较短,上面生有根和对生的小叶;叶片卵圆形,绿化,多肉质。花生于叶腋,小平或直立生长;花合瓣筒状,较大,先端深裂,上唇4裂,下唇向下弯曲,很像金鱼,大红色,喉部有黄色斑点。花期自冬季至翌春。

图9.38 金鱼花

【繁殖技术】用播种、分株和扦插繁殖。因种子不易获得,多不采用播种繁殖,一般常用扦插方法繁殖,在温度20～25℃时约一个月左右可生根,经1～2个月后可上盆种植。

【栽培形式及养护要点】

盆栽形式:用泥炭土、珍珠岩和蛭石等量混合,并使土壤偏酸性,以利生长。生长期每1～2周施一次液肥。生长期要有充足的水分,盆土须经常保持湿润,提高空气湿度。金鱼花喜好明亮非直射光环境,夏季光线过强时须遮阴,以促进花芽的形成。秋季给予照射阳光,并保持盆土稍干燥。冬季休眠时最好放在干凉环境,促使花芽分化,并适当增加光照,在室内需移至最明亮的窗口,以确保旺盛生长及开花。

9.1.3.6 球兰（*Porcelain Flower*）

【室内装饰】又称腊兰、腊花、雪球花、金雪球、绣球花藤、玉绣球、壁梅、石梅、金丝叶、草鞋板、爬岩板、腊泉花,花为具短柄的伞形花序,常以12～15朵聚集成球形,故名球兰,又由于它的花肥厚肉质,看起来就像蜡制成的,在英语中称为"蜡花"。枝蔓柔韧,可塑性强,中型盆栽可随个人爱好制作各种形式的框架,令其缠绕攀缘其上生长,开成多姿多彩的各种动植物形象;小型盆栽吊挂装饰,垂悬自然摆放在花架、橱柜、阳台、南窗台等阳光充足处,颇耐观赏。

图 9.39　球兰

【科属及习性】萝摩科球兰属多年常绿草本植物,原产于东南亚、澳大利亚,我国南部也有分布,在原产地都附生于树干上、石壁上。性喜光,高温高湿和半阴的环境。

【形态特征】植株藤本状,肉质茎,茎节上有气生根,可附着于它物上生长。叶厚多肉,卵形或卵状长圆形,侧脉不明显,全缘,长 5~8cm、宽 2~3cm;叶面浓绿色,叶背浅绿带白色。花为具有短柄的伞形花序腋生,常 12~15 朵聚集成球形,故名球兰。盛夏开花,花白色,心部淡红色,副花冠放射呈星状,有香气。

【繁殖技术】用扦插繁殖,扦插时期 5~9 月,剪取 1~2 年生的老茎,或嫩茎作插穗,一般的茎也可采用。然后将插穗直接插于沙或珍珠岩培成的插床中,或在切口包以水苔,再排插于苗床中,保持基质湿润。

【栽培形式及养护要点】

盆栽形式:用腐叶土、泥炭土与粗沙或珍珠岩等混合而成的土壤,也常单用水苔种植。每盆宜种 3~4 株苗,盆栽须放置在间接的光照或半阴处。光线强,可改善叶片色泽。春秋两季可让它接受日光照射,夏季必需遮阴。生长期应经常和向叶面喷水,以增加空气湿度,保持盆土湿润,避免高温高湿及通风通气不良。生长季 1~2 个月施肥一次。生长适温为 18~28℃,越冬温度为 5℃左右。

9.1.3.7　吊兰(*Chlorophytum capense*)

【室内装饰】又称垂盆草、桂兰、钩兰、折鹤兰,西欧又叫蜘蛛草或飞机草。叶片细长柔软,从叶腋中抽生的茎上,长有小植株,由盆沿向下垂,舒展散垂,似花朵,四季常绿;既刚且柔,形似展翅跳跃的仙鹤,神态飘逸,故古有"折鹤兰"之称。它那特殊的外形构成了独特的悬挂景观和立体美感,可起到别致的点缀效果。吊兰不仅是居室内极佳的悬垂观叶植物,而且也是一种良好的室内空气净化花卉,具有极强的吸收有毒气体的功能,一般房间养 1~2 盆吊兰,空气中有毒气体即可吸收殆尽,又有"绿色净化器"之美称。

【科属及习性】百合科吊兰属多年生常绿观叶植物,原产非洲南部,在世界各地广为栽培。性喜温暖湿润、半阴的环境。适应性强,较耐旱、耐寒。不择土壤,在疏松的沙质壤土中生长较佳。对光线要求不严,一船适宜在

图 9.40　吊兰

中等光线条件下生长,亦耐弱光。生长适温为 15~25℃,越冬温度为 5℃。

【形态特征】为宿根草本,具簇生的圆柱形肥大须根和根状茎。叶基生,条形至条状披针形,狭长,柔韧似兰,长 20~45cm、宽 1~2cm,顶端长、渐尖;基部抱茎,着生于短茎上。吊兰的最大特点在于成熟的植株会不时长出走茎,走茎长 30~60cm,先端均会长出小植株。花亭细长,长于叶,弯垂;总状花序单一或分枝,有时还在花序上部节上簇生长 2~8cm 的条形叶丛;花白色,数朵一簇,疏离地散生在花序轴。花期在春夏间,室内冬季也可开花。

【繁殖技术】可用分株繁殖。除冬季气温过低不适于分株外,其他季节均可进行。在生长季,剪取走茎上的小植株,种植在培养土中或水中,待小植株长根后移植至盆中。也可用种子播种,一般很少使用。

【栽培形式及养护要点】

盆栽形式:常用腐叶土或泥炭土、园土和河沙等量混合并加少量基肥作为基质。2~3 年换盆一次,重新调制培养土。其肉质根贮水组织发达,抗旱力较强,但 3~9 月生长旺期需水量较大,要经常浇水及喷雾,以增加湿度;秋后逐渐减少浇水量,以提高植株抗寒能力。生长旺期每月施两次稀薄液肥。喜半阴环境,如放置地点光线过强或不足,叶片就容易变成淡绿色或黄绿色,缺乏生气,失去应有的观赏价值。

水培形式:可用剪取枝条水插或盆栽洗根法水培。吊兰的根系发达,呈白色,具有很高的观赏价值。喜温暖、湿润和半阴的环境,生长期间应经常喷洒叶面。

9.1.3.8 虎耳草(*Saxifraga stolonifera*)

【室内装饰】又称金钱吊芙蓉、疼耳草、矮虎耳草。株型矮小,叶色碧绿,枝叶疏密有致,叶片淡雅美丽,是优良的室内观叶植物。适合室内作小盆栽种植,布置在客厅、书房的高脚几架上,亦可作吊盆种植,悬挂于向阳的窗沿下,都会非常赏心悦目。

【科属及习性】虎耳草科虎耳草属多年生草本观叶植物,原产于我国及日本、朝鲜,广泛分布于我国台湾、华南、西南至河南南部等山区阴湿地。性喜温暖而稍凉冷、半阴的环境。

【形态特征】为中小型阴生观叶植物,株高 15~40cm,植株基节部有垂吊细长的匍匐茎,顶端生有小植株。全株密被短茸毛;叶片数枚,基生,近肾形;叶长 3~6cm,宽 3~7cm;叶缘浅裂,有锯齿;叶表暗绿色,且具明显的宽灰白色网状脉纹,叶背紫红色。圆锥花序,花稀疏,白色小花不整齐,花期 4~5 月。

图 9.41 虎耳草

【繁殖技术】用分株繁殖。在春末至秋季将小植株剪下,集中在一个较大的花盆中,加盖玻璃或塑料薄膜,注意保持较高的湿度;待根系长好后再分栽到小盆中。

【栽培形式及养护要点】

盆栽形式:用腐叶土、泥炭土、河沙等量混合而成。除在种植时施少量腐熟基肥外,生长季每月施液肥 1~2 次。喜温暖,生长适温为 15~25℃,越冬温度为 5℃;但花叶品种耐寒力较差,越冬温度为 15℃。喜阴湿,生长季需要较高的湿度,盆土须经常保持湿润而不积水,夏季除适当浇水外,以喷雾提高空气湿度;春夏季开花后有一短暂的休眠期,保持盆不干即可。春季一般遮阴 50%~60%,冬季给予较明亮的散射光。

水培形式:在气温达到 25℃ 以上时,可直接剪取健壮的枝条,去除下部叶片插入水中,1 周即可生根,3 周后就能形成发达的水生根系。在春、秋两季,水培的最初阶段应每隔 2~3 天换一次清水,以免细菌滋生,污染水体。当植株完全适应水生环境后,用水培花卉营养液进行养护,每隔 2~3 周更换一次营养液。

9.1.4　莲座型植物

9.1.4.1　蜻蜓凤梨（*Aechmea fasciata*）

【室内装饰】又称银纹凤梨、美叶光萼荷、斑粉菠萝、粉凤梨，植株叶形挺拔，姿态刚毅，斑纹别致，色泽艳丽，花形奇特，花色艳丽，花期较长，可叶、花共赏，只要有明亮的漫射光的房间可以长年摆放，中小型盆栽美化书房、客厅、卧室等均较适宜。

图9.42　蜻蜓凤梨

【科属及习性】凤梨科光萼荷属观叶植物，原产于巴西东部热带雨林地区。喜光，喜温热多湿环境。在直射阳光下叶片容易灼伤；在明亮的漫射光下，叶片和苞片颜色鲜艳，也能正常开花；光照微弱或光照过短会出现生长停顿。生长适温为18～26℃，尤其开花期温度要18℃以上；越冬温度为10℃。

【形态特征】为多年生附生常绿草本植物，中型，茎部很短，莲座状叶丛排列紧密，基部呈筒状，可以贮水。叶片革质，被附蜡质灰色鳞片，绿色，有虎斑状银白色横纹，叶缘有黑色小刺，内部叶端圆或短尖。花序呈穗状，直立，有分枝，密集为圆锥状球形花头；苞片革质，端尖，边缘锯齿状，呈淡红色；小花无柄，呈淡蓝色。整个花穗可经1～2个月不褪色，极为美丽。还有银边的和斑叶的品种

【繁殖技术】可用播种和分割萌芽繁殖。播种育苗时必须用新鲜种子，最好采后即播。当芽体长至8～10cm时用利刀将芽体切下，让伤口充分干燥，然后插入腐叶土与粗沙掺半的基质中，经一个月左右即可生根上盆。如果吸芽已经生根，则可直接上盆种植。

【栽培形式及养护要点】

盆栽形式：可用园土、腐叶土或泥炭土、河沙等量混合作为基质，也可以单独用苔藓栽培。在生长季每两周施一次腐熟液肥。采用叶面喷施或将液肥浇灌于叶丛中。生长期要求有较高的空气湿度和土壤湿度，随着温度上升，要时常向叶片喷水。并向心部灌水，一个月左右要将苗盆倒置一次，使陈水流出后再行加水。蜻蜓凤梨生长季一般掌握50%～60%遮阴度，避免烈日阳光直射；冬季可少遮光（30%～40%遮阴度），室内栽培宜置于靠近窗台处。

9.1.4.2　石莲花（*Echeveria glauca*）

【室内装饰】又名宝石花、莲花掌、仙人荷花，叶片莲座状排列，肥厚如翠玉，姿态秀丽，形状像池中莲花，观赏价值较高，盆栽是室内绿色装饰的佳品，中小型盆栽可点缀于书斋、几架、阳台、窗台、桌面等处，四季常青，清新秀丽；若与其他小型花卉组合摆放或配植岩石盆景，更显绚丽多彩，相得益彰。

【科属及习性】景天科石莲花属多年生常绿亚灌木多肉草本植物，原产墨西哥。喜温暖干燥和阳光充足环境。不耐寒，耐半阴，怕积水，忌烈日，适宜生长的温度为12～28℃，以肥沃、排水良好的沙壤土为宜。冬季温度不低于10℃。

【形态特征】多年生宿根多浆植物。茎短缩，枝匍匐，叶片紧密排列，倒卵形，似荷花瓣，肥厚多汁，先端锐尖，稍带粉蓝色，叶心淡绿色，大叶微带紫晕，表面具白粉，丛生如莲花状，如玉石雕刻，故名石莲花。

【繁殖技术】常用扦插繁殖。四季均可进行，以8～10月为更好。一般20天左右生根。插

床不能太湿,否则剪口易发黄腐烂,根长 2～3cm 时上盆。

【栽培形式及养护要点】

盆栽形式:盆栽土以排水好的泥炭土或腐叶土加粗沙。石莲花管理简单,每年早春换盆,清理萎缩的枯叶和过多的子株。生长期以干燥环境为好,不需多浇水。盛夏高温时,也不宜多浇水,可少些喷水,忌阵雨冲淋。生长期每月施肥 1 次,以保持叶片青翠碧绿。

水培形式:可剪取枝条水插,在气温 25℃以上时,10 天左右可发出新根,将已经诱导出水生根系的石莲花苗养在大的盛水的容器内,20 天更换一次营养液,夏季 10 天更换一次清水,冬季 40 天更换一次。

图 9.43　石莲花

9.1.4.3　文殊兰(*Crinum asiaticum*)

【室内装饰】又称十八学士、海带七等。叶片宽大肥厚,常年浓绿,株姿健美,花香雅洁,为大中型盆栽,布置于庄重的会议厅、富丽的宾馆、宴会厅门口等,雅丽大方,满堂生香,令人赏心悦目。

【科属及习性】石蒜科文殊兰属多年生常绿草本植物,原产亚洲热带,我国海南岛有野生。性喜气候温暖、空气清新湿润,高温时节忌烈日暴晒,中、低温时要求光照充足。生长适温 18～22℃,越冬室温不得低于 5℃。

【形态特征】具被膜鳞茎,长圆柱形。叶基生剑形,多数密集在鳞茎顶部呈莲座样排列,边缘波状。株高 1m 左右。花葶自叶丛中抽生,伞形花序,外被两个大形总苞片,有花 20 余朵,花被筒细长而直立,有香气,花期多在夏季,在水肥充足、温湿适度条件下可常年不断开花。

【繁殖技术】通常用播种和分株繁殖。在采收后即播,约 2 周发芽,需养护 3～4 年开花。由于在温室盆栽条件下种子不易成熟,还有的种不结实,以分株繁殖为主。在温暖疏阴湿润环境,约 1 个多月发根。

图 9.44　文殊兰

【栽培形式及养护要点】

盆栽形式:以腐殖质含量高、疏松肥沃、通透性能强的沙质培养土为宜。文殊兰根系强大,植株生长迅速,生长期要求水肥充足,经常保持盆土及周围环境温润,并防积涝。每两周追施一次液肥。如盆土腐殖质含量高,宜施用复合化肥溶液,以保护环境清洁。秋后入室,在 10℃左右休眠越冬,4 月下旬出室,应放在防风避雨阴棚下。家庭莳养可放北向阳台或南向阳台后口,也可在室内长期陈设,注意空气流通,防避烟尘污染,空调室内生长不良。

9.1.4.4　鬼脚掌(*Agave victoriaae-reginae*)

【室内装饰】又名箭山积雪、雪簪草,国外也称之为维多利亚龙舌兰、女王龙舌兰,皇后龙舌兰。株形美丽,叶片坚硬,是多肉植物中最吸引人的品种之一。装饰阳台、窗台、几案等处,清新雅致,趣味无穷。

图 9.45　鬼脚掌

【科属及习性】龙舌兰科龙舌兰属多年生肉质草本,原产墨西哥,习性强健,喜阳光充足和温暖、干燥环境,耐干旱,稍耐半阴和寒冷,怕水涝,十分耐旱,要求排水良好的沙壤土。

【形态特征】植株无茎,肉质叶呈莲座状排列,株幅可达 40cm;大型植株叶片可达 100 多枚,叶三角雏形,长10～15cm,宽约 5cm,先端细,腹面扁平,背面圆形微呈龙骨状突起;叶绿色,有不规则的白色线条,叶缘及叶背的龙骨状凸起均有白色额角质,叶顶端有 0.3～0.5cm 坚硬的黑刺。

【繁殖技术】常采用分株与播种繁殖。分株可结合春季换盆时,将老株基部萌发的幼苗取下,直接上盆栽种。也可在春季播种,出苗后移栽。

【栽培形式及养护要点】

盆栽形式:适宜选用园土、腐叶土、粗沙和骨粉、贝壳粉等混合配制而成的基质。生长期4～10月。浇水时避免盆土积水,空气过干燥时,可向植株喷水;每 10 天左右施一次腐熟的稀薄液肥或复合肥。夏季高温时,注意通风,降温,避免烈日暴晒引起叶面灼伤。冬季放在室内光照充足处,控制浇水,停止施肥,5℃以上可安全越冬。幼株每年翻盆一次,成龄植株 2～3 年翻盆一次,春季进行,盆土宜疏松、肥沃、排水、透气性良好,并含适量石灰质的沙质土壤。

9.1.5　多肉圆球型植物

9.1.5.1　金琥(*Echinocactus grusonii*)

【室内装饰】又称象牙球,是仙人掌类植物中最具代表性的种类之一,球体碧绿,针刺金黄,形态浑圆魁大,刚硬有力,金碧辉煌。非常美丽富贵,培养成大型标本球更显帝王之气,被称为夜间"氧吧"仙人球。可点缀于几架案头、办公桌及阳台等处,给人明快豪爽之感;在明媚的阳光下,而显赏心悦目。在日文中"金琥"原作"金鱼虎","鱼虎"在日文中指的是一种凶猛的"逆戟鲸",渔民出海遇到会船毁人亡,渐渐地人们出于恐惧将"鱼虎"上升为一种图腾,在日本庙宇中常能见到它的图案。"金琥"因刺多且硬也被看作"凶猛",所以"金琥"被视为有避邪的功用。

【科属及习性】仙人掌科金琥属多肉植物,原产墨西哥中部干燥、炎热的热带沙漠地区。形状强健,喜石灰质沙砾土壤,要求阳光充足,夏季应置于半阴处,生长较迅速。

【形态特征】茎圆球形,单生或成丛,高 1.3m,直径可达 80cm 或更大。球顶密被金黄色绵毛。有棱 21～37,显著。刺座很大,密生硬刺,刺金黄色,后变褐,有辐射刺 8～10 枚,3cm 长,中刺 3～5 枚,较粗,稍弯曲,5cm 长。6～10 月开花,花生于球顶部绵毛丛中,钟形,4～6cm,黄色,花筒被尖鳞片。

【繁殖技术】多用播种、嫁接来繁殖。用新鲜的种子来播种,发芽率较高,全年皆可播种。而小球嫁接法,是将培育 3 个月以上的实生苗,嫁接在生长强健的砧木上,使其能在砧木上快速生长。

【栽培形式及养护要点】

盆栽形式：用河沙、腐叶土加少量草木灰进行配制，要求阳光充足，但夏季仍可适当遮阴。越冬温度保持 8～10℃，盆土要求干燥。夏季中午不要对球体喷水，以免造成日灼烧伤。金琥虽然耐旱，但在干旱条件下生长缓慢，故应适当浇水。浇水要掌握"不干不浇，浇则浇透"原则。在肥沃土壤及空气流通的条件下生长较快。金琥根系会分泌出一种有机酸，使土壤酸化从而引起根系腐烂，栽培中宜每年换盆一次。易受红蜘蛛、介壳虫、粉虱等病虫危害，应加强防治。

图 9.46　金琥

水培形式：春、秋选取健壮、无病虫害的植株；脱盆后用水枪洗净球体及根部；剪除所有的土根系，只保留根源基；放入消毒液中消毒分钟 10min 左右，再取出晾干。待切口充分晾干后就可将球体放到以珍珠岩为栽培基质的催根苗床进行催根。苗床温度控制在 25℃左右，3 个星期金琥就能长出根系；10～12 天换水 1 次，冬季 20 天换水 1 次。若条件允许可适当缩短换水时间，利于金琥生长。

9.1.5.2　星球（*Astrophytum asterias*）

【室内装饰】又名星冠、星兜，株型小巧而精致，色泽鲜丽，品种繁多，其形，毛、刺、棱、花等形态各异，精美动人，小型盆栽点缀于书房、客厅、案头、几架或阳台等处，或置于梳妆台、博古架、茶几等处观赏，充满异国情调；制作成微型盆景，姿态绮丽，生动有趣，是非常理想的室内盆栽观赏花卉。

图 9.47　星球

【科属及习性】仙人掌科星球属，原产于墨西哥北部、东北及中部地区，美国南部得克萨斯州亦有分布，喜温暖、干燥和光照充足，生长适温 20～30℃。耐旱，不耐低温。栽培基质要求疏松肥沃、排水良好的弱酸性到中性土壤，忌碱性土壤。

【形态特征】植株呈扁圆球形，球体多由 8 棱组成，棱与棱之间非常紧凑，几乎没有分隔地连在一起，一般刺座无刺或中心点新长出的星点有柔弱的短刺，后脱落，刺座上只有白色或淡黄色绒毛（叫星点）。花着生在顶部的星点上，漏斗形，花瓣外围白色，中间黄色，花心红色，昼开夜闭而且大朵，非常有观赏价值。果实为小橄榄浆果，被绵毛及刺状鳞片，成熟时开裂，种植少，黑色和红黑色。

【繁殖技术】常用播种和嫁接繁殖。多用播种繁殖，发芽容易，在 25℃的条件下，3～5 天即可发芽。嫁接方法同一般仙人球。

【栽培形式及养护要点】

盆栽可用腐叶土、沙土、园土、腐熟鸡鸭粪混合配制，并在盆底放少量碎骨粉或贝壳粉作基肥。喜阳光充足，生长季节需放在向阳处养护，夏季宜半阴，在强光直射下易灼伤。若长期放在光线不足的环境下，则球体会变长，缺乏生气，降低观赏价值。冬季也需放在室内阳光充足处,室温以保持 8～10℃为好,最低也不得低于 4℃。春季和初夏,可适当浇水,并追施少量腐熟稀薄液肥和复合肥化肥。气温达 38℃以上时,进入休眠期,要控制浇水,停止施肥,待秋凉后方可恢复正常水肥管理。

9.1.5.3　帝冠(*Obregonia denegrii*)

【室内装饰】又名帝冠牡丹,是仙人掌类植物中著名的代表种之一,株形奇特,形如陀螺,头顶着略带红韵的白花时,显示出与其他仙人掌类迥然不同的"帝王"之气。盆栽可点缀居室、窗台、书桌和案头,作为小摆设,或制作成微型盆景,姿态绮丽,生动有趣。

图 9.48　帝冠

【科属及习性】仙人掌科帝冠属多肉植物,原产墨西哥。喜温暖干燥和阳光充足环境。不耐寒,耐干旱,忌积水。宜选用排水良好的富含石灰质的沙壤土。冬季温度不低于 5℃。

【形态特征】植株单生,有粗大的倒圆锥状根,属小型种,茎粗 8～12cm,灰绿色至深绿色。变态茎形如陀螺,疣状突起螺旋状排列,扁平或呈三角形,肉质坚硬。新刺座有断绵毛。刺 2～4,针状稍内弯,黄白色。花生于球顶部,白色,略带红晕,非常特殊。

【繁殖技术】常用播种和嫁接繁殖。播种繁殖,以 5～6 月进行最好。嫁接在 6～7 月进行,帝冠肉质坚硬干燥,操作要快。嫁接后保持较高的空气湿度,可提高成活率。

【栽培形式及养护要点】

帝冠根粗大,盆栽采用深盆,盆土以腐叶土、粗沙、碎砖和少量骨粉为好。生长较慢,2～3 年换盆 1 次。生长期可充足浇水,需充足阳光。但切忌盆土积水。每月施肥 1 次。冬季要求冷凉,但不能低于 5℃。盆土保持干燥。

9.1.5.4　生石花(*Lithops psedotruncatella*)

【室内装饰】又名石头花、牛蹄、元宝、石头植物、有生命的植物,其外形和色泽酷似彩色卵石,娇小玲珑,开花奇特,品种繁多,色彩丰富,是世界著名的小型多浆植物,家庭培养陈设案头、茶几、博古架,显得十分别致新颖,令人观之叹绝;也可以将几个品种集栽于一盆,植株周围点缀颜色各异的小卵石,更显奇特;用小型工艺盆栽种,装饰阳台、窗台等处,典雅而富有情趣。

【科属及习性】番杏科生石花属多肉植物,原产非洲南部。喜温暖干燥和阳光充足环境。怕低温,忌强光,宜疏松的中性沙壤土。冬季温度不低于 12℃。

【形态特征】全株肉质,茎很短。肉质叶对生联结,形似倒圆锥体。有淡灰棕、蓝灰、灰绿、灰褐等颜色,顶部近卵圆,平或凸起,上有树枝状凹纹,半透明。花由顶部中间的一条小缝隙长出,黄或白色,一株通常只开 1 朵花(少数开 2～3 朵),午后开放,傍晚闭合,可延续 4～6 天,花径 3～5cm。花后易结果实和种子。

图 9.49　生石花

【繁殖技术】常用播种繁殖。4～5 月播种,播种温度 22～24℃。播后约 7～10 天发芽。幼苗仅黄豆大小,生长迟缓,管理必须谨慎。实生苗需 2～3 年才能开花。亦可无性繁殖。

【栽培形式及养护要点】

盆栽形式:适于疏松、透气、排水好、腐殖质含量低、沙石含量高的土壤,幼苗养护较困难,喜冬暖夏凉气候。每年 3～4 月长出新的球体状叶片时,老的球状叶逐渐萎缩,夏季新的球状叶越长越厚,始终保持 2 片球状叶。生长期需较多的水分,但不能过湿。每半月施肥 1 次,但肥液绝不能玷污球状叶。冬季放阳光充足处养护,盆栽生石花,根系少而浅,周围可放色彩鲜艳的卵石,既起支持作用,又可增加观赏效果。

9.1.5.5　绯牡丹(*Gymnocalycium mihanorichii*)

【室内装饰】又称红牡丹、红灯、红球,植株小巧,球体艳丽,惹人喜爱,是室内小型盆栽的佳品,仙人掌植物中最常见的红色球种。夏季开花,粉红娇嫩,用白色塑料盆栽植,更觉美丽,是点缀阳台、案几和书桌的佳品。绯牡丹这类彩色球体,若将它栽在紫砂小盆中,或与不同色彩、形态的兄弟品种组合,置于玻璃缸或塑料器皿内,与其他花草相比,则别有一番情趣,颇惹人喜爱。

【科属及习性】仙人掌科裸萼球属多浆植物,产于巴拉圭干旱的亚热带地区。喜温暖和阳光充足,在直射阳光下越晒球体越红,单在夏季高温时应稍遮阴,并使其通风。生长最适温度为 20～25℃,越冬温度 不可低于 8℃。

【形态特征】属多年生常绿多浆植物,植株小球形,直径 3～5cm,球体橙红、粉红、紫红,或深红色。具 8 棱,棱上有突出的横背。辐射刺短或脱落。花漏斗形,着生于球顶部刺座,4～5cm 长,粉色,常数朵同时开放。性喜阳光充足。

【繁殖技术】主要用嫁接繁殖。砧木常用量天尺。温室栽培全年均能嫁接,但以春夏季为好,愈合快,成活率高。

图 9.50　绯牡丹

【栽培形式及养护要点】

盆栽形式:宜用腐叶土、沙壤土,再适量掺些粗沙、石灰土和碎砖屑,可使其生长良好。喜含腐殖质多的肥沃壤土,生长期每 1～2 天对球体喷水 1 次,使红色球体更加清新鲜艳。光线过强时应适当遮阴,以免球体灼伤。冬季需要充足阳光,如光线不足,球体变得暗淡失色。生长过程中每旬施肥 1 次。冬季搬入室内朝南窗台养护,严格控制浇水。每年 5 月换盆。

9.2　观花植物

9.2.1　室内观花

9.2.1.1　大岩桐(*Sinningia speciosa*)

【室内装饰】又名落雪泥,叶茂翠绿,叶片肥厚而大,密被牛绒毛,钟形花冠,花大而艳美。花朵姹紫嫣红,一株大岩桐,可开花几十朵,花期持续数月之久,每年春、秋两季开花,温文尔雅、美丽柔软的钟状花,是五一节和国庆佳节常见的装饰盆花。适宜装饰窗台、几案、会议桌、橱窗、茶室、花架等,是著名的室内盆栽花卉。

图 9.51　大岩桐

【科属及习性】苦苣薹科大岩桐属植物,原产巴西。野生于夏季凉爽、冬季温暖的热带高原地区。大岩桐生长期喜温暖、湿润和半阴环境。冬季温度不低于 5℃。要求肥沃、疏松而排水良好的富含腐殖质土壤。

【形态特征】为多年生草本,块茎扁球形,叶对生,肥厚而大,密生茸毛。花朵钟状,色彩丰富,大而美丽。大岩桐的栽培品种繁多,花色有蓝、粉红、白、红、紫等,还有白边蓝花、白边红花双色和重瓣花。

【繁殖技术】可用播种、扦插和球茎分割等法繁殖。春、秋两季均可播种;嫩茎扦插时室温维持 18～20℃,插后 15～20 天生根。若采用叶插,要适当遮阴,保持一定湿度,插后 10～15 天可生根。球茎分割繁殖,春季换盆时进行。

【栽培形式及养护要点】

盆栽形式:常用腐叶土、粗沙和蛭石的混合基质,2 年生块茎冬季休眠,3 月开始萌芽,需及时换盆。栽植块茎需露出盆土,每个块茎只需留一个嫩芽。生长期每半月施肥 1 次。形成花苞时,再增施磷钾肥 1～2 次。施肥时注意不要玷污有毛的叶面,以免引起腐烂。开花期温度不宜过高,花谢后如不留种,剪去花茎,有利继续开花和块茎生长发育。叶片枯萎进入休眠期,将块茎存放冷凉干燥处贮藏。贮藏最适温度为 10～12℃。

9.2.1.2　仙客来(*Cyclamen persicum*)

【室内装饰】又称兔子花、萝卜海棠、一品冠、兔耳花,娇艳夺目,烂漫多姿,花色艳丽,花形奇特诱人,叶形规正,具有斑纹,有的品种有香气,观赏价值很高,深受人们喜爱。花期长,可达 5 个月,花期适逢圣诞节、元旦、春节等节日,为世界著名的温室花卉。适宜于冬季会议室桌案装饰,也适于家庭餐桌、几案、窗台等应用,还是装点客厅、案头以及商店、餐厅等公共场所冬季的高档盆花,在欧美也是圣诞节日馈赠亲朋、寄托良愿的重要花卉。

【科属及习性】报春花科仙客来属多年生球茎草本花卉,原产于地中海沿岸,属半耐寒性的植物,现在我国南北方均有栽培。不喜高温,不耐寒冷,性喜温暖、湿润、光照、凉爽和富含腐殖质、疏松、通透性好、潮湿,且忌渍水的中性沙质壤土环境条件中生长。

【形态特征】多年生草本植物,有扁圆形肉质球茎。叶心脏形,深灰绿色有灰白色花纹。花单生,有长柄,开花时花冠裂片向上翻,形似兔耳而得名,花冠有紫红、红、粉、白等色,冠基部常有紫红色斑,边缘光滑或呈波状锯齿。花期 12 月至翌年 5 月。蒴果球形,种子褐色。栽培变种较多,有大花型、皱瓣型、小花型等。有的具芳香。

【繁殖技术】用播种和球茎分割法繁殖。播种繁殖时,9 月上旬为宜,用浅盆或播种箱点播,在 18～20℃的适温下,30～60 天发芽。发芽后以半阴环境最好。球茎分割法,适用于优良品种的繁殖。切割繁殖的球茎比种子繁殖的开花要多。

【栽培形式及养护要点】

盆栽形式:专用泥炭、珍珠岩和蛭石作基质,按规定比例配制。入秋后,仙客来进入旺盛生长期,肥水需求量增大,水肥管理直接影响到仙客来的冠幅、冠形、花芽分化和花形、花色等。施肥依长势而定,每周施一次肥。生长适温 20～25℃,温度超过 30℃生长缓慢甚至停止生长。夏季的室温控制很重要。

水培形式:植株连同基质(花土)从盆中扣出,放在水龙头下用比较和缓的水流将基质冲刷干净,也可将植株连同基质放在盛有水的水盆中,将基质在水中涮掉,然后再用自来水冲洗干净。尽量避免使仙客来根系受到伤害,冲洗干净的仙客来植株就可以放在预先准备好的水培容器中了,加上水,漂亮的水培仙客来就做成了。

图 9.52　仙客来

9.2.1.3　蒲包花 (*Calceolaria herbeohybrida*)

【室内装饰】又名荷包花,花形奇特,下唇膨胀呈拖鞋状,荷包状的花冠上,斑纹新鲜有趣,是重要的春季盆栽花卉和很好的礼仪花卉。若摆放窗台、阳台或客室,红花翠叶,顿时满室生辉,热闹非凡;在商厦橱窗、宾馆茶室、机场贵宾室点缀数盆蒲包花,绚丽夺目,蔚为奇趣;若在幼儿园放上几盆黄、红蒲包花,可以启蒙小朋友对生物学的兴趣和爱好。

图 9.53　蒲包花

【科属及习性】玄参科蒲包花属植物,原产墨西哥、秘鲁、智利等地。喜凉爽、湿润和通风环境。怕高温,幼苗期白天温度 20℃,晚间温度 10℃。盆栽苗冬季温度 7～10℃,春季温度为 10～13℃。冬季温度不低于 3℃。

【形态特征】蒲包花为一年生草本。茎叶被细茸毛。叶对生,卵形,有皱纹,常呈黄绿色。花具两唇,下唇发达,形似荷包,花色丰富,有淡黄、深黄、淡红、鲜红、橙红等色,常嵌有褐色或红色斑点。

【繁殖技术】以播种繁殖为主。8～9 月室内盆播,放半阴处,播后 7～10 天发芽。出现子叶后,及时间苗或移苗,并注意通风和保持湿度。室温控制在 16～18℃。

【栽培形式及养护要点】

盆栽形式:常用培养土、腐叶土和细沙组成的混合基质,pH 值为 6.0～6.5。蒲包花对水分比较敏感,盆土必须保持湿润,特别茎叶生长期若盆土稍干,叶片很快萎蔫,但盆土过湿再遇室温过低,根系容易腐烂。浇水切忌洒在叶片上,否则极易造成烂叶。生长期注意通风和遮阴,防止虫害发生和灼伤叶片。每半月施肥 1 次。氮肥不能过量,否则易引起茎叶徒长和严重皱缩。当抽出花枝时,增施 1～2 次磷钾肥。同时,对叶腋间的侧芽应及时摘除,不仅影响主花枝的发育,还造成株形不正,缺乏商品价值。

9.2.1.4　红掌(*Anthurium andraeanum*)

【室内装饰】又称花烛、火鹤花、安祖花,花叶俱美,娇红嫩绿,鲜艳夺目,开花时的花烛是热烈、豪放的象征,盆栽摆放客厅和窗台,显得异常瑰丽和华贵;用它点缀橱窗、茶室和大堂、墙角花架,格外娇媚动人,效果极佳。

图 9.54　红掌

【科属及习性】天南星科花烛属多年生附生性常绿草本植物,原产于南美洲的热带雨林中。喜温暖、潮湿和半阴的环境,不耐阴,喜阳光而忌阳光直射,不耐寒,喜肥而忌盐碱。最适生长温度为 20～30℃,最高温度不宜超过 35℃,最低温度为 14℃,低于 10℃随时有冻害的可能。最适空气相对湿度为 70%～80%,不宜低于 50%。

【形态特征】为多年生草本。茎矮。叶簇生,革质,长椭圆形,端渐尖,基部钝,浓绿色。佛焰苞阔卵形,有短尖基部阔圆形,鲜红色;佛焰花序橙红色,圆柱形,稍下弯。

【繁殖技术】常用分株、播种和组织培养繁殖。

【栽培形式及养护要点】

盆栽形式:常用的为水苔、泥炭、腐叶土、陶粒、稻糠和树皮颗粒等 2～3 种配置的混合基质。如在保持高温和高湿条件下,盆栽花烛可开花不断。一般每 2 年换盆 1 次。一年四季应多次进行叶面喷水。红掌不耐强光,全年宜在适当遮阴的环境下栽培。

水培形式:在气温达到 25℃ 以上时,通过脱盆、洗根、定植、诱导水生根系的过程,将已经诱导出水生根系的花烛苗养在大的盛水的容器内,有 1/3 的根系浸入水中,或水位在定植篮底层以上 0.2cm 左右为宜。一般夏季 5～7 天换一次水;春秋季节 7～10 天换一次水;冬天 10～15 天换一次水。水质要求静置 2～3 天的自来水。20 天更换一次营养液,夏季 10 天更换一次清水,冬季 40 天更换一次。若是透明容器,再配以鹅卵石、金鱼等,增加观赏效果。

9.2.1.5　君子兰(*Clivia miniata.*)

【室内装饰】又称大花君子兰、大叶石蒜、剑叶石蒜、达木兰,植株文雅俊秀,有君子风姿,花如兰,故而得名。碧叶常青,端庄大方,花繁色艳,是花叶并美的观赏植物。陈设于客厅、书房,摆放在书案、茶几之上,或窗台、阳台之前,它的叶片在阳光或灯光的照耀下,会闪闪发光,使居室生机盎然,景色常青。如果把圆形花盆放在写字桌、茶几、梳妆台、组合柜上,可以在花盆下面放个底盘,这样不但美观,而且在莳养管理时,盆底溢出的水分不会污染家具。开花君子兰可放在两个单人沙发之间,增加人们的直观感、舒服感。

【科属及习性】石蒜科君子兰属草本植物,原产非洲南部高海拔地区。喜温暖凉爽环境,春、秋、冬三季要求阳光充足。生长适温为 20～25℃,冬季室温保持在 10～

图 9.55　君子兰

15℃,否则生长受到抑制。如超过 30℃,会引起叶片徒长,花葶过长,影响植株姿态。喜湿润畏干燥,喜营养丰富、富含腐殖质、通透性良好的土壤。

【形态特征】多年生草本植物,根肉质纤维状,叶基部形成假鳞茎,叶形似剑,长可达45cm,互生排列,全缘,呈扇形,常绿。伞形花序顶生,每个花序有小花7～30朵,多的可达40朵以上。小花有柄,在花顶端呈伞形排列,花漏斗状,直立,黄或橘黄色。可全年开花,以春夏季为主。果实成熟期10月左右。

【繁殖技术】分株和播种繁殖。分株繁殖时注意,分株后母株与子株的伤口都要涂细炉灰,防止腐烂。保持室温20～25℃,有利于根系的萌发和生长。播种繁殖以春季为好,发芽适温20～25℃,如温差过大,影响出苗率。

【栽培形式及养护要点】

盆栽形式:以阔叶腐叶土、针叶腐叶土、培养土和细沙的混合土壤为最好。生长过程中以散射光最好,有利于开花结实。土壤要求不干不湿,空气湿度在70%～80%。在换盆时要施足基肥,生长期每月施肥1次。但施肥时注意不要玷污叶片,抽花茎前加施磷钾肥1次。生长期需保持盆土湿润,高温半眠期,盆土宜偏干,并多在叶面喷水,达到降温目的。管理中要经常转盆,防止叶片偏于一侧,如有偏侧,应及时扶正。气温25～30℃时,易引起叶片徒长,使叶片狭长而影响观赏效果,故应节制。

水培形式:选择生长良好、无病虫害的君子兰作为水培的母本材料。经过洗根、剪根、药剂处理、定植催根、诱导水生根、上瓶定型。夏天每周要换水1次;春、秋季节处于旺盛生长时期,可10天换1次水;冬季可20天换1次水,每周可喷施叶面肥,定期转动水培器皿180°,利于君子兰叶片整齐有序地生长。

9.2.1.6　长寿花(*Kalanchoe blossfeldiana*)

【室内装饰】又名十字海棠、圣诞伽蓝菜、红落地生根,叶片密集翠绿,临近圣诞节日开花,拥簇成团,花色丰富,是惹人喜爱的室内盆栽花卉。植株小巧玲珑,株型紧凑,叶片翠绿,花朵密集。是冬春季理想的室内盆栽花卉。花期正逢圣诞、元旦和春节,布置窗台、书桌、案头,十分相宜;用于公共场所的花槽、橱窗和大厅等,其整体观赏效果极佳。由于名为"长寿",节日赠送亲朋好友,大吉大利,寓意长命百岁,也非常合适,讨人喜欢。

【科属及习性】景天科伽蓝菜属植物,产非洲马达加斯加。喜温暖稍湿润和阳光充足环境。不耐寒,生长适温为15～25℃,夏季高温超过30℃,则生长受阻,冬季室内温度需12～15℃。低于5℃,叶片发红,花期推迟。冬春开花期如室温超过24℃,会抑制开花,如温度在15℃左右,可开花不断。

【形态特征】为多年生肉质草本。茎直立,株高10～30cm。叶对生,长圆状匙形,深绿色。圆锥状聚伞花序,花色有绯红、桃红、橙红、黄、橙黄和白等。花冠长管状,基部稍膨大,花期2～5月。

【繁殖技术】常用扦插和组培繁殖。扦插繁殖,在5～6月或9～10月进行效果最好。选室温在15～20℃,插后15～18天生根,30天能盆栽。可用叶片扦插。保持湿度,约10～15天,可从叶片基部生根,并长出新植株。组培繁殖,在室温25～27℃,光照16小时下,经4～6周就

图9.56　长寿花

能长出小植株。

【栽培形式及养护要点】

盆栽形式：盆栽后,在稍湿润环境下生长较旺盛,节间不断生出淡红色气生根。过于干旱或温度偏低,生长减慢,叶片发红,花期推迟。盛夏要控制浇水,注意通风,若高温多湿,叶片易腐烂,脱落。生长期每半月施肥1次。为了控制植株高度,要进行1~2次摘心,能有效地控制植株高度,达到株美、叶绿、花多的效果。在秋季形成花芽过程中,可增施1~2次磷钾肥。同时,在长寿花的栽培过程中,可利用短日照处理来调节花期,达到全年提供盆花的目的。

水培形式：在气温达到25℃以上时,通过脱盆、洗根、定植、诱导水生根系的过程,将已经诱导出水生根系的花烛苗养在大的盛水的容器内,有1/3的根系浸入水中,或水位在定植篮底层以上0.2cm左右为宜。一般夏季5~7天换一次水;春秋季节7~10天换一次水;冬天10~15天换一次水。20天更换一次营养液,夏季10天更换一次清水,冬季40天更换一次。若是透明容器,再配以鹅卵石、金鱼等,可增加观赏效果。

9.2.1.7　球根海棠(*Begonia tuerhybrida*)

【室内装饰】又称球根秋海棠、茶花海棠,花大而多,色彩艳丽,姿态优美,兼有茶花、牡丹、月季等名花的姿、色、香,为秋海棠之冠。盆栽点缀客厅、案头、橱窗,娇媚动人。

图9.57　球根海棠

【科属及习性】秋海棠科秋海棠属,是南美、亚洲、中美、南非的野生球根类海棠杂交而成的一个园艺杂种,现各地都有栽培。性喜温暖、湿润及通风良好的半阴环境。生长适温16~21℃,相对湿度70%~80%,不耐高温。要求土壤疏松、肥沃、排水良好,稍含酸性。

【形态特征】为多年生块茎花卉。地下部具块茎,扁圆形。茎肉质,有毛、直立。叶大,互生,倒心脏形。花大,有单瓣、半重瓣和重瓣,花色丰富,有红、白、黄、粉、橙等。

【繁殖技术】常用播种、扦插和块茎分割法繁殖。种子很小,播种宜稀不宜密,基质用泥炭配成,用浅盆播种,种子掺沙播种,不必覆土。其优良的品种也可以扦插,温度保持21℃左右,很快就可以生根,栽后当年可以开花。也有将插穗形成的块茎留下收藏,第二年栽种。

【栽培形式及养护要点】

盆栽培养土宜用腐叶土、泥炭土和粗沙混合为好,这样有利于根系的发育。球根海棠属旺根性花卉,盆栽后,在其生长过程中,应根据植株和气温变化灵活掌握浇水量和浇水次数。特别是在花期,应经常用清水向叶面及花盆周围喷雾和遮阴,放置于凉爽通风处。每隔10天左右施一次腐熟的肥水。注意球根海棠茎叶柔嫩,生长期不宜多搬动。为避免风吹雨打折断花茎,花蕾期前要设置支柱。

9.2.2　庭院观花

9.2.2.1　贴梗海棠(*Chaenomeles lagenaria*)

【室内装饰】又称铁脚海棠,贴梗木瓜。花朵繁茂,簇生枝间,色彩艳丽,鲜艳夺目,有"花中神仙"之美称。中小型盆栽装点明亮的客厅、书房、阳台、卧室等;大型盆栽置于庭院门旁对植或配植在庭院的草坪花坛中;特别是作为绿篱,花时别有特色;孤植常绿树前、山石旁都是很好的前景树。

【科属及习性】蔷薇科木瓜属落叶小乔木或灌木,原产中国,分布于河北、河南、陕西、甘肃、山东、江苏、浙江、云南及四川等地。对寒冷及干旱适应性强,在北方的大部分地区均能露地越冬。性喜阳光和日温差较大的环境条件,不耐阴,怕水涝,在阴雨多湿的地区生长不良。对土壤要求不严,耐碱而不耐酸,以土层深厚肥沃的黏壤土生长最好。

图 9.58　贴梗海棠

【形态特征】叶长椭圆形,先端渐尖,基部楔形,叶缘有平钝锯齿,叶柄细长。多花簇生呈伞形总状花序,重瓣,花蕾红色,花开后呈粉红色,花径约 4cm。花芽多着生在中果枝和短果枝上,早春与叶同时开放。果实球形,具长梗,因品种不同,果色有白、淡黄、红、紫红等多样。花期 3～4 月,果熟期 9～10 月。

【繁殖技术】常分株、压条、播种、嫁接均可繁殖。

【栽培形式及养护要点】

盆栽形式:盆土宜用肥力较高的园土,并掺入一部分较粗的沙粒,因根系受盆的限制,需要注意水肥管理,否则影响生长,造成着花稀少。一般每年深秋或初冬应施有机肥一次,春季花后追液肥一次。追肥不宜浓,可施腐熟的饼肥水等。浇水以保持土壤湿润为宜。

花果树桩盆景栽培:用生长多年悬根露爪、古雅奇特的老桩制作盆景,多在秋季落叶后至春季发芽前移栽,移栽时应多带宿土,剪去主根,多留侧根和须根,并对枝干进行修剪,先栽在较大的瓦盆或地下"养坯"。冬季寒冷时注意防寒,保持一定的空气湿度,但土壤不可积水。成活后注意对过渡枝、骨干枝的培养,使其骨架优美,枝与干过渡自然。

9.2.2.2　白兰花(*Michelia alba*)

【室内装饰】又称白兰、把儿兰、黄葛兰、缅桂,树形美观,叶色翠绿,花朵素雅,花香浓郁,苞欲放时香味最浓郁;花期长,温度适宜,可花开不绝,是我国传统的名贵观赏花木。北方大型盆栽,可布置庭院、厅堂、会议室;中小型植株可陈设于客厅、书房。因其惧怕烟熏,应放在空气流通处。除了可以花叶齐观,作为一种香料植物,白兰花还可以兼做香料和药用。白兰花含有芳香性挥发油、抗氧化剂和杀菌素等物质,可以美化环境、净化空气、香化居室。

图 9.59　白兰花

【科属及习性】木兰科含笑属常绿阔叶乔木。原产喜马拉雅山地区。喜光照充足、暖热湿润和通风良好的环境,不耐寒,不耐阴,也怕高温和强光,喜排水良好、疏松、肥沃的微酸性土壤,最忌烟气、台风和积水。

【形态特征】盆栽通常3～4m高,也有小型植株。树皮灰白,单叶互生,青绿色,革质有光泽,长椭圆形。花白色或略带黄色,花瓣肥厚,长披针形,有浓香,花期长,6～10月开花不断。如冬季温度适宜,会有花持续不断开放,只是香气不如夏花浓郁。

【繁殖技术】用嫁接、压条均可。压条繁殖,于6～7月用高空压条法,保持湿润,约2个月后生根。嫁接,以二年生辛夷为砧木,在梅雨季节选取与砧木粗细相同的白兰花枝条,接后60～70天即愈合,与母株剪离成苗。

【栽培形式及养护要点】

盆栽形式:盆土采用排水良好,富含腐殖质、疏松、微酸性沙质土壤。通常2～3年换盆1次,在谷雨过后换盆较好。不耐寒,除华南地区以外,其他地区均要在冬季进房养护,最低室温应保持5℃以上,出房时间在清明至谷雨为宜。喜温暖、湿润,宜通风良好,有充分日照,怕寒冷,忌潮湿,既不喜荫蔽,又不耐日灼。因根系肉质,怕积水,又不耐干,薄肥勤施,以饼肥为好,冬季不施肥,在抽新芽后开始至6月,每3～4天浇1次肥水,7～9月每5～6天浇1次肥水,施几次肥以后应停施1次。

9.2.2.3　牡丹(*Paeonia suffruticosa*)

【室内装饰】又称木芍药、洛阳花、富贵花、国色天香、花王、鹿韭、白术、百两金。花大色艳,富丽堂皇,素有“花中之王”、“国色天香”之美称,为中国名花之最,是人间幸福、繁荣昌盛的象征。在每年春天明亮的客厅耀眼位置,摆放一盆开花的牡丹,可谓四壁生辉,气象万千。小型盆栽置于几架之上或组合成室内花坛,中型设于大厅中央或角隅,形成富丽堂皇、欢乐和谐、繁荣昌盛的气氛。庭园中孤植、丛植于花台、假山石或园路旁。

图9.60　牡丹

【科属及习性】是毛茛科芍药属落叶亚灌木,原产中国,汉中是中国最早人工栽培牡丹的地方。喜凉恶热,宜高燥惧湿热,可耐-30℃的低温,在年平均相对湿度45%左右的地区可正常生长。喜光,亦稍耐阴。要求疏松、肥沃、排水良好的中性壤土或沙壤土,忌黏重土壤或低温处栽植。花期4～5月。

【形态特征】丛生状。羽状复叶,小叶三裂,形状不规则,嫩叶紫色,叶柄长,向阳面紫色。根系肉质强大,少分枝和须根。株高1～3m,老茎灰褐色,当年生枝黄褐色。两回三出羽状复叶,互生。花单生茎顶,花径10～30cm,花色有白、黄、粉、红、紫及复色,有单瓣、复瓣、重瓣和无性花。

【繁殖技术】常采用分株、扦插、播种繁殖。

【栽培形式及养护要点】

盆栽要求疏松肥沃的土壤,一般用按园土、熟腐叶土或沙土、腐叶土配制。栽后设在光照充足、通风良好且凉爽的地方进行日常管理。换盆每隔2～3年一次。从3月上旬开始,应每月施一次复合肥或有机饼肥等。三角环状施入,每次每盆0.05～0.25kg,每15天浇一次稀薄的麻酱渣液肥。盆栽11月移入温室,每天喷一次水,春节可开花。

9.2.2.4　杜鹃花（*Rhododendron smsii Planch*）

【室内装饰】又称映山红、照山红、山石榴、山鹃、山踯躅、红踯躅。株形玲珑秀巧,叶片浓绿稠密,花朵繁多而大,花色鲜艳绚丽,中小型盆栽布置室内客厅、书房,也可装点会场、展厅等,在庭园中可以作花境、花篱、绿篱等美化环境,也可植于门前、阶前、墙下等处,集中成片栽植,开花时烂漫如锦。杜鹃花也是制作盆景的好材料。

【科属及习性】杜鹃花科杜鹃花属半常绿落叶灌木或小乔木,我国长江流域至珠江流域普遍生长。喜酸性、肥沃、排水良好之土壤,忌碱性土。喜半阴,怕强光,喜温暖、湿润、通风良好的气候。

【形态特征】落叶或半常绿灌木或小乔木,株高 0.4～4m,枝条细软,嫩枝上常有极短的棕色或褐色茸毛。单叶互生,卵形或披针形,纸质或革质,先端尖,表面浓绿色,疏生硬毛,全缘。花顶生或腋生,漏斗状,常 2～6 朵簇生,花萼基部联合,有苞片,花冠直径 2～6cm,有紫、白、红、粉红、黄、橙红、橘红、绿等色,雄蕊 5～10 枚。

图 9.61　杜鹃花

【繁殖技术】用播种、扦插、压条、嫁接等均可繁殖。播种多用于培育杂种实生苗时进行,在生产上多采用扦插和嫁接繁殖。嫁接繁殖方法是嫩枝顶端劈接,接后 7 天不萎蔫,即有成功把握,2 个月后去袋,次春松绑。

【栽培形式及养护要点】

盆栽形式:用泥炭土、黄山土、腐叶土、松针土、经腐熟的锯木屑等,pH 值为 5～6.5 的通透、富含腐殖质土壤,在春季出房时或秋季进房时进行,盆底填粗粒土的排水层,上盆后放于阴处伏盆数日,再搬到适当位置。7～8 月高温季节,要随干随浇,午间和傍晚要在地面、叶面喷水,以降温增湿。薄肥勤施,常用肥料为草汁水、鱼腥水、菜籽饼。从 5～11 月都要遮阳,遮阴网的透光率为 20%～30%,两侧要挂帘遮光。

盆景栽培:管理与盆栽形式相似,为了保持盆景的造型,可减少浇水和施肥。

9.2.2.5　石榴（*Punica granatum*）

【室内装饰】又称安石榴、海石榴、若榴、山力叶。种类繁多,花形花色各异,妩媚多姿,鲜艳夺目,我国视石榴为吉祥物,是多子多福的象征。古人称石榴"千房同膜,千子如一"。石榴既可观赏又可食用,是家庭生活、商贾财运、仕途前程红红火火的象征,备受各界人士的宠爱,又是春季重要的观赏花木,红花绿叶极为美观。小石榴适于盆栽或制作树桩盆景,供室内案头、几架欣赏,在庭院内可植于建筑物前及道路两旁,极富观赏价值,是绿化和美化庭院的优秀树种。

【科属及习性】安石榴科石榴属落叶灌木或小乔木,原产于伊朗和地中海沿岸一些国家,现在国内栽培甚广,以陕西、河南、山东等地栽培最多,喜阳光、温暖和湿润的气候条件,属温带树种,要求疏松而肥沃的中性沙质土壤,不耐酸而稍微耐碱,在疏阴下也能开花结果,其抗寒能力不强,一般在室内保持 8℃左右的温度可安全越冬。

【形态特征】株高 2～5m(观花类的株高一般 0.5～1m 左右),树干灰褐色,小枝四棱形,多密生,营养枝的先端呈刺状,无顶芽。单叶对生或簇生,倒卵形至圆状披针形,全缘,皮面光滑

图 9.62　石榴

无毛,叶柄较短。花单生或数朵簇生,萼筒钟状,肉质,先端六裂,表面光滑,具蜡质,呈橙红色。花瓣 5～7 枚,红色或白色,有单瓣,也有双瓣,5～8 月开花。浆果,球形果皮成熟后呈铜红色或酱褐色,果熟期 9～10 月。

【繁殖技术】可用扦插、压条、分株、播种等繁殖方法。播种法多用于小石榴类,播种繁殖通常需 5 年以后才能开花结果。扦插繁殖以重瓣石榴为主,在春季剪取一年的枝条,长约 12cm 左右插入沙土中,约 30 天左右便可发根。食用石榴以嫁接法繁殖;生长期石榴树枝条也可进行压条繁殖。分株和压条一般需 3 年后才能开花结果。

【栽培形式及养护要点】

盆栽形式:常用豆科作物秸秆堆肥土、园土、沙土、营养土加少量氮磷钾复合肥拌匀作栽培基质。春秋季晴天 1～2 天浇一次水,夏天每天浇 1～2 次水;冬季据盆土干旱情况,要及时浇些水。2～3 年需换一次较大的盆。不换大盆的盆栽石榴也要带土拔出,去除根垫与少部分根系换上新的营养土,浇足水分。

小盆景栽培:制作盆景多选用株态矮、叶片小、花果小的小石榴树种,如火石榴、四季石榴、玛瑙石榴等品种。石榴的繁殖可用播种法、扦插法。用上述两种方法获得的树苗,要地栽 3 年以上,方可截干蓄枝培育小中型盆景。

9.2.2.6　八仙花(*Hydrangea macrophylla*)

【室内装饰】又称绣球、紫阳花、草绣球、斗球、绣球花迷、蝴蝶花,树姿舒展,叶片肥厚,光泽油亮,半圆形、似球状的花形,犹如白雪压枝,引人注目,多变的花色让人赏心悦目,小型盆栽适宜摆放在向阳客厅、书房、窗台等半阴处,南方可在庭院孤植于草坪上,亦可堂前屋后、墙下、窗外种植,为优良的庭院观花树种。

【科属及习性】虎耳草科八仙花属常绿或落叶灌木,较耐寒,原产我国南方和日本。喜温暖湿润和半阴环境,不耐寒,冬季地上部枯死,翌春,重新萌发新枝,以肥沃、排水良好的沙壤土为好。

【形态特征】落叶或半常绿灌木,高 3～4m;小枝光滑,老枝粗壮,有很大的叶迹和皮孔。八仙花的叶大而对生,浅绿色,有光泽,呈椭圆形或倒卵形,边缘具钝锯齿。八仙花花球硕大,顶生,伞房花序,球状,有总梗。每一簇花,中央为可孕的两性花,呈扁平状;外缘为不孕花,每朵具有扩大的萼片 4 枚,呈花瓣状。八仙花初开为青白色,渐转粉红色,再转紫红色,花色美艳。八仙花花期 6～7 月,每簇花可开两月之久,花期长。

【繁殖技术】用扦插法或分株法进行繁殖。扦插宜在

图 9.63　八仙花

春夏时进行。分株繁殖宜在早春植株萌发前进行。

【栽培形式及养护要点】

盆栽需用富含腐殖质、疏松肥沃、通透性能良好的培养土,属酸性土花类。春季萌芽后注意充分浇水,保证叶片不凋萎。6～7月花期,肥水要充足,每半月施肥1次,增施1～2次磷肥。盆栽可适当遮阳,可延长观花期。花后摘除花茎,促使产生新枝。花色受土壤酸碱度影响,酸性土花呈蓝色,碱性土则为红色。花后,6月中旬进行修剪。因为萌芽力一般,所以不必强剪。通过整形修剪使主干高度保持在20～30cm左右,保持完好的整体树形,去年的长枝生有短枝,花生在短枝先端。

9.2.2.7 月季(*Chinese Rose*)

【室内装饰】又称长春花、月月红、四季蔷薇,花色繁多艳丽,花容秀美,千姿百态,芳香馥郁,四时常开,深受人们喜爱,喻为"花中皇后",是我国十大名花之一。中小型盆栽可置于阳台、窗台等阳光充足处,在庭院中丛植、片植,或栽植花坛、花境;切花瓶插,制作花篮、花环,矮品种可作盆景装饰室内。

【科属及习性】蔷薇科蔷薇属。性喜温暖又喜光,最适温度22～24℃,冬季气温低于5℃即进入休眠。如夏季高温持续30℃以上,则多数品种开花减少,品质降低,进入半休眠状态。一般品种可耐15℃低温。好肥沃土壤,在中性、富有机质、排水良好的壤土中生长较好。

【形态特征】落叶或半常绿灌木,藤本状。叶互生,广卵形或椭圆形,花单生或簇生,花瓣5片,有芳香。花期春秋为主,四季皆有。花色有白、黄、绿、粉红、红、紫等。栽培品种有数千种,黄月季,花浅黄色;绿月季,花大绿色;小月季,花小,玫瑰色;香水月季,花纯白、粉红、橙黄等色,具浓香。

【繁殖技术】有无性繁殖和有性繁殖两种。有性繁殖多用于培育新品种和以播种野蔷薇大量繁殖砧木。营养繁殖有扦插、嫁接、分株、压条、组织培养等法。嫁接是繁殖月季的主要手段。

图 9.64 月季

【栽培形式及养护要点】

盆栽形式:用园土、腐叶土、砻糠灰混合作为栽培基质。每年越冬前后适合翻盆、修根、换土,逐年加大盆径,以泥瓦盆为佳。在生长旺季及花期需增加浇水量,夏季高温,每天早晚各浇一次水,避免阳光暴晒。早春发芽前,可施一次较浓的液肥,在花期注意不施肥,6月花谢后可再施一次液肥,9月间第四次或第五次腋芽将发时再施一次中等液肥,12月休眠期施腐熟的有机肥越冬。每季开完一期花后必须进行全面修剪。

盆景栽培:常用粗老的野蔷薇桩头作砧本,嫁接花繁色艳的微型月季,配以适宜的花盆、树桩、山石等物,通过艺术加工,形成动静结合的盆景。

9.2.2.8 扶桑(*Hibiscus rosa-sinensis*)

【室内装饰】又称朱槿、佛桑、大红花、朱槿牡丹,花色鲜艳,花大形美,品种繁多,四季开花不绝,中小型盆栽装点阳台、书房等阳光充足处,也适用于客厅和庭院入口处摆设。

图 9.65　扶桑

【科属及习性】锦葵科木槿属的常绿灌木,原产中国华南地区,在全国各地均有栽培,喜温暖湿润气候,不耐寒霜,不耐阴,宜在阳光充足、通风的场所生长,对土壤要求不严,但在肥沃、疏松的微酸性土壤中生长最好,冬季温度不低于5℃。

【形态特征】盆栽植株一般1～3m,茎直立,而多分枝。干皮灰色,表面粗糙。叶互生,阔卵形,先端渐尖,叶缘具大小不同的粗锯齿,形似桑叶。花大,单生于上部叶腋间,有单瓣、重瓣之分。花色有白色、黄色、红色、粉色等多种颜色,还有复色。花期长,只要温度适宜,可全年开花不断,但每朵的花期很短,仅开1～2天。

【繁殖技术】常用扦插和嫁接繁殖。扦插繁殖,除冬季以外均可进行,但以梅雨季节成活率高。嫁接繁殖,多用于扦插困难的重瓣花品种,枝接或芽接均可,砧木用单瓣花扶桑。

【栽培形式及养护要点】

盆栽土以腐叶土(或泥炭土)、培养土和粗沙的混合土为好。为强阳性植物,生长期必须阳光充足,才能正常生长和开花。如光照不足,易花蕾脱落,花朵缩小,花色暗淡。但阳光过强时,扶桑也会发生灼伤,应适当遮阴保护。扶桑耐湿怕干。在生长旺盛的季节要保证每天浇水,每1～2周追施1次液肥。扶桑不宜长期在室内摆放,而适宜放置在阳光充足的阳台上,或室内光线十分明亮的地方。在严寒的冬季,最好摆放于温室内越冬。

9.2.2.9　含笑(*Michelia figo*)

【室内装饰】又称含笑梅、烧酒花、含笑花、香蕉花,是我国著名的庭院香花。含笑花常呈半

图 9.66　含笑

开状,故名含笑。每到春夏之交,花开状如点点明珠,藏于叶下,香气自叶间飘出,馥郁醉人。含笑树姿洒脱,叶形美丽,花朵典雅,花香四溢,花期较长,观赏价值极高,而且又有非常耐阴的特性,深受人们的喜爱,是室内绿色装饰极佳的芳香型观花花卉。中小型盆栽陈设于室内客厅或阳台等较大空间内;因其香味浓烈,不宜陈设于小空间内,适合配植在庭院前庭两侧,窗前屋后,墙隅等处,可以丛植或孤植,均能取得较好的观赏和闻香效果。

【科属及习性】木兰科含笑属常绿灌木,原产于我国广东和福建,现长江流域广为栽培。性喜温暖、湿润的气候及酸性土壤,不耐干旱和寒冷。北方为温室花卉栽培。

【形态特征】常绿灌木,高 2～3m。树皮灰褐色,分枝很密,小枝有褐色绒毛。叶椭圆形至倒卵形,革质,叶面光滑,叶背中脉有黄褐色毛。花单生于叶腋,直立状,花瓣通常 6 片,初开时白色,而后渐渐泛为象牙黄色,边缘常带紫晕色,香气如醇醪,初夏开花。

【繁殖技术】繁殖以扦插为主,也可嫁接、播种和压条。

【栽培形式及养护要点】

盆栽形式:选用弱酸性、透气性好、富含腐殖质的土壤。含笑喜半阴,在弱光下有利于生长,但怕夏季高温暴晒,故春秋季宜摆放在光线柔弱的半阴地,夏季宜置于阴棚,每天应向叶面和地面喷水,以保持环境湿润。含笑喜湿不耐涝,浇水应见干见湿,一般春秋季每隔 1～2 天浇 1 次水;夏季早晚各浇 1 次,还需向叶面和地面喷雾;上盆前应施足基肥,生长期间每隔 10 天左右需施 1 次薄饼肥。为促使叶色浓绿,还应施些矾肥水和稀薄饼肥液,每年春季开花后长出新叶前需要换 1 次盆。在翻盆换土和花期结束后需进行修剪,剪去烂根、徒长枝、枯病枝,使树体通风透光。

9.2.2.10　山茶花(*Camellia japonica*)

【室内装饰】又称红山茶、华东山茶、川茶、耐冬花、寿星茶,是我国著名的庭院花卉。树冠优美,叶色亮绿,花大色艳,花期又长,正逢元旦、春节开花。盆栽点缀门厅入口、客厅、书房和阳台,呈现典雅豪华的气氛。在庭院中与瑞香配植,喻为"福瑞同至",孤植与花墙、亭前山石相伴,作为点景之用,自然宜人。

图 9.67　山茶花

【科属及习性】山茶科山茶属常绿小乔木或灌木,产中国浙江、江西、四川及山东等省,日本、朝鲜半岛也有分布,生长适温为 18～25℃,始花温度为 2℃。略耐寒,一般品种能耐−10℃的低温,耐暑热,但超过 36℃生长受抑制。喜空气湿度大,忌干燥,喜温暖、湿润、疏松、肥沃、排水良好的酸性壤土。

【形态特征】常绿灌木或小乔木,树冠椭圆形。小枝黄褐色。叶互生,卵圆形至椭圆形,边缘具细锯齿,革质。花两性,单生或对生于叶腋或枝顶,有白色、红色、紫色,栽培品种很多,有单瓣、重瓣等。蒴果,木质,秋末成熟。

【繁殖技术】常用扦插、嫁接、压条、播种和组培繁殖。

【栽培形式及养护要点】

盆栽形式:在园土中加入 1/2～1/3 经 1 年腐熟的切断松针。山茶花根系脆弱,移栽时要注意不伤根系。每年春季花后或 9～10 月换盆,剪去徒长枝或枯枝,换上肥沃的腐叶土。山茶喜湿润,但土壤不宜过湿,特别盆栽的盆土过湿易引起烂根。9 月出现蕾至开花期,增施 1～2 次磷钾肥。在夏末初秋山茶开始形成花芽,每根枝梢宜留 1～2 个花蕾,不宜过多,以免消耗养分,影响主花蕾开花。摘蕾时注意叶芽位置,以保持株形美观,同时,将干枯的废蕾随手摘除。

9.3　其他观赏植物

9.3.1　一品红(*Euphorbia pulcherrima*)

【室内装饰】又称圣诞花、猩猩木、象牙红,苞片色彩鲜艳,花期长,一般可长达 3～4 个月,且花期正值圣诞、元旦,所以它除了可在庭院中栽培种植外,最适宜盆栽种植,作为阳台、客厅、会议室等处绿化装饰材料。

【科属及习性】大戟科大戟属热带观叶植物,原产于墨西哥、中美洲及非洲热带地区,现我国各地都有栽培。其性喜温暖湿润,喜光,不耐寒,生长适温为 25～30℃。对土壤的要求不严,适于肥沃而排水良好的微酸性沙质壤土。

图 9.68　一品红

【形态特征】为常绿灌木。茎直立,光滑,含有乳汁;嫩枝绿色,老枝淡褐色。单叶互生,椭圆形至披针形。生于下部叶卵状椭圆形,绿色,全缘或具浅裂,背有柔毛;上部的苞叶较狭,生于花序下方,轮生,呈叶片状披针形,开花时呈鲜红色、白色、淡黄色和粉红色,色彩鲜明,其中红色最为常见,是观赏的主要部分。花序顶生,花小,杯状。

【繁殖技术】以扦插为主。用老枝、嫩枝均可扦插,但枝条过嫩则难以成活。

【栽培形式及养护要点】

盆栽可用园土、腐叶土和堆肥混合作基质。喜光,须置于阳光充足处,夏季移至稍阴处。生长期需充分浇水,使土壤经常保持湿润,不宜过干过湿。生长旺季需大量养分,4～9 月每周施液肥一次,追肥以清淡为宜,忌施浓肥;花蕾出现后在接近开花时宜增施磷钾肥,以促进苞片生长及苞片色泽鲜艳。开花后将温度降到 12～15℃ 左右可延长开花期。植株生长较快,需行修剪整形。

9.3.2 佛手(*Citrus medica*)

【室内装饰】又称佛手香橼、密罗柑、五指针、金佛手、金华佛手、川佛手,是一种名贵的果花卉和药用植物,也是我国著名的观果花卉之一。佛手的花有白、红、紫三色。白花素洁,红花沉稳,紫花淡雅。佛手的叶色泽苍翠,四季常青。佛手的果实色泽金黄,香气浓郁,形状奇特似手,让人感到妙趣横生,佛手之名也由此而来。有诗赞曰:"果实金黄花浓郁,多福多寿两相宜,观果花卉唯有它,独占鳌头人欢喜。"

图 9.69　佛手

【科属及习性】芸香科橘属常绿小乔木或灌木,原产中国和印度,我国各地均有栽培。喜暖畏寒,喜潮忌湿,喜阳怕阴;耐寒性较弱,低于 0℃ 易受冻害,低于 −8℃ 易死亡;耐旱性也不及柑橘类的其他品种。

【形态特征】株高 1～2m,常绿,枝叶灰绿色,嫩枝新叶微带紫红,具短硬棘刺,有香气。单叶互生,柄短,无箭叶,革质。叶椭圆,先端钝圆,有透明油点,边缘有波状锯齿。花小,单生或簇生于叶腋,有白、红、紫等色,以白色为多,花冠 5 瓣,总状花序。一年可多次开花、结果。

【繁殖技术】繁殖佛手可用嫁接、扦插、高空压条方法行。

【栽培形式及养护要点】

盆栽形式:可用 80% 的红沙土再加上 20% 焦泥灰混合而成作为基质。浇水要做到"不干不浇,浇即浇透",要干湿相间。用肥应遵守"薄肥勤施"的原则,并以施有机肥为主,适量增施微肥,一般每隔 1～2 年要换盆一次,宜在早春进行,主要的病虫害为红蜘蛛、蚜虫、介壳虫及煤烟病等。

实训指导

实训一　常见室内绿化装饰植物识别与欣赏

一、实习目的

到花卉市场识别当地常见室内绿化装饰植物,掌握它们的形态、习性、特征及室内绿化的应用特点。了解花卉的欣赏特点及文化表现。

二、材料用具

笔记本、铅笔、照相机、观赏植物。

三、实习地点及组织

在老师的带领下,到当地的花卉市场逐一识别并记录所见花卉的形态特征、生态习性及绿化特征。有条件的进行影像记录。一次识别不少于 100 种。

四、作业

通过市场观察,再查阅相关的图书,将每一个室内绿化装饰材料的科、属、形态特点、生态习性、花姿、花色、花期、室内绿化应用特点以及相关的花文化内容等,整理成一个自己使用的室内绿化装饰材料库。

实训二　室内绿化装饰植物在家庭居室中的应用调查

一、实习目的

了解当地家庭室内绿化装饰植物布置的形式和所用植物材料,掌握室内绿化植物设计的方法,为下一步设计奠定基础。

二、实习地点

结合春节、"五一"、"十一"等节日,调查当地家庭居室绿化装饰植物的布置方式和植物材料。

三、实习组织

教师详细讲解要求调查的主要内容及作业要求,学生分组进行现场调查、实测、拍照,回校后查阅资料,整理、归纳和分析所调查的素材。

四、作业

1. 进一步熟悉和掌握室内绿化植物的种类及应用形式,完成植物部分实习报告。

2. 实测 1~2 个家庭室内绿化装饰植物设计的优秀实例,绘制平面效果图,并列出植物材料、色彩、株高、用量等,分析方案的优缺点;最后,绘制一份修改后的方案平面效果图,并书写该方案的主题创意。

实训三　室内绿化装饰植物在宾馆室内应用调查

一、实习目的

了解当地宾馆、饭店室内绿化装饰植物布置的形式和所用植物材料,掌握在宾馆、饭店室内绿化植物设计的方法,为今后的设计奠定基础,同时对课堂理论知识进行消化和巩固。

二、实习地点

调查当地四、五星级宾馆的门厅、大堂、楼梯口、走廊、客房、餐厅等空间的植物应用情况。

三、实习组织

教师详细讲解要求调查的主要内容及作业要求,学生分组进行现场调查、实测、拍照,回校后查阅资料,整理、归纳和分析所调查的素材。

四、作业

1. 进一步熟悉和掌握室内绿化装饰植物的种类及应用形式,完成植物部分实习报告。

2. 实测 1~2 个宾馆室内绿化装饰植物设计的优秀实例,绘制平面效果图,并列出植物材料、色彩、株高、用量等,分析该方案的优缺点;最后,绘制一份修改后的方案平面效果图,并书写该方案的主题创意。

3. 通过本次实习和对课堂知识的理解,找出当前当地宾馆室内绿化装饰的不足,并提出改进意见。

实训四　室内绿化装饰植物在商场、超市等公共场所的应用调查

一、实习目的

了解当地商场、超市等公共场所的室内绿化装饰植物布置的形式和所用植物材料,掌握商场、超市等公共场所的植物设计方法,为今后的设计奠定基础,同时对课堂理论知识进行消化和巩固。

二、实习地点

调查当地几个绿化装饰较好的商场、超市等公共场所的植物应用情况。

三、实习组织

教师详细讲解要求调查的主要内容及作业要求,学生分组进行现场调查、实测、拍照,回校后查阅资料,整理、归纳和分析所调查的素材。

四、作业

1. 进一步熟悉和掌握室内绿化装饰植物的种类及应用形式,完成植物部分实习报告。

2. 实测 1~2 个商场、超市等公共场所室内绿化装饰植物设计的优秀实例,绘制平面效果图,并列出植物材料、色彩、株高、用量等,分析该方案的优缺点;最后,绘制一份修改后的方案平面效果图,并书写该方案的主题创意。

3. 通过本次实习和对课堂知识的理解,找出当前当地商场、超市等公共场所室内绿化装饰的不足,并提出改进意见。

实训五　庭院和屋顶绿化应用调查

一、实习目的

了解屋顶、庭院等特殊空间的植物布置形式和所用植物材料,掌握屋顶、庭院等特殊空间的植物设计的方法,为今后屋顶、庭院等特殊空间的植物设计奠定基础,同时对课堂理论知识进行消化和巩固。

二、实习地点

调查当地几个设计及施工较好的屋顶绿化、庭院绿化。进行屋顶绿化调查时一定要注意

安全。

三、实习组织

教师详细讲解要求调查的主要内容及作业要求,学生分组进行现场调查、实测、拍照,回校后查阅资料,整理、归纳和分析所调查的素材。

四、作业

1. 进一步熟悉和掌握屋顶、庭院等特殊空间的植物种类及应用形式,完成植物部分实习报告。

2. 实测 1~2 个屋顶、庭院等特殊空间植物景观设计的优秀实例,绘制平面效果图,分析该方案的优缺点;最后,绘制一份修改后的方案平面效果图,并书写该方案的主题创意。

参 考 文 献

1. 徐惠风,金研铭等.《室内绿化装饰》[M].北京:中国林业大学出版社,2002年10月.
2. 宛成刚.《插花艺术》[M].上海:上海交通大学出版社,2005年1月.
3. 庄夏珍.《室内植物装饰设计》[M].重庆:重庆大学出版社,2006年12月.
4. 刘玉楼.《室内绿化设计》[M].北京:中国建筑工业出版社,1999年9月.
5. 车生泉,周琦.《庭院绿化设计》[M].上海:上海科学普及出版社,2006年2月.
6. 王仙民.《屋顶绿化》[M].武汉:华中科技大学出版社,2007年8月.
7. 龙雅宜,董保华等.《家庭养花与花文化》[M].北京:中国水利水电出版社,1997年.
8. 杨先芬.《花卉文化与园林观赏》[M].北京:中国农业出版社,2005年3月.
9. 温扬真.《室内花卉布置》[M].北京:中国农业出版社,1993年9月.
10. 陈少棚,吴谦.《居室花草的培植与装饰》[M].合肥:安徽科学技术出版社,1996年3月.
11. 吴方林,何小唐,易建春.《组合盆栽》[M].北京:中国农业出版社,2003年1月.
12. 杨绍卿.《室内花卉栽培与装饰》[M].郑州:河南科学技术出版社,2001年6月.
13. 蒋青海.《室内花卉装饰与养护》[M].南京:江苏科学技术出版社,2003年2月.
14. 王玉国,郑玉梅,杨学军.《观叶植物的栽培与装饰》[M].北京:科学技术文献出版社,2002年11月.
15. 唐莉娜,冰巴,纪丰志.《室内植物装饰与养护》[M].南宁:广西科学技术出版社,1994年11月.
16. 明军,廖卉荣,陈辉,汪敏.盆景系统分类研究[J].南京林业大学学报(自然科学版),2001第25卷(6).
17. 王春彦,沈健等.广东万年青和心叶绿萝的水培技术研究[J].北方园艺,总176期2007(5).
18. 王春彦,陆信娟.花卉室内水培技术研究.江苏农业科学[J].总266期2008(6).
19. 鲁涤飞.《花卉学》[M].北京:中国农业出版社,1998年.
20. 金波.《室内园艺》[M].北京:化学工业出版社,2002年.
21. [英]罗伊·兰开斯特,马修·比格斯著;陈尚武,曹文红译.《室内观赏植物养护大全》[M].北京:中国农业出版社,2001年.
22. 向其柏等.《室内观叶植物》(第二版)[M].上海:上海科学技术出版社,1998年.
23. 姜立善,李梅红.《室内设计手绘表现技法》[M].北京:中国水利水电出版社,2007年12月.
24. 符宗荣.《室内设计表现图技法》[M].北京:中国建筑工业出版社,1996年.
25. 赵国斌.《室内设计(手绘效果图表现技法)》[M].福州:福建美术出版社.2006年1月.
26. 陈红卫.《陈红卫手绘》[M].福州:福建科学技术出版社,2007年8月.
27. 毛龙生等.《人工地面植物造景——垂直绿化》[M].南京:东南大学出版社,2002年.
28. 谭琦.《屋顶、墙面绿化技术指南》[M].北京:中国建筑工业出版社,2004年.
29. 张福墁.《设施园艺》[M].北京:中国农业出版社,2001年.
30. 李晨光.《园艺植物栽培学》[M].北京:中国农业出版社,2001年.
31. 何平,彭重华.《城市绿地植物配置及其造景》[M].北京:中国林业出版社,2001年.
32. 韩烈保,魏琦.《屋顶花园(绿化)的种植设计》[J].建设科技,2004(4).
33. 殷丽峰,陈自新,许慈安等.《风景园林植物配置》[M].北京:中国建筑工业出版社,1992年.
34. 郑绍卿.《室内花卉栽培与装饰》[M].郑州:河南科学技术出版社,2001年.
35. 金波.《常用花卉图谱》[M].北京:中国农业出版社,1998年.
36. 中国勘察设计协会园林设计分会.《风景园林设计资料集——园林植物种植设计》[M].北京:中国建筑工

业出版社,2003年.

37. 李萍,王圣芹.《家养观叶植物》[M].上海:上海科学普及出版社,2002年.

38. 马云安.《上海家庭绿化指南》[M].上海:上海文化出版社,2007年12月.

39. 北京林业大学园林系花卉教研组.《花卉学》[M].北京:中国林业出版社,2001年.

40. 陈容茂.《室内观叶植物栽培与观赏》[M].福建:福建科学技术出版社,1998年.

41. 徐峰.《观叶植物》[M].北京:中国农业大学出版社,2006年.

42. 高永刚.《庭院设计》[M].上海:上海文化出版社,2005年.

43. 周小蕾.《奇异有趣的仙人掌》[M].天津:天津科学技术出版社,2003年.

44. 王华芳.《花卉无土栽培》[M].北京:金盾出版社,1997年.

45. 宛成刚,赵九州.《花卉学》[M].上海:上海交通大学出版社,2008年.

46. 居阅时.《庭院深处—苏州园林的文化内涵》[M].北京,生活·读书·新知三联书店.2006年1月.

47. 陈英瑾,赵忠贵.《西方现代景观植栽设计》[M].北京:中国建筑工业出版社,2006年.

48. 大卫·史蒂文斯编著,汪晖译.《现代都市小庭院》[M].南昌:江西科学技术出版社.2005年4月.

49. 过元炯.《园林艺术》[M].北京:中国农业大学出版社,2001.

魏巍交大　百年书香
www.jiaodapress.com.cn
bookinfo@sjtu.edu.cn

丛书策划　李　阳
责任编辑　郑月林
封面设计　朱　懿
责任营销　朱永忠

应用型本科风景园林专业规划教材

园林规划设计（第二版）

园林制图

园林工程（第二版）

园林计算机辅助设计（AutoCAD)

花卉学

园林植物栽培学

园林树木栽培学

园林苗圃学

园林综合实践

园艺作物栽培总论

园艺植物育苗技术与原理

农产品安全检测技术

园艺商品学

室内绿化装饰与设计（第三版）

园林规划设计实训指导

园林制图实训指导

园林工程实训指导

园林植物病虫害防治实训指导

风景园林综合实训指导

ISBN 978-7-313-05889-8

9 787313 058898

02>

定价：43.00元